その問題、やっぱり 数理モデルが解決します

データ時代を生き抜くための数理モデル入門

浜田 宏

その問題、やっぱり数理モデルが解決します

contents

[第4章] モデルってなに？

[第5章] 競争で損をしない戦略とは？

[第6章] 自分でモデルをつくる方法

[第7章] 先手が有利な条件とは？

[第8章] 競争に負けない価格設定とは？

[第9章] 売り上げを予測するには？

[第10章] 確率モデルでデータを分析するには？

[第11章] 仮説検定ってどうやるの？

[第12章] 観測できない要因の影響を予想するには？

[第13章] アプリの利用者数を予測するには？

[第14章] 広告で販売数を増やすには？

登場人物

青葉（あおば）：数学が苦手
花京院（かきょういん）：数学が好き
ヒスイ：数学が好き

オープニング

オープニング

青葉は、数学が苦手だ。
もう少し正確に言えば、『数学が苦手だ』と思い込んでいる。
「私、数学って苦手なんだよね」
研究室のオリエンテーションで、青葉は隣に座った同級生に打ち明けた。
「そうなんだ。昔から？」と花京院は聞いた。
「昔から苦手だったわけじゃないよ。小学校のときは算数が 1 番好きだったし、1 番得意だった。…… でも、中学から高校にかけて、だんだんと苦手になってきた」
「どうして？」
「よくわからない。だんだんついていけなくなって、高校の頃にあきらめちゃった。だからこの大学に進学したとき文学部を選んだの」
「じゃあ、どうしてこの研究室に入ったの？」
数理行動科学研究室。それが 2 人の所属する研究室の名前だった。
そこは文学部の中でもかなり、特殊な研究室だった。
「じつはね、心理学研究室を希望してたんだけど、抽選で落ちたんだよー」
「心理学は人気があるからね」
自分の運のなさを彼女は嘆いていた。
どうして大学に入ってまで、苦手な数学が自分につきまとうのか。
数学から逃れるために文学部に入ったのに、と。
「花京院くんは、どうしてこの研究室を選んだの？」と青葉が聞いた。
「人や社会を数学で表現することに興味があったんだよ。前にいた学部だと、そういう研究を専門的にやってる人がいなくて」
「へえー。じゃあ以前は違う研究室にいたんだ」
「この研究室に入るために、理工学部から文学部に転部したんだ」

（自分の意思で、わざわざ別の学部から……）

その行動は、彼女にとって不可解だった。

本来なら文学部で出会うはずがなかった彼が、自分にどんな影響を与えるのか、そのとき彼女は想像すらしていなかった。

第１章

しっくりこない数式の読み方とは？

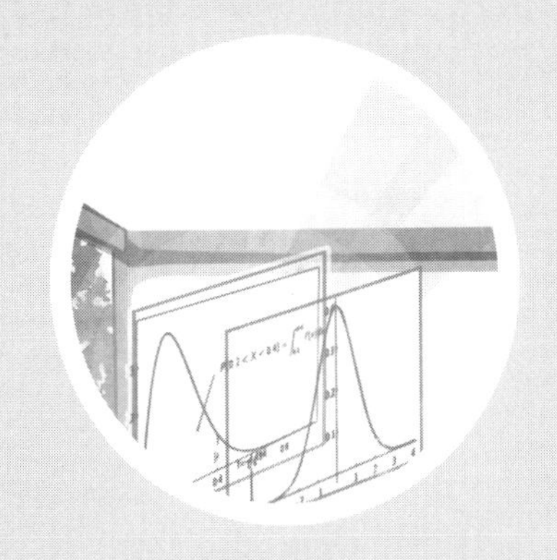

第1章
しっくりこない数式の読み方とは？

数理行動科学研究室の分析室には、青葉と花京院の 2 人だけがいた。

花京院は作業机の隅で、本を読んでいる。広い机の上には、論文のコピーと計算用紙が散乱していた。

青葉はレポートを書くために、パソコンのモニタに向かっている。

「ねえ、花京院くん。ここなんだけどさ、ちょっと教えてくれる？」彼の読書が一段落したのを見計らって、青葉は声をかけた。

理工学部出身の彼ならば、数学は得意だろう。その程度の軽い気持ちから発した質問だった。

花京院は、青葉が差し出した統計学の教科書をちらりと見た。

それは巻末付録の「数学の基礎」の一部に書かれた簡単な式だった。

$$\sum_{i=1}^{n} a = na$$

「総和記号の説明だね」

「私、この $\sum$ って、すごく苦手なんだよね」

1.1　青葉の疑問

「どこがわからないの？」

「うーん、なんとなく。しっくりこないんだよ」

「なるほど。しっくりこないか……」

花京院は、腕組みをして少し考え込んだ。

そして机の上に計算用紙を1枚置くと、数式で問題を書いた。

「じゃあ

$$\sum_{i=1}^{3} x_i = ?$$

を和の形に開いて書ける？」

「あ、それならわかる。

$$\sum_{i=1}^{3} x_i = x_1 + x_2 + x_3$$

でしょ」

青葉は、即座に式を書いた。

「うん、正解。総和記号 $\sum_{i=1}^{3} x_i$ の意味は、

i を1から3まで1つずつ増やしながら x_i を足す

だよ。この i を《添え字》という。じゃあこれはどう？ さっきと同じように、和の形に開いて書けるかな」そう言って花京院は別の式を書いた。

$$\sum_{i=1}^{n} x_i = ?$$

「今度は1から n までか。たぶん、

$$\sum_{i=1}^{n} x_i = x_1 + x_2 + \cdots$$

じゃないかな？」

「おしいね。それだと、どこまで和が続くのかわからない」

「むむ。…… そうか。えーと」

青葉は、計算用紙に書いた自分の式を見直した。

「わかった。1から n までだから、

$$\sum_{i=1}^{n} x_i = x_1 + x_2 + \cdots + x_n$$

だ」

「正解。ちゃんとわかってるじゃない」

「いや、こういうのはわかるんだよ。でも

$$\sum_{i=1}^{n} a$$

は、よくわからない」

「君は、$\sum$ という記号の、本質的な意味はちゃんと理解している。だから

$$\sum_{i=1}^{3} x_i = x_1 + x_2 + x_3$$

は、正しく書けた。そして、x_n まで足すという一般化の意味も理解している」

青葉はもう一度数式を見直した。

「そうだね。そこまではわかる」

「でも

$$\sum_{i=1}^{n} a = na$$

は、しっくりこない」花京院が確認した。

「そうそう。それはなんだか、しっくりこない」

「それじゃあ、数式のよみかたを確認しよう」

「いやいや、読み方くらいはわかってるよ」

青葉は少しむっとした表情で答えた。

「数式のよみかたは、普通の言葉の読み方とちょっと違うんだよ」

「え、どういうこと？」

1.2　しっくりこない理由

2つの式の違いを比べてみよう。

$$\sum_{i=1}^{n} x_i \quad と \quad \sum_{i=1}^{n} a$$

はなにが違うのか？

左の式の x_i には添え字 i がある。
右の式の a には添え字 i がない。

$\sum_{i=1}^{n} x_i$ という記号は、

x_i の添え字 i を 1 から n まで 1 ずつ増やしながら足す

という意味だった。

添え字 i のついた x_i は、$\sum_{i=1}^{n}$ の指示どおりに足せばいい、だから君は自信を持って計算できた。

一方の添え字のない a は、$\sum_{i=1}^{n}$ の指示どおりに計算できないように見える。なぜなら肝心の添え字 i が a についていないからだ。

つまり君が、

$$\sum_{i=1}^{n} a = na$$

をみてしっくりこないのは、添え字 i がない場合に《どうやって i を 1 ずつ増やして足したのか》がわからないからだ。

これが僕の考える、君の《しっくりこない理由》だ。違う？

花京院の説明を聞いて、青葉は驚いた。

どうして $\sum_{i=1}^{n} x_i$ はちゃんと理解できるのに、$\sum_{i=1}^{n} a = an$ はしっくりこないのか。

彼女はいままでその 2 つを比較したことがなかった。

しかし、言われてみればたしかにそうだった。

一方はやるべきことがハッキリしているのに、他方はハッキリしていない。

しかし彼女が読んだテキストのなかに、その説明はなかった。ただ、そこには

$$\sum_{i=1}^{n} a \text{ の場合は } \quad \sum_{i=1}^{n} a = an \text{ とする}$$

とだけ書かれている。彼女にとって、それは理不尽で一方的なルールの強制のように感じられた。

だから、なんとなくしっくりこないのだった。

彼の説明を受けて、彼女はようやく、自分がどの部分に説明の不足を感じているのかをはっきりと自覚した。

花京院が説明を続けた。

「君がもし

$$\sum_{i=1}^{n} a$$

の指示がハッキリしていないと感じるのなら、ハッキリとした指示に書き換えればいい」

「どうやって？」

「添え字 i を含む総和 $\sum_{i=1}^{n} x_i$ なら、やるべきことがわかっている。だからその特例として x_i のすべてが a である場合を考えればいい」

「ちょっとなに言ってるかわからない」

「たとえば $(x_1, x_2, x_3) = (2, 1, 4)$ なら

$$\sum_{i=1}^{3} x_i$$

は？」花京院が計算用紙に問題を書いた。

「えーっと、$x_1 = 2, x_2 = 1, x_3 = 4$ だから

$$\sum_{i=1}^{3} x_i = x_1 + x_2 + x_3 = 2 + 1 + 4 = 7$$

かな」

青葉は途中式を丁寧に書きながら答えを考えた。

「そのとおり。では $(x_1, x_2, x_3) = (2, 2, 2)$ なら？」

「すべて 2 だから

$$\sum_{i=1}^{3} x_i = x_1 + x_2 + x_3 = 2 + 2 + 2 = 6$$

だよ」

「OK。では $(x_1, x_2, x_3) = (a, a, a)$ は？」

「すべて a だから

$$\sum_{i=1}^{3} x_i = x_1 + x_2 + x_3 = a + a + a = 3a$$

だ」

「では最後の問題。$(x_1, x_2, \ldots, x_n) = (a, a, \ldots, a)$ なら？」

青葉は少し考えてから答えた。

「全部 a で、それが n 個あるんだよね。ってことは、

$$\sum_{i=1}^{n} x_i = x_1 + x_2 + \cdots + x_n = \underbrace{a + a + \cdots + a}_{n\ 個} = na$$

かな。なるほど『x_i が全部 a だったら』ってこういう意味か」

花京院はうなずいた。

「その計算で正しいよ。いま君が示した計算は、

$$(x_1, x_2, \ldots, x_n) = (a, a, \ldots, a)$$

のとき

$$\sum_{i=1}^{n} x_i = na$$

である、だよ。x_i はすべて $x_i = a$ なのだから

$$\sum_{i=1}^{n} x_i = \sum_{i=1}^{n} a$$

と書いても同じだね。つまり

$$\sum_{i=1}^{n} a = na$$

がたしかに成り立っている」

「なるほどー。そうやって考えればいいのか」

「つまり、$\sum_{i=1}^{n} a = na$ とは $(x_1, x_2, \ldots, x_n) = (a, a, \ldots, a)$ のとき

$$\sum_{i=1}^{n} x_i = na$$

であることを省略して書いた表現だと言える。途中の

$$(x_1, x_2, \ldots, x_n) = (a, a, \ldots, a)$$

の部分を補って考えれば、なにを足せばいいのか明確になる」

「なるほどー、でもテキストにはそこまで詳しい説明がなかったよ」

「説明が足りないと思ったら自分で計算して補うんだよ」

「自分で補う……。うーん、そういう発想はなかったなー」

「他にも方法があるよ。$\sum_{i=1}^{n} x_i$ と $\sum_{i=1}^{n} a$ とミックスしてみればいい。

$$\sum_{i=1}^{n}(a + x_i)$$

これを和の形に開いて書くとどうなる？」

花京院が新しい式を書いた。

青葉にとって見慣れない式だった。しかし、a だけを足す場合と違って、やるべきことが直感的に理解できた。

「えーっと、こうかな」

青葉は計算用紙に式を書いた。

$$\begin{aligned}\sum_{i=1}^{n}(a + x_i) &= (a + x_1) + (a + x_2) + \cdots + (a + x_n) \\ &= \underbrace{(a + a + \cdots + a)}_{n\text{ 個}} + \underbrace{(x_1 + x_2 + \cdots + x_n)}_{n\text{ 個}} \\ &= na + (x_1 + x_2 + \cdots + x_n)\end{aligned}$$

「OK。それであってるよ」

「でも、これは a だけを足す式とは違うよ。余分な $x_1 + x_2 + \cdots + x_n$ がくっついてる」

「うん。たしかに余分な項がくっついてるね。次にその余分な項を消すために、x_i がすべて 0 だと仮定してみよう。

$$x_1 = 0, x_2 = 0, \ldots, x_n = 0$$

すると先ほどの計算結果は、

$$\begin{aligned}\sum_{i=1}^{n}(a+x_i) &= na + (x_1 + x_2 + \cdots + x_n) \\ &= na + (0 + 0 + \cdots + 0) && x_1, \ldots, x_n \text{ に 0 を代入} \\ &= na + 0 = na\end{aligned}$$

となる。ところで、$x_1 = 0, x_2 = 0, \ldots, x_n = 0$ だから最初の総和は

$$\sum_{i=1}^{n}(a+x_i) = \sum_{i=1}^{n}(a+0) = \sum_{i=1}^{n} a$$

と表すこともできる。

したがって、$x_1 = 0, x_2 = 0, \ldots, x_n = 0$ のとき、

$$\sum_{i=1}^{n} a = \sum_{i=1}^{n}(a+0) = \sum_{i=1}^{n}(a+x_i) = na$$

と書ける。1 番左の式と 1 番右の式をつなぐと

$$\sum_{i=1}^{n} a = na$$

となる」

「あれえ？ ほんとだ。なんか不思議。でも、この考え方だと納得できるよ。一度 $a + x_i$ を足す形で考えて、あとから $x_i = 0$ だったと仮定すれば、しっくりくる」

「添え字 i が含まれない特殊な表現で総和を書かれたとき、なにをすればいいのかわからず、不安になってたんだよ」

「そっかー」

1.3 紙に書く習慣

花京院の説明を聞いて、青葉はようやく自分の感じていた不安が何だったのかを理解した。

心の中のモヤモヤがようやく晴れた気がした。

「私、数学が苦手だからさー、こういうちょっとしたところで、すぐにつまずくんだよ」

花京院は、その言葉を聞いてうなずいた。

「これまでにも、しっくりこないという気持ちになったことはある？」

「あるよ。中学に入ってからは、ずっと感じてた」

「そのとき、どうやって理解しようとした？」

「そりゃあ、何度も教科書を読んだり、定義を見直したり……」

「それで？」

「それでも、やっぱりふわっとしかわからないから、とりあえず公式とかを暗記してテストでは点をとって……。でも、だんだん、そういうのが嫌になってきて……、数学が嫌いになった」

花京院は、その言葉を聞いて何度もうなずいた。

「さっきやったように自分で式を書いてみた？」

「うーん、そういうことはやってなかった気がする」

「普通の言葉で書かれた本は、読むだけで意味が理解できることが多い。でも数式で書かれた本は、読むだけでは意味が理解できないことが多い。だから紙とペンを用意して、計算の過程を書きながら読んだほうがいい。ただ式を目で追い、記号を頭の中で音読するだけだと、数式を理解することは難しい。《数式を読む》ことは、そこに書かれた数式を使って、足りない部分を自分で計算することなんだよ」

「そうなのかー。でもちょっと面倒だね」

「面倒だけど、難しくはない。紙に式を書かずに理解するほうがよほど難しい。君は数学が苦手だと思いこんでいるだけで、実際は

紙に書いて計算する

という習慣がないだけなんだよ」

「そうなのかな。自分ではやっぱり苦手だと思うんだけど」

彼女は自分の能力を過小評価しているわけでも、謙遜しているわけでもなかった。心の底から《自分は数学が苦手だ》と思っているのだ。

「花京院くんは、式を見ただけでパッと意味がわかるじゃん。私にはそれができないんだよ」

「僕が見ただけで意味がわかる数式は、過去に時間をかけて理解したものだけだよ。その場で考えてるわけじゃなくて、一度理解した記憶を呼

び起こしてるだけだから、すぐ理解しているように見えるんだ。でも初めて見る式の多くはすぐには理解できないよ」

「ほんとかなあ」青葉は半信半疑だ。

「君は**しっくりこない**という表現で、自分の理解が曖昧なことを自覚していた。それができる人は数学の才能があると思う。そしていつか数学を好きになれる」

「そんなものかな」

「紙とペンさえ用意すればね」

青葉には、彼の言うことがまだ信じられなかった。

1.4 平均値の総和

「他にも疑問はないかな」花京院が質問を促した。

「じゃあ、ついでに聞いてもいい？ これもしっくりこないんだよね」

そう言って青葉は、テキストの別の頁を開いて見せた。そこには次のように書かれていた。

> $(x_1, x_2, \ldots, x_n)$ に対して
>
> $$\bar{x} = \frac{1}{n}\sum_{i=1}^{n} x_i$$
>
> と定義する。$\bar{x}$ を**平均値**と呼ぶ。このとき
>
> $$\sum_{i=1}^{n} \bar{x} = n\bar{x}$$
>
> が成立する。

「平均値の総和だね。$\bar{x}$ という平均値の記号は大丈夫？」

「うん、まあそれは定義として理解できる。問題はその次、

$$\sum_{i=1}^{n} \bar{x} = n\bar{x}$$

だよ。これが、しっくりこないんだよね」

「さっきの説明で、

$$\sum_{i=1}^{n} a = na$$

は納得できたはずだ。それなら、$a = \bar{x}$ と置き換えれば、同じことじゃないかな」

「いや、そこなんだけどね。$\bar{x}$ の中には $x_1 + x_2 + \cdots + x_n$ が入っているでしょ？ つまり x_i もその中に入ってるんだよね？ それなのに定数 a と同じように足していいって言われても、ほんとに？ って思っちゃうんだよ」

花京院は、青葉の疑問を聞いてしばらく無言で考えた。

「なるほど、君の疑問がなんとなくわかった。ただの a と違って、$\bar{x}$ は $(x_1 + x_2 + \cdots + x_n)/n$ を省略して書いた記号だから、その中には x_i が入っているように見える。だから、

$$\sum_{i=1}^{n} \bar{x}$$

に対して適用すべきルールが、ハッキリとはわからない、ということだね」

「おー、そういうことだよ。花京院くんってすごいなあ。私の考えてるモヤモヤをよくそんなに、はっきりと言葉で表現できるね」

「君と同じ疑問を以前考えたことがあるからだよ。$\bar{x}$ の和は、こんなふうに考えればいい。$\bar{x}$ の中にはたしかに x_1 から x_n まで入っているけど、一般項として x_i は入っていない」

「ちょっとなにに言ってるかわからない」

「具体的に $n = 3$ の場合で考えてみよう」

$n = 3$ のとき、

$$\bar{x} = \frac{x_1 + x_2 + x_3}{3}$$

だね。これを使えば

$$\sum_{i=1}^{3} \bar{x} = \sum_{i=1}^{3} \left(\frac{x_1 + x_2 + x_3}{3} \right)$$

$$
\begin{aligned}
&= \left(\frac{x_1 + x_2 + x_3}{3}\right) + \left(\frac{x_1 + x_2 + x_3}{3}\right) + \left(\frac{x_1 + x_2 + x_3}{3}\right) \\
&= \bar{x} + \bar{x} + \bar{x} \\
&= 3\bar{x}
\end{aligned}
$$

となる。たしかに

$$\sum_{i=1}^{3} \bar{x} = 3\bar{x}$$

が成立している。

「あれえー、ほんとだ。でも、どうして？」

「動かすべき添え字 i が

$$\frac{x_1 + x_2 + x_3}{3}$$

の中に入っていないことが、$n = 3$ のような具体的な数値で考えれば、わかるからだよ。

$$\bar{x} = \frac{x_1 + x_2 + \cdots + x_n}{n}$$

ではなく、

$$\bar{x} = \frac{x_1 + x_2 + x_3}{3}$$

という具体的な式を使って考えたほうが、わかりやすい」

「うーん、そうやって考えるのか」

「形式的には

$$\sum_{i=1}^{n} \boxed{}$$

という記号は、

- もし添え字 i が $\boxed{}$ の中にあれば、i を 1 から n まで足す
- もし添え字 i が $\boxed{}$ の中になければ、その中身を n 個足す

という操作だと見なすこともできる。でもこのルールを暗記する必要はなくて、さっきやったように自分で具体例を考えれば、記号の意味を理解できるはずだ」

「うーん、そうなのかー」

「ちなみにこの平均の性質を使うと、次のような便利な式を証明できる」

$$\sum_{i=1}^{n}(x_i - \bar{x}) = 0$$

「なにこれ」

「さっきの応用で、統計学でよく使う式だよ」

青葉には、その式の意味がわからなかった。

しかし、

$$\sum_{i=1}^{n} a$$

のように、《足し合わせる一般項に添え字 i がない場合は、対象を n 個足す》というルールの合理性は、花京院の説明によって理解できた。

だから、似たような問題なら自分で解けそうだと感じた。

この一連のやりとりは、まだ彼女にとって大きな意味を持っていなかった。その時点では単に、《総和記号の使い方を答えてもらった》という経験に過ぎなかったからだ。

このなにげないやりとりが持つ意味を、彼女はまだ気づいてはいない。

この日の会話が、彼女の態度を変化させるきっかけになるとは、予想すらしていなかった。

「数学は人生に不要だ」から

「数学は人生に役立つ」

に。

まとめ

Q 総和ってなに？

A $x_1, x_2, \ldots, x_n$ の和 $x_1 + x_2 + \cdots + x_n$ を総和と言います。記号で $\displaystyle\sum_{i=1}^{n} x_i$ と書き、$\sum$ を総和記号と呼びます。

- 総和記号 $\sum$ の意味がわからないときは、足し算の形に書き換えましょう。
- $\displaystyle\sum_{i=1}^{n} a$ は「a を n 個足す」という意味です。
- 計算方法が正しいかどうか不安な場合は、より単純な場合に置き換えて《しっくりこない理由》を特定しましょう。

練習問題

本章の理解を深めるために、次の練習問題に挑戦してみましょう。答えは次の頁に書いてあります。難しい場合は、最初に答えを見てから考えてください。

問題 1.1　難易度☆

$$\bar{x} = \frac{x_1 + x_2 + \cdots + x_n}{n}$$

とするとき、

$$\sum_{i=1}^{n} x_i = n\bar{x}$$

を示してください。

問題 1.2　難易度☆

$$\sum_{i=1}^{n} (x_i - \bar{x}) = 0$$

を示してください。ただし $\bar{x}$ の定義は問題 1.1 と同じです。

問題 1.1 の解答例

問題は

$$\sum_{i=1}^{n} x_i = n\bar{x}$$

を示すことです。

右辺の $n\bar{x}$ からスタートして、左辺 $\sum_{i=1}^{n} x_i$ を次のように導きます。

$$\begin{aligned}
n\bar{x} &= n \times \frac{x_1 + x_2 + \cdots + x_n}{n} && \bar{x} \text{ の定義より} \\
&= \cancel{n} \times \frac{x_1 + x_2 + \cdots + x_n}{\cancel{n}} && n \text{ をキャンセル} \\
&= x_1 + x_2 + \cdots + x_n \\
&= \sum_{i=1}^{n} x_i && \text{総和記号でまとめる}
\end{aligned}$$

以上より、

$$n\bar{x} = \sum_{i=1}^{n} x_i$$

です。

なお、総和記号 $\sum_{i=1}^{n} x_i$ から変形して $n\bar{x}$ を導くには、たとえば

$$\begin{aligned}
\sum_{i=1}^{n} x_i &= x_1 + x_2 + \cdots + x_n \\
&= 1 \times (x_1 + x_2 + \cdots + x_n) \\
&= \frac{n}{n} \times (x_1 + x_2 + \cdots + x_n) && 1 \text{ を } n/n \text{ に置き換える} \\
&= n \times \frac{x_1 + x_2 + \cdots + x_n}{n} \\
&= n\bar{x}
\end{aligned}$$

とします。当然、同じ結論を得ます。

解説：この問題の証明には、

- 左辺を変形して右辺を導く方法
- 右辺を変形して左辺を導く方法

の 2 とおりあります。どちらの証明も正しく、どちらを使っても構いません。ただし、この解答例が示すとおり、難しさが異なる場合があります。一方を試して難しいなと思ったら、もう一方の方法を試してみましょう。考える方向を逆にするだけで、あっさりと解けることがしばしばあります。

問題 1.2 の解答例

$$\sum_{i=1}^{n}(x_i - \bar{x})$$

$$= (x_1 - \bar{x}) + (x_2 - \bar{x}) + \cdots + (x_n - \bar{x})$$

$$= (x_1 + x_2 + \cdots + x_n) + (-\bar{x} - \bar{x} - \cdots - \bar{x}) \quad \text{$\bar{x}$ だけまとめる}$$

$$= \underbrace{(x_1 + x_2 + \cdots + x_n)}_{n\,\text{個}} + \underbrace{(-\bar{x} - \bar{x} - \cdots - \bar{x})}_{n\,\text{個}}$$

$$= (x_1 + x_2 + \cdots + x_n) + (-n\bar{x})$$

$$= \left(\sum_{i=1}^{n} x_i\right) + (-n\bar{x}) \quad \text{$(x_1 + \cdots + x_n)$ をまとめる}$$

$$= n\bar{x} - n\bar{x} \quad \text{$\sum_{i=1}^{n} x_i = n\bar{x}$ を使う}$$

$$= 0$$

第2章

確率密度関数ってなに？

第2章
確率密度関数ってなに？

研究室への配属が決まってから、青葉には 1 つの悩みが増えた。

それは統計学がわからないことだ。データを分析するために統計学が必要なことはわかる。しかしその原理が、さっぱりわからなかった。

授業には真面目に出席していたし、課題もこなしていた。教科書も何度も読み返した。

しかし、わからないのだ。

特に困ったのは、定義の段階でわからないという問題だった。

教科書の冒頭でつまずいてしまうのだ。

きっと自分は、こういうものに向いていないのだろう。

そう彼女は考えた。

そんなとき、研究室内に気軽に相談できる同級生がいたのは、彼女にとってまことに幸運だった。

授業が終わったあと、研究室に戻ると花京院が作業机の片隅に 1 人で座っていた。彼はイヤホンをつけて、本を読んでいる。机の上には論文のコピーと計算用紙が散乱していた。

青葉は机の反対側に座り、教科書を開いた。

2.1　定義の読み方

「ねえ、ここなんだけどさ。意味わかる？」青葉は、花京院の読書が一段落したのを見計らって声をかけた。

花京院は、青葉が差し出した統計学の教科書をちらりと見た。

「**正規分布**の定義だね」

その頁には、次のように書かれている。

> **正規分布**は統計学にしばしば登場する重要な分布のひとつです。
> その確率密度関数は
>
> $$\frac{1}{\sqrt{2\pi\sigma^2}}\exp\left\{-\frac{(x-\mu)^2}{2\sigma^2}\right\}$$
>
> で、パラメータの μ は**平均**、σ は**標準偏差**です。たとえば測定誤差の分布は経験的に正規分布で近似できることが知られています。

「どこがわからないの？」と花京院が聞いた。

「うーん、どこって聞かれると困るんだけど、全体的に。特にこの式の意味がわかんない」

「式の意味がわからない。なるほど……。この《**確率密度関数**》は、聞いたことある？」

「あ、それもわかんない。なんか、まあそういう名前の関数なんだろうなとしか思わなかった」

花京院はしばらく考えてから、いま開いている頁に付箋を貼った。

「たぶん、少し前に《確率密度関数》の定義が書いてあると思うよ」そう言うと花京院は、新しい付箋を 1 枚取り出し、青葉に手渡した。

教科書を受けとった青葉は、ぱらぱらと頁を戻して定義を探す。

「おー。あった」

> **定義（確率密度関数）**
>
> 次の性質を満たす関数 $f:\mathbb{R}\to\mathbb{R}$ を**確率密度関数**という。
>
> 1. 任意の $x\in\mathbb{R}$ について $f(x)>0$
> 2. $\displaystyle\int_{-\infty}^{\infty} f(x)dx=1$

確率変数 X が区間 $[a,b]$ 内で値をとる確率 $P(a \leq X \leq b)$ は、次の確率密度関数 $f(x)$ の積分で与えられる。

$$P(a \leq X \leq b) = \int_a^b f(x)dx$$

「ちょっとなに言ってるかわからない」

「たしかに、これを見てすぐにわかるなら苦労しないね」と花京院が言った[*1]

青葉は何度も定義を読み直した。やがて、はあーっとため息をついた。

「いやー。ダメだよ。ちっともわかんない」

青葉は付箋を貼ると、教科書を机の上に投げ出した。

「こういうところが好きじゃないんだよー」と彼女は口をとがらせる。

花京院はその様子を穏やかに眺めている。

「こういうところって？」

「わからないところがあるじゃない？ それで定義を探すでしょ。そしたら、その定義も結局なにを言ってるかわからないわけ。これじゃあ、いつまで経ってもわからないじゃん」

「それは困ったね」

「統計学って、こういう定義を見てパッと理解できるような、数学が得意な人しかわからないものなんだよ」

花京院は、閉じられた教科書を手に取ると、付箋を貼った頁を再び開いた。

「最初は誰だって、こういう定義を見ても 1 回ではわからない。それが普通だと思うよ」

「そうなの？ じゃあ花京院くんも、最初はわからなかったの？」

「そうだよ」

青葉は意外に思った。理工学部出身の花京院なら、どんな数式も見た

[*1] 記号 $\mathbb{R}$ は実数全体の集合を表します。$x \in \mathbb{R}$ は x は集合 $\mathbb{R}$ の要素である、$f : \mathbb{R} \to \mathbb{R}$ は関数 f は $\mathbb{R}$ の各要素に $\mathbb{R}$ の要素を 1 つ対応させる関数である、という意味です

だけで瞬時に理解できると勝手に思いこんでいたからだ。

「数式には《読み方》が、ある。その読み方さえ知っていれば、難しい式でも理解できる」

青葉は以前、花京院から数式の読み方を教わった。しかし、その方法が身についているとはいえなかった。

2.2 具体例からの抽象化

「多くの数学の本は、最初に抽象的な定義が書いてある。次にいくつかの仮定のもとで、その定義から命題を導出する。これが基本的なパターンだ。統計学も数学の一種だから、専門的なテキストになるほど、そういう書き方になる」

「そうなんだ」

「ところが、人間が新しい知識を理解するとき、普通は具体的なものから一般的なものへと抽象度の段階が上がっていく」

「どういうこと？」

「たとえば、

$$7245 + 8496$$

っていう計算、いままでにやったことある？」花京院は計算用紙に 4 桁の数字の足し算を書いた。

「足し算くらいあるよ」

「そうじゃなくて、ここに書いた数字と**まったく同じ**数字の足し算をやったことがあるか、という意味だよ」

「これとまったく同じ数字？」

青葉は、計算用紙に書かれた 4 桁の数字をじっと見つめた。

特に見覚えのある数字には見えなかった。

「わかんないけど、まったく同じ数字を足したことはないかな」

「でも、計算しようと思えばできるよね」

「うん。面倒くさいけど、これくらいならできるよ」

「どうしてできるんだろう？ いままでに一度もやったことのない計算なのに」

青葉には、花京院の質問の意図がまだよくわからない。

「そりゃあ、足し算の《やりかた》を理解してるからだよ」

「そうだね。たぶん君はこれまでに、

$$1 + 1 = 2$$
$$2 + 3 = 5$$

といった計算を何度も経験したはずだ。その反復から君は足し算という演算の抽象的なルールを理解した。だからこれまでに一度も見たことがない数字でも、時間さえかければ足すことができる」

「なるほど。足し算ができることは当たり前だから、そんなふうに考えたことはなかったよ。でも、たしかにそうだな……。花京院くんが言うように、具体的な足し算の経験をとおして、一般的な足し算の方法を理解したんだと思う」

「それが具体例からの抽象化だ。関数も同じだよ。たとえば、

$$y = 3x + 1$$

っていう具体的な関数のグラフについて考えみよう。この関数のグラフを描くことはできる？」

「それぐらいならできるよ。たぶん」

青葉は計算用紙を取り出すと、関数のグラフを描いた。

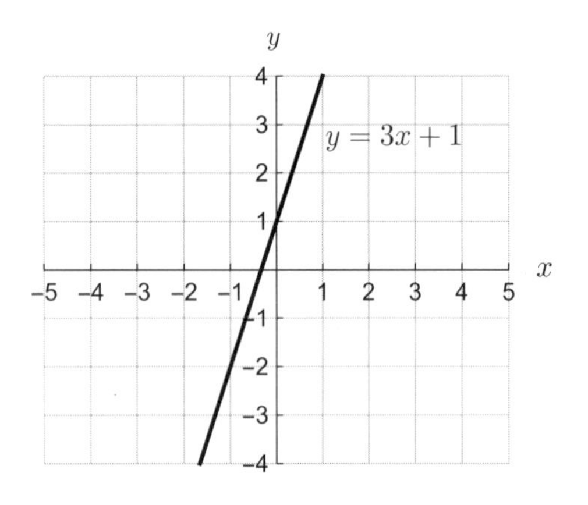

図 2.1　関数 $y = 3x + 1$ のグラフ

「問題ないね。じゃあ、$y=-2x+3$ は？」

青葉はもう 1 枚計算用紙を取り出すと、先ほどと同じように関数のグラフを描いた。

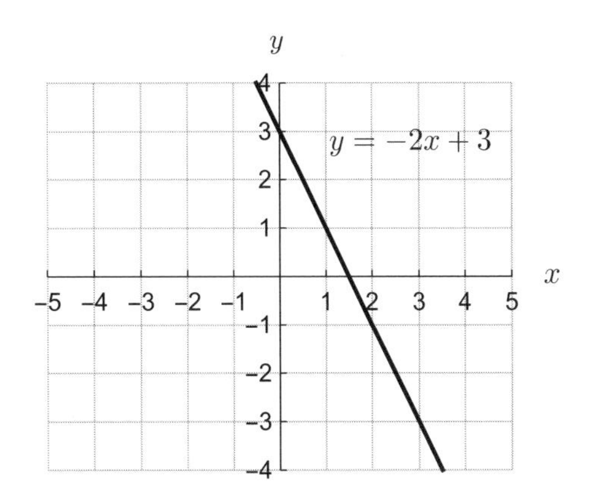

図 2.2　関数 $y=-2x+3$ のグラフ

花京院は青葉が描いたグラフを見て、うなずいた。

「うん、正しく描けている。いま、君が描いた

$$y=3x+1 \qquad \text{と} \qquad y=-2x+3$$

の 2 つのグラフは具体的な例だ。この 2 つを一般化すると a, b という実数を使って、

$$y=a+bx$$

と書ける。これを 1 次関数と呼ぶことにしよう」

$$\begin{aligned}\text{具体的な表現}\quad & y=3x+1\\ & y=-2x+3\end{aligned}$$

$$\text{一般的な表現}\quad y=a+bx$$

「こんな感じで、具体例を見たあとで一般的な定義を理解することは簡単だ。だから《確率密度関数》という一般的な定義を理解するためには、その具体例を考えることが有効なんだよ」

「具体例と言われても、それを知らないから困ってるんだよ」
「じゃあ一緒に例をつくってみよう」
花京院は新しい計算用紙を机の上に置いた。

2.3　具体例のつくり方

定義を見ると、《確率密度関数》とは、

1. 任意の $x \in \mathbb{R}$ について $f(x) \geq 0$
2. $\displaystyle\int_{-\infty}^{\infty} f(x)dx = 1$

という条件を満たす関数 $f(x)$ のことだと書いてある。直感的に言えば、

1. どんな実数 x でも $f(x)$ の値が 0 以上になる
2. 関数 $f(x)$ のグラフの面積が 1 になる

という意味だよ。

この条件を満たす関数として、たとえば次のような関数を考える。

$$f(x) = \begin{cases} 1, & 1 \leq x \leq 2 \\ 0, & \text{それ以外} \end{cases}$$

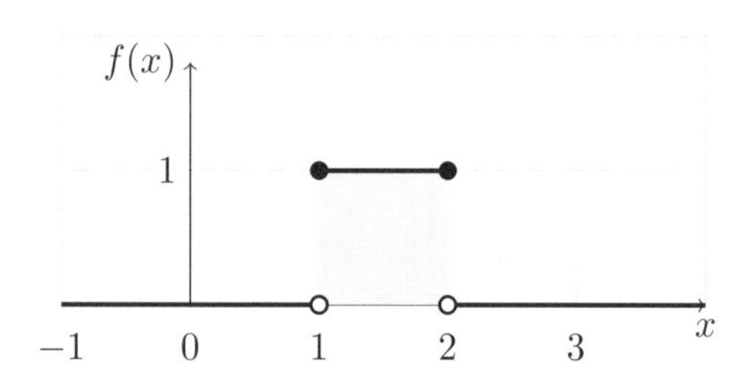

図 2.3　確率密度関数の例

この関数 $f(x)$ は $1 \leq x \leq 2$ の範囲で 1 の値をとり、それ以外は 0 の値をとる。関数 $f(x)$ のグラフは図に示したとおりだから、1 つめの条件 $f(x) \geq 0$ を満たしている。グラフの面積は、グレーで色づけした部分の

正方形の面積だよ。

$$\text{横の長さ} \times \text{縦の長さ} = 1 \times 1 = 1$$

だね。だから 2 つめの条件（面積が 1）も満たしている。

「なるほどー。こうやって例をつくるのか。思ったよりも簡単そうじゃん」

「じゃあ今度は自分でつくってみて」

「値が 0 以上で、面積が 1 になるようなグラフを考えて、それを関数で示せばいいんでしょ。そうだなー、まずはグラフから描くと……」

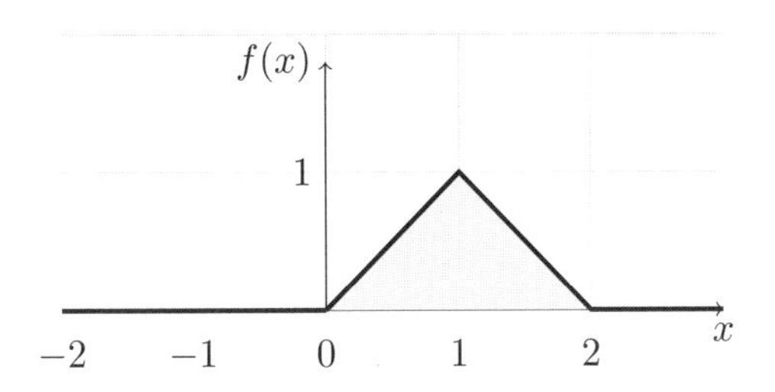

「こんなのでもいい？ グラフの面積は、三角形の面積だから

$$(\text{底辺} \times \text{高さ})/2 = (2 \times 1)/2 = 1$$

だよ」

「面積は 1 だね。しかも関数 $f(x)$ は常に 0 以上だから、確率密度関数の条件をたしかに満たしている」

「でも、どうやって式で表せばいいのかわからない」

「条件分岐する関数を定義すればいいんだよ」

「条件分岐？」

「グラフを見ると、この三角形は 2 つの 1 次関数をつなげてつくった図形のように見える。つまり傾きが正の 1 次関数

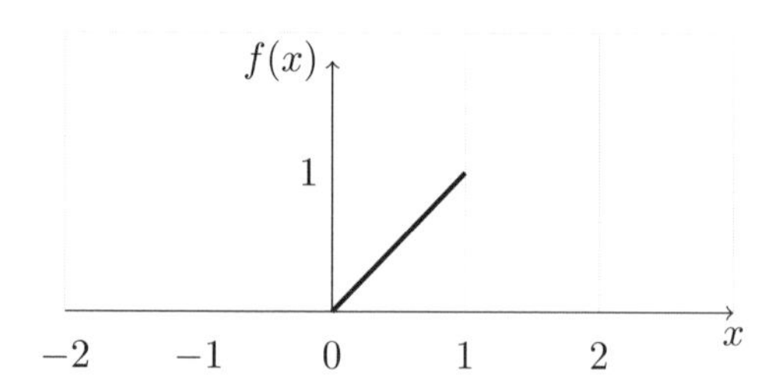

と、傾きが負の 1 次関数

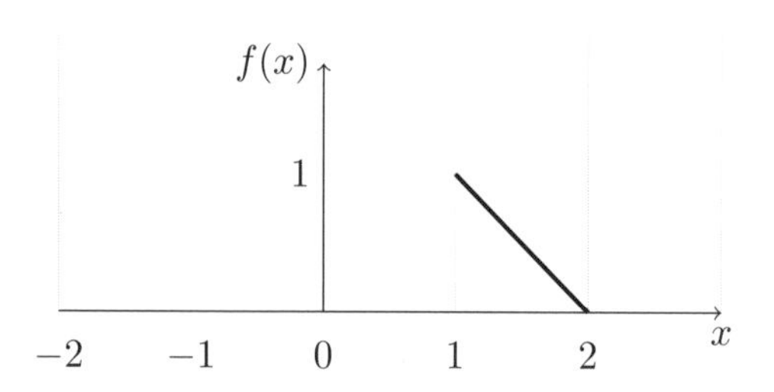

をつなげた三角形になっている。この 2 つの線を $x = 1$ の位置でつなぐと傾きが正から負に変化する一本のグラフになる」

「なるほど。のぼりの部分は傾き 1 の直線に対応して、くだりの部分は傾きが -1 の直線に対応しているんだね。ってことは

$$f(x) = \begin{cases} x, & 0 \leq x \leq 1 \\ -x, & 1 < x \leq 2 \\ 0, & \text{それ以外} \end{cases}$$

かな」

「おしい。のぼりはいいけど、くだりがちょっと違う。$x = 1$ のとき、$f(x)$ の値は、1 でないといけない。そこを調整すると

$$f(x) = \begin{cases} x, & 0 \leq x \leq 1 \\ 2 - x, & 1 < x \leq 2 \\ 0, & \text{それ以外} \end{cases}$$

だよ」

「なるほど、こうやって自分で例をつくるのか……」

「そうだよ。条件さえ満たせば、好きなように例をつくっていいんだよ」

「でも自分で例をつくると、それが正しいのかどうかわからないじゃん。だから、自信がなくって……」

「はじめはみんなそう感じるんだよ。でも、それが大切なんだ。《これは例として正しいのかな、どうなのかな》っていう試行錯誤を繰り返すことで、その概念の理解が深まるんだよ。これを何度もやっていると、だんだんと『これは正しい例』『これは間違った例』って判断できるようになるよ」

「そういうものかな」

「最初からすべてを自分でつくるのは難しい。でも誰かがつくった例を参考にして、少し違った例を考えることなら、簡単だ。君はいま、僕がつくった例を参考にして、新たな例をつくった。そうやって少しずつ表現の語彙を増やしていけば、抽象的な定義だけから具体例をつくれるようになるよ」

花京院は新しい紙を机の上に置いた。

「では、正規分布の確率密度関数の定義に戻って考えてみよう。見た目はややこしいけど、これも具体的な確率密度関数の一種だ」

そう言って花京院は、定義式の頁を開いた。

$$\frac{1}{\sqrt{2\pi\sigma^2}}\exp\left\{-\frac{(x-\mu)^2}{2\sigma^2}\right\}$$

「やっぱりややこしいなー。これを具体例だと言われても、よくわかんない」

「うん、たしかに一見すると複雑だね。だからもう少し単純な見た目に書き換えてみよう。この複雑に見える式も、1 次関数 $a+bx$ と、変数の種類という意味では同じなんだよ」

「えー。嘘でしょ。全然違うじゃん。だって $a+bx$ は a, b, x の 3 個しか変数がないけど、こっちは変数が 5 個（$\pi, \exp, \mu, \sigma, x$）もあるよ」

「π は円周率だから、3.14159… っていう定数だよ」

「あ、そうか。これ円周率だったんだ」

「それから $\exp\{\ \}$ は $e^{\{\ \}}$ と言う意味で、e は $2.718281828459\cdots$ という定数だよ。《自然対数の底》とか《ネイピア数》って呼ばれる数だよ。たとえば、$\exp\{3\}$ と書くと

$$\exp\{3\} = e^3 = (2.71828)^3$$

という意味なんだ[*2]」

「なんだ。e も定数なのかー」

「π と並んで重要な無理数の 1 種だよ」

記号	呼び方	値
π	円周率	$3.14159\cdots$
e	自然対数の底	$2.71828\cdots$

「いま確認したように、正規分布の確率密度関数の中にある変数は x, μ, σ の 3 種類しかない。だから、変数の種類という意味では 1 次関数 $a + bx$ と同じだ」

$$\begin{aligned}
&\frac{1}{\sqrt{2\pi\sigma^2}}\exp\left\{-\frac{(x-\mu)^2}{2\sigma^2}\right\} \\
&= \frac{1}{\sqrt{2\pi\sigma^2}}e^{-\frac{(x-\mu)^2}{2\sigma^2}} && \exp\{\ \}\text{ の定義より} \\
&= \frac{1}{\sqrt{2\times 3.14\sigma^2}}2.718^{-\frac{(x-\mu)^2}{2\sigma^2}} && e, \pi\text{ の定義より}
\end{aligned}$$

青葉は 1 次関数 $a + bx$ と正規分布の確率密度関数を見比べた。見た目は異なるものの x, μ, σ の 3 種類の変数からなる関数という意味ではたしかに同じだった。

しかしそこから先は、やはりわからなかった。いったいこれはどういう関数なのか？

[*2] 以下、本書では近似値も $=$ で表します。厳密には《ほぼ等しい》という意味の記号 $\fallingdotseq$ を使うべきところでも、大きな問題がない場合は $=$ を使います

2.4 関数のグラフ

「1次関数なら簡単にグラフを描くことができるけど、このややこしい式のグラフはどうやって描いたらいいの？ 2.718の $-\frac{(x-\mu)^2}{2\sigma^2}$ 乗って、どういうこと？」

「そういう場合は具体的な数値を代入すればいい。たとえば $\mu=0, \sigma=1$ とおく。すると e の指数は

$$-\frac{(x-\mu)^2}{2\sigma^2}=-\frac{(x-0)^2}{2\cdot 1^2}=-\frac{x^2}{2}$$

だから、複雑に見えた確率密度関数も

$$\frac{1}{\sqrt{2\times 3.14\sigma^2}}2.718^{-\frac{(x-\mu)^2}{2\sigma^2}}=\frac{1}{\sqrt{6.28}}2.718^{-\frac{x^2}{2}}$$

と、ずいぶん簡単な形になる。最後に x の値を代入すれば、式を計算できる。たとえば $x=-2$ なら、

$$\begin{aligned}\frac{1}{\sqrt{6.28}}2.718^{-\frac{x^2}{2}}&=\frac{1}{2.506}\cdot 2.718^{-\frac{(-2)^2}{2}}=0.399\cdot 2.718^{-2}\\&=0.399\cdot\frac{1}{(2.718)^2}=0.054\end{aligned}$$

だよ。もし $x=-1$ なら

$$\begin{aligned}\frac{1}{\sqrt{6.28}}2.718^{-\frac{x^2}{2}}&=0.399\cdot 2.718^{-\frac{(-1)^2}{2}}\\&=0.399\cdot 2.718^{-\frac{1}{2}}=0.242\end{aligned}$$

だよ。こんなふうに x を少しずつ変化させて計算すると、グラフが描ける。すべて手計算でやるのは面倒だから、残りはパソコンに計算してもらおう」

花京院は席を移動すると、パソコンの電源を入れた。

「君が普段使っている統計ソフトは？」

「授業でRなら使ったことあるよ」

「じゃあ、それでつくってみよう」花京院がRのコードを1行書いた。

```
1 curve(dnorm(x),-4,4)
```

「え、これだけでいいの？ めっちゃ簡単じゃん」と青葉が驚いた.
花京院は Enter キーを押してコードを実行した。
すると、一瞬でグラフが出力された。
教科書でよく目にするグラフだ。

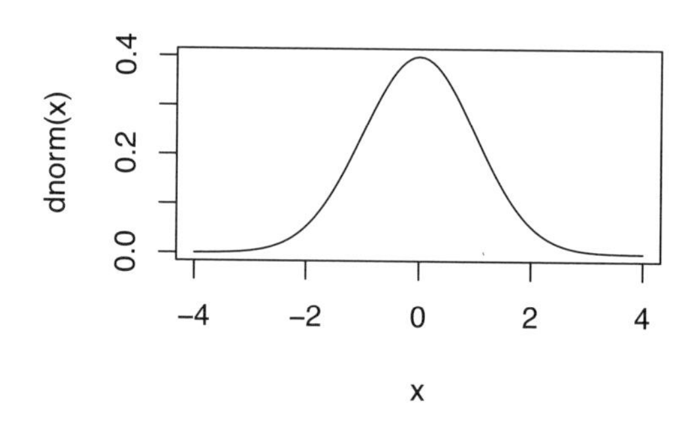

「正規分布のようなメジャーな確率分布は統計ソフトの関数として準備されてるから、グラフを描くのは簡単だよ。さっき計算したように、グラフの高さは $x = -2$ のとき約 0.054、$x = -1$ のとき約 0.242 になっている」
「ほんとだ」
「このコードは 2 つの関数

```
dnorm(x)
curve(f(x),-4,4)
```

からできている。1 行目は正規分布の確率密度関数を定義している部分で、2 行目は x が -4 から 4 までの範囲で関数 $f(x)$ のグラフを描く命令だよ。2 つめの命令の `f(x)` の部分に、`dnorm(x)` を代入したらさっき書いた 1 行のコードになる」
「`dnorm(x)` を代入するって、どういうこと？」
「こういうイメージだよ」

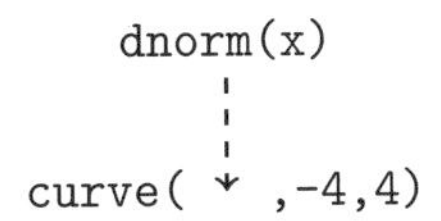

「あー、なるほど。わかったわかった。curve っていう関数の中に、自分の好きな関数を入れて使っていいんだね」

「そういうこと」

「でもさあ、dnorm(x) の中には、μ とか σ がでてこないないじゃん。なくてもいいの？」

「いい疑問だね。じつは dnorm(x) は dnorm(x, mean=0, sd=1) の省略形で、暗に

$$\mu = 0, \quad \sigma = 1$$

を仮定している。だから μ と σ の値を明示的に決めたいときは、ちゃんとコードの中で指定しないといけない」

μ ↓　σ ↓

```
dnorm(x, mean=0, sd=1)
```

「なるほど」

2.5　μ の役割

「1 次関数 $a + bx$ の場合、

$$a \text{ と } b$$

を関数の形状を決めるパラメータといい、x を独立変数という。

これと同様に正規分布の確率密度関数の場合、μ と σ がパラメータだ。記号の読み方は、μ(ミュー) と σ(シグマ) だよ[*3]。μ と σ はただの記号だから、かわりに m と s を使ってもいいよ」

「なんだあ、m や s でもいいの？ だったらギリシア文字じゃなくて普通のアルファベットを使えばいいじゃん。どうしてわざわざ難しい記号を使うかなー」

[*3] σ は小文字のシグマで Σ は大文字のシグマです。総和記号 $\sum_{i=1}^{n}$ もシグマと呼ぶことがありますが、この文脈では無関係です

青葉は口をとがらせた。

「記号をたくさん使うから、アルファベットだけだと足りなくなるんだよ。さて、1 次関数のパラメータ a と b の値は実数の範囲でいろいろ変えることができる。そして a は《切片》、b は《傾き》という役割を持っている。

同じように、正規分布の確率密度関数

$$\frac{1}{\sqrt{2\pi\sigma^2}}\exp\left\{-\frac{(x-\mu)^2}{2\sigma^2}\right\}$$

の μ と σ もいろんな値をとりうる。しかし値が変わっても正規分布であることに変わりはない[*4]。そして μ, σ にも役割がある」

「なるほど」

「先ほど描いた dnorm(x, mean=0, sd=1) のグラフは、こうなっていた」

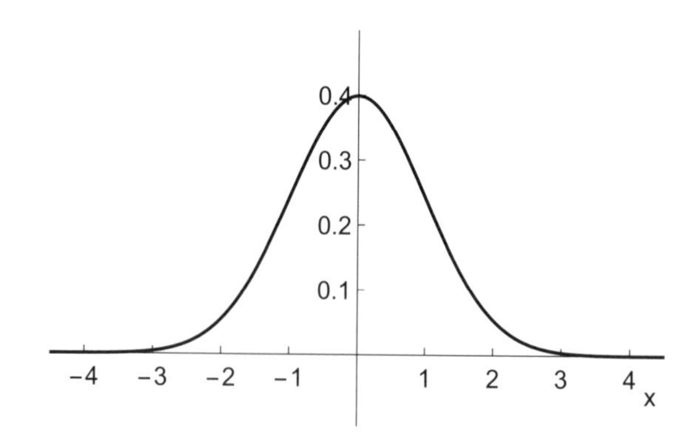

図 2.4　dnorm(x, mean=0, sd=1) のグラフ（$\mu=0, \sigma=1$）

「この $\mu=0, \sigma=1$ の正規分布を《**標準正規分布**》と呼ぶ。統計学ではよく登場するよ。このグラフにはどういう特徴があるだろう？」

「えーっと、まず形が山だね。そして……。ちょうど $x=0$ の線を境に左右対称になっているよ。山の一番高いところは 0.4 ぐらいかな」

---

*4 正規分布のパラメータの場合、μ の範囲は任意の実数。σ の範囲は正の実数です。μ は負の値でもかまいませんが、σ はつねに正です

「そうだね。他には？」

「他には……、$x = -4$ より小さい範囲では曲線の高さがほとんど 0 だね。左右対称だから、$x = 4$ よりも大きい範囲も、0 に近いよ」

「うん。いま言ったような特徴を持つ関数が、標準正規分布の確率密度関数だ。ただしこのグラフだけを見ていても、μ の役割はわからない。そこで μ の値だけを変えた別のグラフを追加して、その意味をはっきりさせよう」花京院は、コードを書いてグラフを 1 つ追加した。

```
curve(dnorm(x, mean=0, sd=1), -4, 4)
curve(dnorm(x, mean=1, sd=1), -4, 4)
```

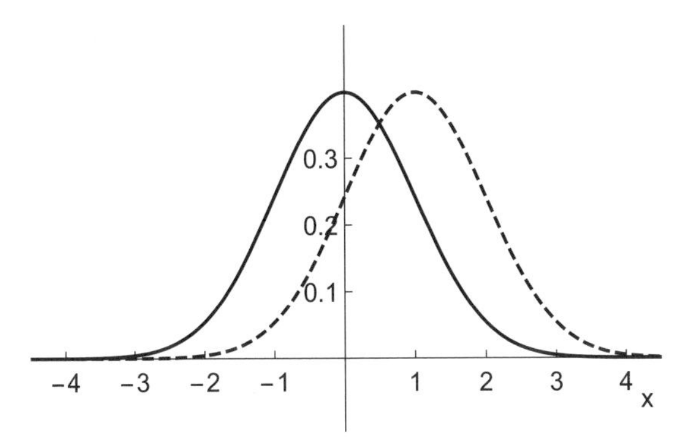

図 2.5 dnorm(x, mean=0, sd=1)（実線）と dnorm(x, mean=1, sd=1)（破線）

「実線で描いたのが $\mu = 0$ の場合のグラフ。破線で描いたのが $\mu = 1$ のグラフだよ。変えたのは μ の値だけで、σ の値は変えていない。このことによってグラフに変化が生じたとしたら、それが μ の影響だ。これは、あらゆる実験の基本だよ。変化させる条件はひとつだけ」

青葉は 2 つのグラフを見比べた。

「$\mu = 1$ のグラフは、$\mu = 0$ より右側に移動しているよ」

「どのくらい右かわかる？」

「うーんと、だいたい 1 じゃないかな。中心の位置が右に 1 だけずれたように見えるよ」

「では、その予想が正しいかどうか、$x = 1$ の線を追加してみよう」花京院はグラフに縦線を追加した。

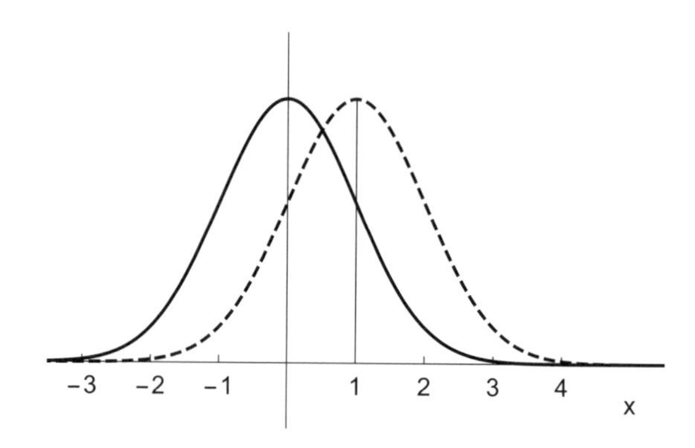

図 2.6　dnorm(x, mean=0, sd=1)（実線）と dnorm(x, mean=1, sd=1)（破線）

「破線のグラフの中央は $x = 1$ だね」青葉がグラフを見て言った。

「君の予想どおりだ。グラフをもう 1 つ追加してみよう」花京院は新しい図をつくった。

```
curve(dnorm(x, mean=0, sd=1), -4, 4)
curve(dnorm(x, mean=1, sd=1), -4, 4)
curve(dnorm(x, mean=2, sd=1), -4, 4)
```

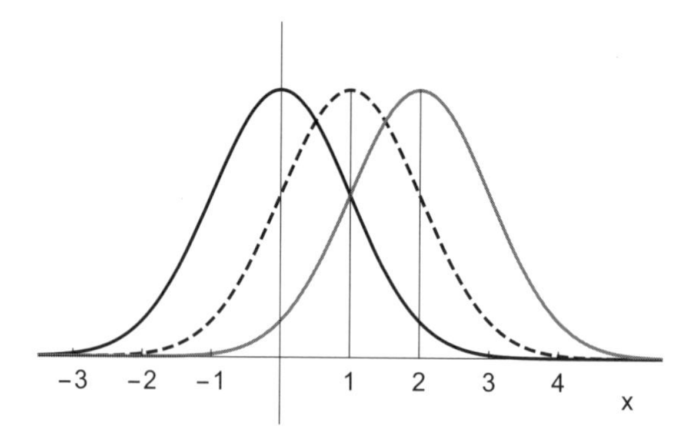

図 2.7　μ の変化と中心の位置

「おー、綺麗に並んだね」

「x 軸上の中心の位置に注目してね。μ を変えると、どういう変化が起こるのかわかった？」

「$x = \mu$ の点がグラフの中心で、μ が大きくなるほど、グラフの中心部分が右に移動するね。つまり μ が 1 大きくなると、中心位置が右に 1 ずれるよ」

「そうだね。μ が変わるとグラフが横方向にだけ動く。平行移動なのでグラフの形状が変わらないってことが重要だ」

2.6　σ の役割

「次にパラメータ σ の役割を確認しよう。今度は μ の値を 0 に固定して σ だけを変化させるよ。まずは

```
dnorm(x, mean=0, sd=0.75)
```

のグラフを描いてみる」花京院は新たにコードを書いた。

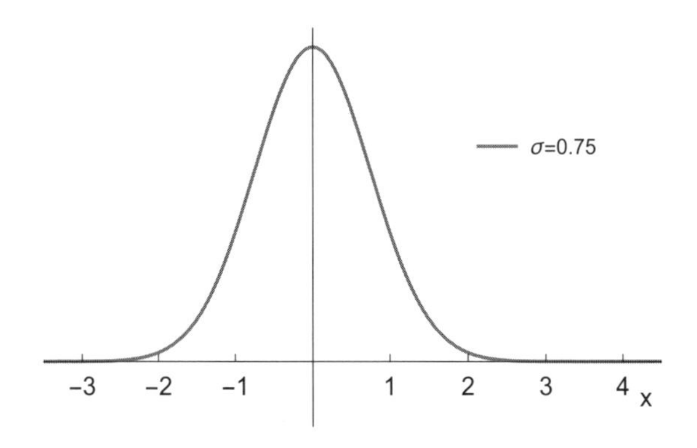

図 2.8　dnorm(x, mean=0, sd=0.75) のグラフ

「次に σ だけを少し大きくする。

```
dnorm(x, mean=0, sd=1)
```

のグラフだ」

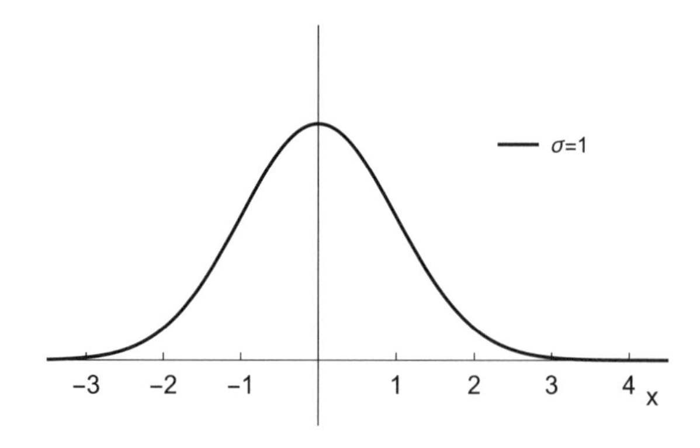

図 2.9　`dnorm(x, mean=0, sd=1)` のグラフ

「最後に、$\sigma = 1.5$ のグラフだ」

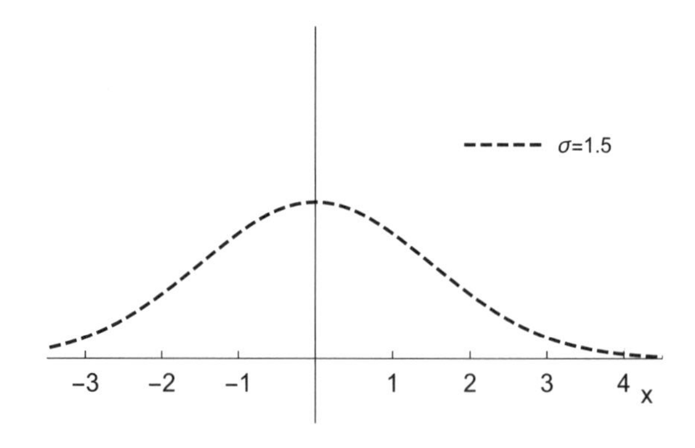

図 2.10　`dnorm(x, mean=0, sd=1.5)` のグラフ

「おー、最後はぐでーっとなったね」
「その《ぐでー》を他の言葉で表現すると、どうなるかな？」
花京院は、3 つのグラフを 1 つの画面にまとめて描いた。

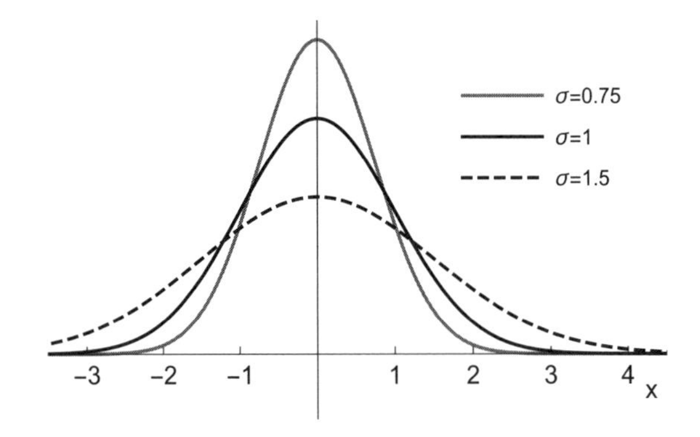

図 2.11　σ の比較。$\mu = 0$ に固定

青葉は 3 本の曲線を見比べた。

「さっきと違って中心の位置は変わってないね。それで σ が大きくなるほど山がつぶれていくよ。つまり σ は山の広がり具合を表しているんじゃないかな？」

「うん、そうだよ。これで関数

$$\frac{1}{\sqrt{2\pi\sigma^2}} \exp\left\{-\frac{(x-\mu)^2}{2\sigma^2}\right\}$$

のイメージがさっきよりも具体的になったんじゃないかな？」

「うん。さっきよりはイメージわいてきた」

「μ, σ の直感的な役割をまとめておこう」

μ : 正規分布の中心の位置を決める

σ : 正規分布の広がり具合を決める

「統計ソフトってデータを分析するだけでなく、グラフも描けるんだね。こういう使い方を知らなかった」

「数式を紙に書くだけじゃなくて、パソコンを使った計算も理解に役立つよ。手計算よりも簡単だから、どんどん計算するといいよ。こんな感じで具体的な計算をしながら式を読むんだよ。そうすれば意味がわかる」と言って花京院は微笑んだ。

「そっか……、そういう意味か。だんだん、花京院くんが勧める数式の読み方と、自分の数式の読み方の違いがわかってきたよ」

「どんな違い？」

「私は教科書を開いて、そこに書かれた数式を理解しようと考えているつもりだったけど、実際はただぼんやり眺めているだけだったみたい。でも本当にやらなきゃいけないことは、パラメータに具体的な数値を代入したり、パソコンを使ってグラフを描いて比較したり、抽象的な定義の具体例をつくったり、自分でできる計算をやることだったんだ」

「そうだね。数式を読むことは、本に書かれた式をただ目で追うことじゃないし、頭の中で発音を繰り返すことじゃない。手を使って、紙を使って、図を使って、計算機を使って、いろいろ試すんだよ」

「そういう読み方はしてなかった」

「慣れないうちは少しずつやればいいと思う」

「でもちょっと難しそうだし、面倒だなー」

「数式の理解には時間がかかるからね。でも、自分が納得するまで時間をかければいい。誰も時間を制限したりはしないから」

青葉は、机の上に広がった計算用紙とディスプレイ上のコードを眺めた。

そしていつか自分 1 人で数式を《読める》ようになるのだろうか、と思った。

まとめ

Q 確率密度関数ってなに？

A どのような x に対しても $f(x) \geq 0$ を満たし、そのグラフと x 軸で囲まれた図形の面積が 1 になるような関数です。確率密度関数は確率を計算するために使います。

- 関数の意味がわからないときはグラフをつくって確かめます。手計算で描くのが難しい場合は、コンピュータを使ってみましょう。
- 計算のために無料で使えるソフトやプログラミング言語（R や Python）やウェブサイト（Wolfram Alpha）を使ってみましょう。
- パラメータの意味を知るためには、数値を少しだけ変えて比較してみましょう。このときパラメータが複数ある場合は、1 つずつ変化させましょう。
- 数学概念の定義は抽象的です。具体的な例を考えると、理解が深まります。

練習問題

問題 2.1　難易度☆☆

標準正規分布の確率密度関数 $f(x)$ のグラフが $x=0$ を中心に左右対称であることを示してください。

ヒント： 関数 $f(x)$ が $x=0$ を中心に左右対称であるとき、たとえば $f(-3)$ と $f(3)$ は同じ値です。これを一般化すると、どうなるでしょうか。

問題 2.1 の解答例

確率密度関数 $f(x)$ が《$x=0$ を中心に左右対称である》ことの意味を考えます。このとき、たとえば

- $f(-3)$ と $f(3)$ の値が等しい
- $f(-10)$ と $f(10)$ の値が等しい

などが成立します。つまり、どんな x でも $f(x)=f(-x)$ であることを示せば証明は完了です。標準正規分布の確率密度関数 $f(x)$ は

$$f(x)=\frac{1}{\sqrt{2\pi}}\exp\left\{-\frac{x^2}{2}\right\}$$

です。ここで x を $-x$ に置き換えます。

$$\begin{aligned}f(-x)&=\frac{1}{\sqrt{2\pi}}\exp\left\{-\frac{(-x)^2}{2}\right\}\\&=\frac{1}{\sqrt{2\pi}}\exp\left\{-\frac{x^2}{2}\right\}\\&=f(x)\end{aligned}$$

以上で $f(x)=f(-x)$ を示すことができました。

どんな x でも、この関係が成立するので、標準正規分布の確率密度関数 $f(x)$ は $x=0$ を中心に左右対称です。

解説：この証明に必要な計算は、実質的には $(-x)^2=x^2$ だけです。$(-x)^2=x^2$ を示せと言われれば、簡単にできるでしょう。しかし、$f(x)$ のグラフが $x=0$ を中心に左右対称であることを示しなさい、と言われると途端に難しく感じることでしょう。$x=0$ を中心に左右対称であることを、$f(-3)=f(3)$ という具体例の一般化から、どんな x でも $f(x)=f(-x)$ であること、と表現し直すところがポイントです。証明では、単なる計算に帰着させるまでのロジックが重要であり、それを思いつくためには具体例を考えることが大切です。

第３章

確率と積分の関係とは？

第3章
確率と積分の関係とは？

「うーん、わからない」

研究室のパソコンの前に座った青葉は、腕組みしながらつぶやいた。

「どうしたの？」

部屋の隅でコーヒー豆を挽いていた花京院が聞いた。

「前に確率密度関数について教えてくれたでしょ？ 少しはわかってきたんだけど、確率との関係がわからないんだよ」

「確率との関係？」

「確率密度関数って、確率を計算するためのものでしょ？ パソコンを使って計算してたら、ヘンな値が出てきたんだよ」

「どれどれ」

花京院は、青葉の前にあるディスプレイをのぞき込んだ。

```
> dnorm(0,mean=0,sd=0.1)
[1] 3.989423
```

「正規分布の確率密度関数の値を計算する R のコードだね」

「これって $x = 0$ のとき、確率密度関数の値が 3.989423 になるって意味でしょ？ でも確率が 3.989423 っておかしくない？ 確率なのに 1 を超えちゃってるよ」

「なるほど。僕も以前、それを不思議に思ったことがあるよ」

花京院は陶器製のドリッパーにフィルタをセットすると、コーヒー豆を入れた。

3.1 確率密度関数の値

「まず、君が計算した数値をグラフで描いてみよう」

花京院はコードを入力して図を描いた。

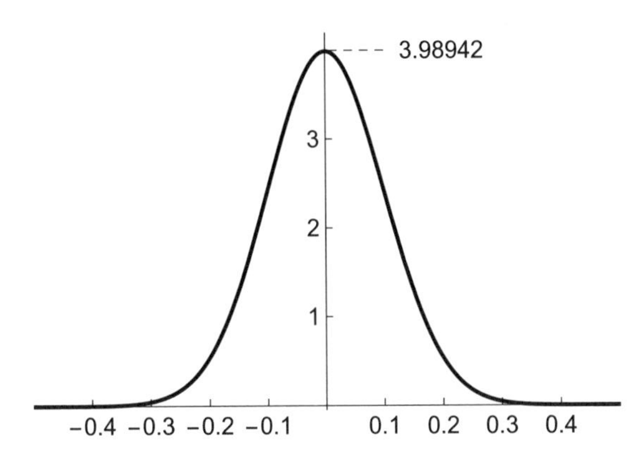

図 3.1 正規分布の確率密度関数（$\mu = 0, \sigma = 0.1$）のグラフ

「君が計算した数値は、確率密度関数 $f(x)$ が $x = 0$ のときの値 $f(0) = 3.989423$ だ。関数のパラメータは $\mu = 0, \sigma = 0.1$ だったから、

$$
\begin{aligned}
f(x) &= \frac{1}{\sqrt{2\pi\sigma^2}} \exp\left\{-\frac{(x-\mu)^2}{2\sigma^2}\right\} && \text{定義より} \\
&= \frac{1}{\sqrt{2\pi(0.1)^2}} \exp\left\{-\frac{(x-0)^2}{2(0.1)^2}\right\} && \mu = 0, \sigma = 0.1 \text{ を代入} \\
f(0) &= \frac{1}{\sqrt{2\pi(0.1)^2}} \exp\left\{-\frac{(0-0)^2}{2(0.1)^2}\right\} && x = 0 \text{ を代入} \\
&= \frac{1}{\sqrt{2 \times 3.14(0.1)^2}} \exp\{0\} && \pi = 3.14 \text{ を代入} \\
&= 3.9894
\end{aligned}
$$

という計算だ。これは正しい」

花京院は本棚から統計学の教科書を取り出した。

「確率密度関数の一般的な定義をもう一度確認しよう。」

定義（確率密度関数） 再掲。

次の性質を満たす関数 $f:\mathbb{R}\to\mathbb{R}$ を**確率密度関数**という。

1. 任意の $x\in\mathbb{R}$ について $f(x)\geq 0$
2. $\displaystyle\int_{-\infty}^{\infty} f(x)dx=1$

確率変数 X が区間 $[a,b]$ 内で値をとる確率 $P(a\leq X\leq b)$ は、次の確率密度関数 $f(x)$ の積分で与えられる。

$$P(a\leq X\leq b)=\int_a^b f(x)dx$$

「やっぱりなに言ってるかわからない」青葉の眉間にしわがよった。

「いや、ついこのあいだ意味を確認したところでしょ。君の疑問は最後の、確率は確率密度関数の《**積分**》で計算できる、という部分にかかわってくる」

「積分かー。むかし習ったけど、忘れちゃったなあ」

「ここでは

$$\text{確率密度関数 } f(x) \text{ を積分した値 } \int_a^b f(x)\,dx \text{ が確率である}$$

と言っており、

$$\text{確率密度関数 } f(x) \text{ の値が確率である}$$

とは言っていないことに注意する」

「なにが違うの？」

「君が計算した 3.9894 は確率じゃないんだよ」

「じゃあ、なんなの」

「さっき図で確認したとおり、3.9894 は $x=0$ のときの確率密度関数 $f(x)$ の値 $f(0)$ だよ。この数値が大きいほど、$x=0$ の付近で確率は大きくなるけど、確率そのものじゃない」

「これが確率じゃないなら、確率はどれなの？」

「《確率》は、確率密度関数をある範囲で積分した値だよ。具体例を示そう」

3.2 確率密度関数の積分

「$\mu = 0, \sigma = 0.1$ である正規分布の確率密度関数を、$x = 0$ から $x = 0.15$ の範囲で積分してみよう。これを式で書くと

$$\int_0^{0.15} \frac{1}{\sqrt{2\pi(0.1)^2}} \exp\left\{-\frac{(x-0)^2}{2\cdot(0.1)^2}\right\} dx$$

となる。この計算の直感的な意味を図で示すよ」

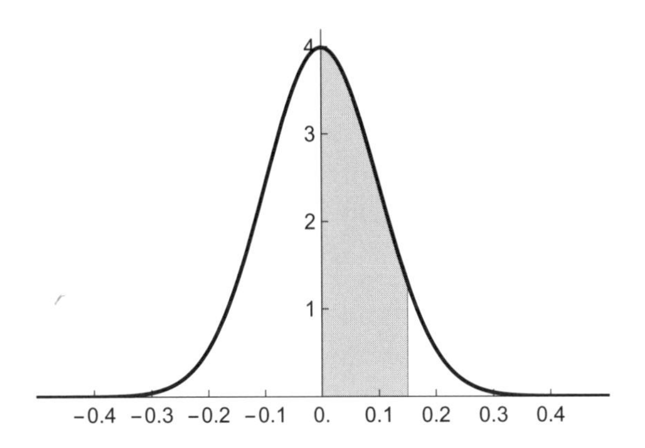

図 3.2 正規分布の確率密度関数（$\mu = 0, \sigma = 0.1$）の 0 から 0.15 までの積分

「図の灰色部分の面積が、積分の結果と一致する。この計算を実行する R コードは、たとえばこうだ」

花京院はキーボードでコードを入力した。

```
1  > f <- function(x){dnorm(x,mean=0,sd=0.1)}
2  > integrate(f, 0, 0.15)
3  0.4331928
```

「はじめに積分する関数に f という名前をつけ、そのあとで積分する

範囲を指定したよ[*1]。integrate は英語で《積分する》という意味だ。このコードは次の数式

$$\text{関数の定義}\quad f(x) = \frac{1}{\sqrt{2\pi(0.1)^2}} \exp\left\{-\frac{(x-0)^2}{2\cdot(0.1)^2}\right\}$$

$$\text{積分の計算}\quad \int_0^{0.15} f(x)dx = 0.4332$$

に対応している。この最後に出てきた値 0.4332 が《確率》だよ」

花京院はドリッパーにお湯を注いだ。コーヒー豆の甘い香りが漂う。

「この数値の直感的な意味は

> パラメータが $\mu = 0$、$\sigma = 0.1$ である正規分布にしたがう量を観測したとき、その値が 0 から 0.15 の区間に入る確率が 0.4332 である

だよ」

「うーん、まだピンとこないな。もう少し具体的にいってよ」

花京院は、少しずつドリッパーにお湯を足した。

「僕はコーヒーをつくるとき、1 杯につき豆の量は 10g と決めている。専用のスプーンで量るけど多少の誤差があるから、多いときもあれば少ないときもある。この確率的な《誤差》の量を近似する仮のモデルとして $\mu = 0$、$\sigma = 0.1$ の正規分布を仮定する。つまり誤差の量はだいたい 0 付近で、大きな誤差があまりないことを数理モデル（確率分布）で表現するんだ」

「ふむふむ」

「これはあくまで仮定で、現実のあらゆる誤差が正規分布にしたがうとは限らないので注意してね」

「OK。正規分布はあくまで仮のモデルだね」

「数理モデルの世界では、1 杯分として測った豆の量の誤差が 0g から 0.15g 以内である確率、言いかえれば豆の量が 10g から 10g+0.15g 以内である確率は、0.4332 だと考えられる」

[*1] 実際の計算結果を簡略化して書いています

「なるほどー。そういう意味か」

花京院はできあがった 2 杯分のコーヒーをカップに注ぐと、机の上にならべた。

「ありがと」青葉が礼を言った。

花京院は無言でうなずくと、できたてのコーヒーを一口飲んだ。

「確率密度関数を積分すると確率を計算できる。そのイメージはできたかな？」

「おかげでだいぶわかってきたよ、でもさっきの例だとグラフの一番高いところは高さが 3.98942 もあるでしょ。その下の面積は 1 を超えたりしないの？」青葉はグラフの頂点を指さした。

「いい疑問だ。超えないよ」

「どうして？」

「たとえば高さが 4 の長方形でも横幅が 0.1 なら、面積は

$$4 \times 0.1 = 0.4$$

だから 1 を超えない。これと同じで $f(x) > 1$ を満たす x の区間幅は十分に小さいから、面積は 1 を超えないんだ。図で説明しよう」

花京院は説明用に図を追加した。

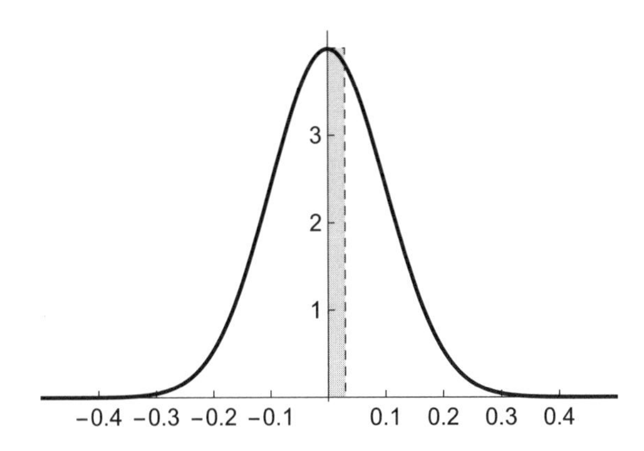

「図の中の灰色の部分は、高さが 3.98942 で幅が 0.03 の長方形を表している。長方形の面積は

$$3.98942 \times 0.03 = 0.119683$$

だから 1 よりも十分に小さい。この長方形の面積は確率密度関数 $f(x)$ の $0 \leq x \leq 0.03$ の範囲での積分

$$\int_0^{0.03} f(x)dx = 0.1179114$$

に、ほぼ対応している」

「そういうことかー」

「$x = 0$ から離れるにしたがって $f(x)$ は小さくなるから、面積も小さくなる。確率密度関数 $f(x)$ は、x のすべての範囲で積分したとき面積が 1 になるように定義されているから、1 を超えることはないんだよ」

3.3　積分と足し算

「積分の意味はわかったんだけど、計算のしかたがわからない」

「積分って足し算なんだよ。さっき計算した面積をもう一度使って説明しよう」

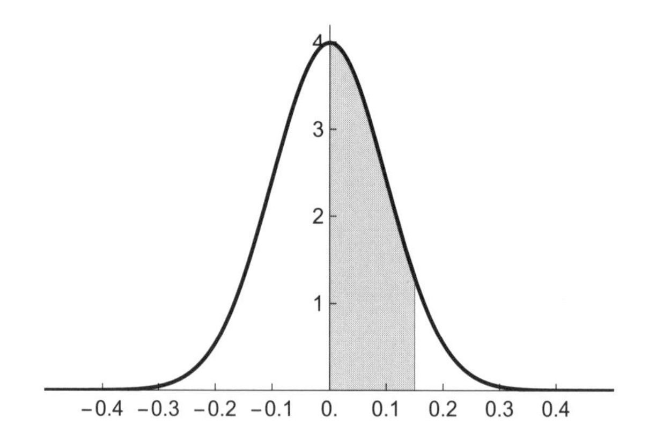

「この灰色部分の面積を複数の長方形で近似してみよう。0 から 0.15 までの区間を長さ 0.03 ずつの 5 区間に分割すれば、次のような 5 個の長方形の和で近似できる」

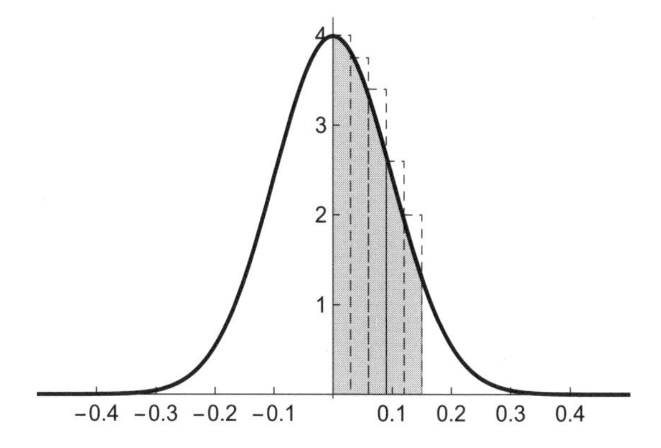

「長方形がちょっとはみ出してるよ」

「区間の刻みが粗いからね。この長方形は横幅がすべて 0.03 で、縦の高さが左から順に

$$f(0), f(0.03), f(0.06), f(0.09), f(0.12)$$

になっている。長方形の面積の和は

$$0.03 \cdot f(0) + 0.03 \cdot f(0.03) + 0.03 \cdot f(0.06) + 0.03 \cdot f(0.09) + 0.03 \cdot f(0.12)$$

だから総和記号を使って書けば

$$\sum_{i=1}^{5} \{(0.03) \times f(0.03(i-1))\} = 0.472148$$

と表せる。積分した結果は 0.4332 だから、よい近似になっている」

「ほんとだ」

「区間の分割をどんどん細かくして長方形の数を増やすと、その総和が求める面積に近づくと予想できる。その極限が定積分なんだ*2」

*2 より厳密な定積分の定義と具体的な計算方法については、たとえば、田代 (1995)、沢田ほか (2017) を参照してください

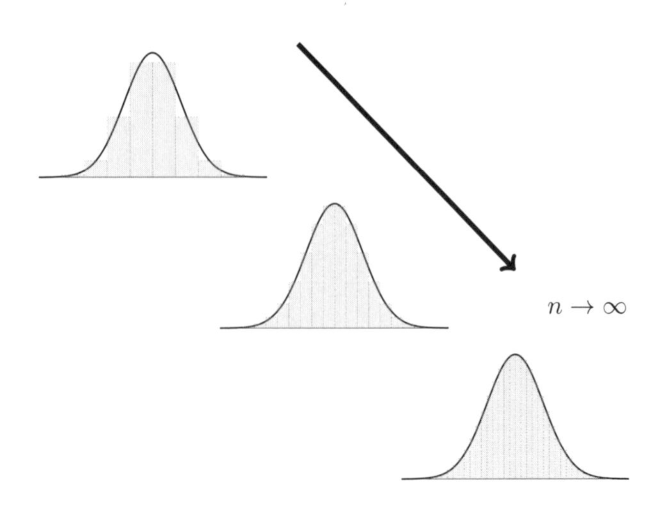

「たしかに、分割が細かくなるほど、近似が正確になりそう」

「こうやって、足し算から積分を定義するんだよ。先ほどの図に戻って、積分の範囲を $x = -0.15$ から $x = 0.15$ まで広げてみよう」

```
> integrate(f, -0.15, 0.15)
0.8663856
```

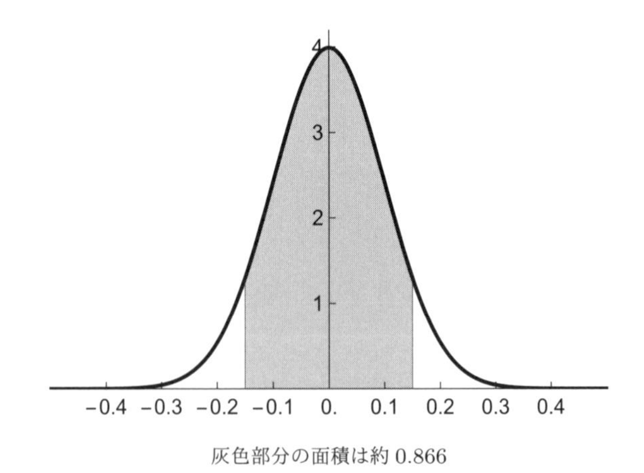

灰色部分の面積は約 0.866

「これはだいたい 0.866 くらいだね。コーヒー豆の例でいえば、誤差

が -0.15g から 0.15g のあいだにおさまる確率が 0.866 という意味だ。積分の範囲を広げると、当然面積が大きくなる。次は $x = -0.4$ から $x = 0.4$ まで積分するよ」

```
> integrate(f, -0.4, 0.4)
0.9999367
```

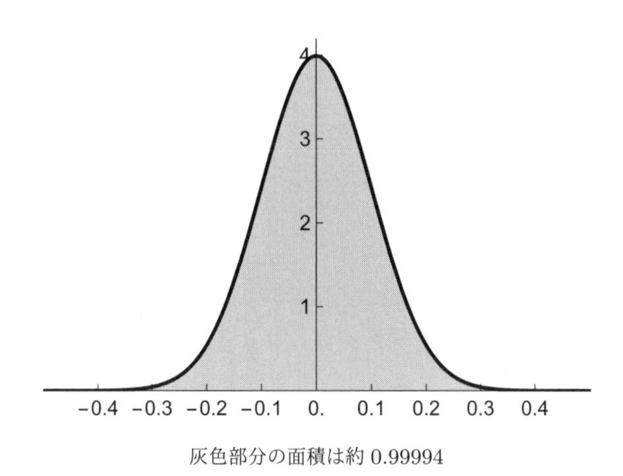

灰色部分の面積は約 0.99994

「計算の結果、面積は約 0.99994。グレーで色づけした部分の面積がほぼ 1 だってことがわかる。つまりコーヒー豆の量の誤差は、確率 0.999 で -0.4g から 0.4g のあいだにおさまる。積分の範囲を広げていくと、だんだんと 1 に近づくイメージは伝わったかな？」

「うん」

「この確率密度関数を使って、確率が定義できる点が重要だよ。統計学には○○分布という、名前のついた分布がたくさん登場する。それぞれの分布は固有の確率密度関数 $f(x)$ を持っていて、$f(x)$ を積分すれば、その分布にしたがう量の確率を計算できる」

「とりあえず今日は正規分布だけでお腹いっぱいだよ」

3.4 オリジナルな分布

「確率密度関数に慣れるために、オリジナルな分布をつくってみよう」
「いや、だからお腹いっぱいだって」
「まあ、そう言わずに。確率密度関数 $f(x)$ が満たすべき条件は

1. 任意の $x \in \mathbb{R}$ について $f(x) \geq 0$
2. $\displaystyle\int_{-\infty}^{\infty} f(x)dx = 1$

だから、この条件を満たす関数ならなんでもいい。たとえば

$$f(x) = \exp\{-(\log x)^2\}$$

という関数を考える[*3]」
「どこからでてきたの？」
「$x > 0$ の範囲で $f(x) \geq 0$ になるような関数を適当に考えたんだよ」
「でもさあ、適当な関数だと、都合よく面積が 1 にならないんじゃない？」
「いいところに気がついた。まずは関数のグラフを描いて、どんな形になるのかを確認してみよう。対数をとるから x がプラスの範囲でしか $\log x$ を計算できない。だから x が 0 以下の場合は、$f(x) = 0$ と定義するよ」

$$f(x) = \begin{cases} 0, & x \leq 0 \\ \exp\{-(\log x)^2\}, & x > 0 \end{cases}$$

花京院はコードを入力して関数のグラフをプロットした。

[*3] $y = a^x$ を別の表現で $x = \log_a y$ と書きます。このとき log を対数、a を対数の底と呼びます。底を省略して $\log x$ と書く場合は、底は $e = 2.718281828\cdots$ であると仮定します

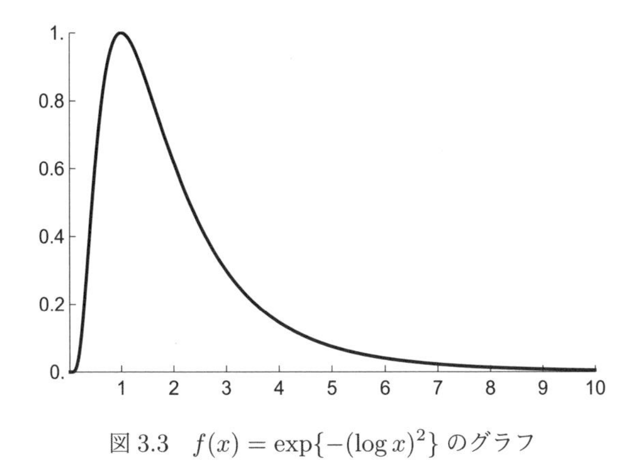

図 3.3　$f(x) = \exp\{-(\log x)^2\}$ のグラフ

「へえ……、なんか左のほうに偏ってるね。左右対称じゃなくてもいいの？」

「もちろん。左右対称じゃない確率分布はたくさんある。このグラフの面積を計算してみよう」

```
> f <- function(x){exp(-(log(x)^2))}
> integrate(f, 0, 10)
2.263591
```

「あ……」青葉が小さな声をあげた。

「む……」

「1を超えたね」

「うん。思いっきり1を超えてしまった」花京院は計算結果をもう一度確かめた。

「ほらー。テキトーに関数を決めるからそうなるんだよ」

「大丈夫、問題ない。1になるように調整するから」

「調整？」

「関数 $\exp\{-(\log x)^2\}$ を工の範囲で積分した値を定数 C とおく。

$$C = \int_0^\infty \exp\{-(\log x)^2\}dx$$

すると、この C で基準化した関数は正の範囲で積分すると 1 になる[*4]」

「ちょっとなに言ってるかわからない」

「つまり

$$\frac{1}{C}\exp\{-(\log x)^2\}$$

という関数を考えて、これを正の範囲で積分する。すると

$$\begin{aligned}
&\int_0^\infty \frac{1}{C}\exp\{-(\log x)^2\}dx \\
&= \frac{1}{C}\int_0^\infty \exp\{-(\log x)^2\}dx \quad \text{定数を外にだす} \\
&= \frac{1}{C}(C) = 1 \quad C\ \text{の定義より}
\end{aligned}$$

となる。ちゃんと 1 になっている」

「あれえ、ほんとだ」

「したがって関数 $f(x)$ を、あらためて

$$f(x) = \begin{cases} 0, & x \le 0 \\ \dfrac{1}{C}\exp\{-(\log x)^2\}, & x > 0 \end{cases}$$

と定義すると、この関数 $f(x)$ は

$$\begin{aligned}
\int_{-\infty}^\infty f(x)dx &= \int_{-\infty}^0 f(x)dx + \int_0^\infty f(x)dx \quad \text{積分の範囲を分ける} \\
&= \int_{-\infty}^0 0\ dx + \int_0^\infty f(x)dx \quad f(x)\ \text{の定義より} \\
&= 0 + \int_0^\infty f(x)dx \\
&= 0 + 1 = 1
\end{aligned}$$

を満たす。よって、たしかに確率密度関数となる」

「うーん、面積が 1 を超える関数をつくってからあとで調整するなんて、なんかズルい気が……」

[*4] この定数 C は有限で $C = e^{\frac{1}{4}}\sqrt{\pi}$ であることを証明できます

「このやり方なら、簡単に確率密度関数がつくれる。自分だけのオリジナルな関数がね」

「じゃあこれは花京院分布だね」

「それはちょっとダサいから勘弁してほしい」

「なによー、せっかく名前を考えてあげたのに」

青葉は、飲み終えたコーヒーカップをテーブルの上に置いた。

花京院は、空になった2つのカップを流し台に運ぶと、手際よく洗ってから片付けた。

「ありがと」

「こちらこそ、ありがとう。君の質問のおかげでおもしろい計算ができた。ところで、どうだった？ 豆の量が10gから10g+0.15g以内である確率が0.4331928のコーヒーの味は」

「うん。花京院くんがいれてくれた、豆の量が10gから10g+0.15g以内である確率が0.4331928のコーヒー、おいしかったよ」

青葉は笑顔でこたえた。

まとめ

Q 積分ってなに？

A 図形を無数の細かな部分の集まりと見なし、その和によって面積を求める操作です。特に確率密度関数の積分は、その分布にしたがう量の確率に対応しています。

- 確率密度関数 $f(x)$ それ自体は確率ではありません。
- 確率密度関数 $f(x)$ を $a \leq x \leq b$ の範囲で積分した値

$$\int_a^b f(x)dx$$

  は確率を表します。
- たとえばコーヒー豆をスプーンで量ったときの誤差を正規分布でモデル化すると、誤差が 0g から 0.5g におさまる確率や、−1.0g から −0.5g におさまるモデル上の確率を計算できます。この確率を計算するときに、確率密度関数の積分を使います。

第４章

モデルってなに？

第4章
モデルってなに？

駅前の古い喫茶店で、花京院はコーヒーを飲みながら 1 人で分厚い洋書を読んでいた。時刻はもう夕方に近い。花京院が帰り支度を始めたところ、青葉がやってきた。

「これ、よかったらあげる。いつもいろいろ教えてもらってるから、そのお礼」

青葉は、メーカーのロゴが印刷された紙袋を花京院に手渡した。彼が紙袋から中身を取り出すと、色違いのＴシャツが 3 枚入っていた。

「うちの会社の新商品。社員販売で買ったんだよ」大学を卒業したあと、青葉はアパレルメーカーに就職し、花京院は大学院に進学した。

以来、2 人はこの喫茶店で会う機会が多くなった。待ち合わせをしているわけではなかったが、偶然以上の確率で会う距離をお互いに保っている。

「ありがとう。助かるよ」

「というわけで、ちょっと教えてほしいことがあるんだけど」

「さっそくだね……。君がなにかをくれるなんて、珍しいとは思ったんだ」

青葉は会社で生じた仕事上の問題を、花京院によく相談した。彼女が持ってくるさまざまな相談は、花京院にとって現実との接点を保つちょうどよい息抜きになっていた。

「そのインナー、うちの会社で開発したんだけどね。最近、競合商品が他社でも開発されたんだよ。CM 見たことない？」

青葉はTVCMのキャッチコピーをメロディーにのせて口ずさむ。
花京院は、その新商品を知らなかった。彼はあまりTVを見ない。
「上司によると、生産量の調整を社内で検討中なんだけど、ライバル企業の動向がわからないから、どうしたものか思案中なんだって」
「なるほど」
「まあ、私みたいな新人には、まだ発言権はないけど。生産管理の基本的な理論くらい知っておいたほうがいいかなって」
「向学心があるのはいいことだと思うよ」
「こういう問題は、どう考えたらいいの？」
「市場のモデルをベースに考えたらいいんじゃないかな」
「市場のモデル……。うーん、モデルっていまいちわからないんだよね。じつは、需要とか市場っていう言葉の正確な意味も知らないし」
「このTシャツを例に考えてみよう」
花京院は、青葉からもらったTシャツを手にとった。

4.1 価格と需要量

「もっともベーシックな需要・供給モデルを考えよう。このモデルはまず、1種類のTシャツをつくる生産者がたくさんいて、それを買う消費者もたくさんいると仮定する。このような市場を競争市場という」
「競争市場……。聞いたことはある気がするよ」
「競争市場の特徴は、人がたくさんいるので、1人の選択が他の人の選択に影響を与えないことだよ。需要・供給モデルの仮定をまとめると、こうなる」

1. 市場で売買される財（商品・サービス）は1種類とする。
2. 市場の財はすべて同じ価格で売られる。
3. 市場には多数の生産者と消費者が存在し、1人の行動の影響は無視できる。

「Tシャツの価格と、その価格で売れる数量の関係を考えてみよう。価格と売れる数量の関係ってどうなってると思う？」花京院が聞いた。

「価格が高いと買う人は少ないし、価格が低いと買う人は増えるんじゃないかな」

「そう考えるのが自然だね。それぞれの価格で消費者が買ってもよいと思う商品の数量を**需要量**と呼ぶことにしよう。一般に、他の条件が一定とすれば、**価格**の上昇は、その商品の需要量の減少をもたらす。たとえば T シャツの価格と需要量の関係が次のようなものだとする」

価格（円）	需要量（枚）
2000	2000
1500	3000
1000	5000
500	8000

「この表は、T シャツが 1 枚 500 円で売られるときに 8000 枚、1000 円で売られるときに 5000 枚の需要量があることを示している。価格が高くなるほど需要量が減る傾向を表しているよ。この《価格》と《需要量》の関係を図で表してみよう」

花京院は計算用紙に図と表を描いた.

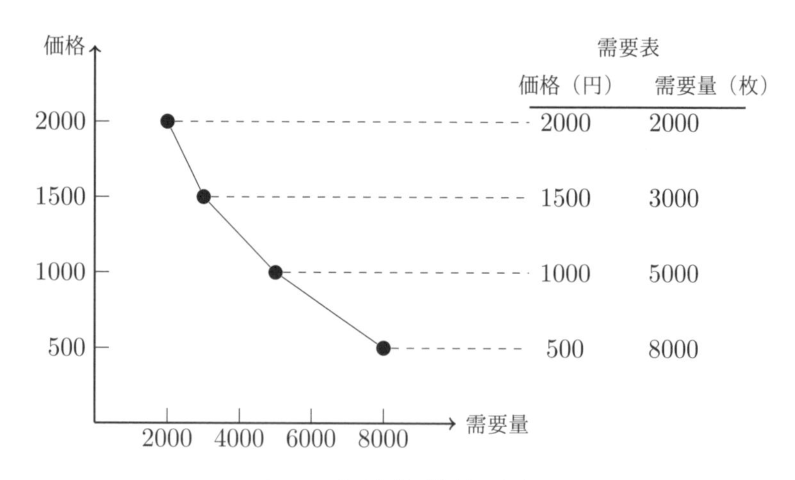

図 4.1　需要曲線（縦軸：価格）

「右側が T シャツの需要表で、左側はそのグラフだよ。グラフ上の各点を結んだ線を、**需要曲線**と呼ぶ。この需要曲線は価格の変化に対応する需要量の変化を表している。具体的にいうと、価格が高くなると、需要量が減少するという、《価格》と《需要量》の関係を表している[*1]」

4.2 需要曲線のシフト

青葉は計算用紙に描かれた需要曲線をじっと眺めた。

価格が高くなると、売れる量が減る。

自分自身の経験からも、その法則は正しいように思えた。

しかし、グラフを見ているとなにかがしっくりこなかった。

「どうしたの」花京院が聞いた。

「うーん……、価格によって需要量が決まるという話はよくわかるんだけど……。このグラフを見てるとなんだか違和感があるんだよ」

「違和感？」

「うん。このグラフは、需要量が大きいと価格が下がる、という関係にも見えるでしょ？ でも需要量が多いのに価格が下がるって、おかしくない？ だって、たくさんの人が欲しがってるのに、価格が下がるってヘンだよ」

花京院は、青葉の疑問を理解するためにじっと話を聞いた。

「去年、ネイビーカラーが流行ったんだよ。そしたら、ネイビーカラーの商品だけセール前に売れたんだよ。つまり流行した商品は、値段を下げなくても売れるわけ。これって需要があるほど高い価格でも売れるってことでしょ？ でも、さっき描いた需要曲線を見ると、《需要量が多いほど価格が下がる》っていう関係になってるんだよ。だからヘンだなあーって」

「ふむ……」

花京院は、腕組みをしてじっと考えた。

「**《需要曲線に沿った変化》**と**《需要曲線のシフト》**という2つの異なる変化を区別する必要があるね。まず、**需要曲線に沿った変化**は、他の条件は一定のまま価格だけが変化して、それにしたがって需要量が変化することを意味する。図で表すと次のような変化だよ」

[*1] 本章で解説する競争市場のモデルは、Krugman & Wells (2006) を参照しました

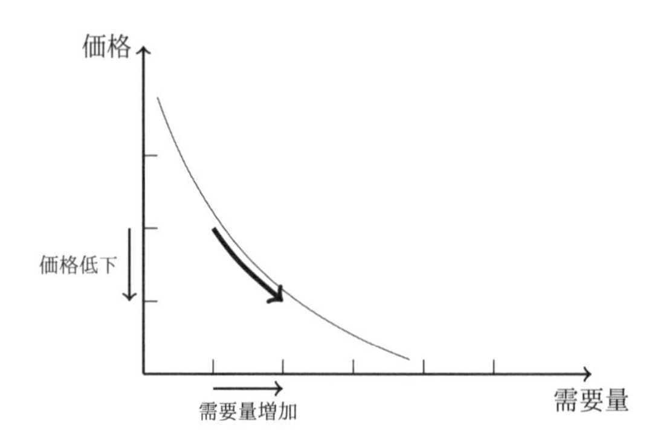

図 4.2　需要曲線に沿った変化

「この変化は、価格が下がったことで需要量が増えたことを表している。逆に価格が上がれば需要量は減る」

「えーと、価格が縦軸だけど、価格が先に動いたって考えればいいんだね」

「そうだよ。一方で、《流行によってネイビーカラーの商品の需要が増した》という変化は、需要曲線上の変化ではなく、需要曲線そのものの右方向への移動を表している」

「ちょっとなに言ってるかわからない」

「**需要曲線のシフト**は次の図が示すような変化だよ」

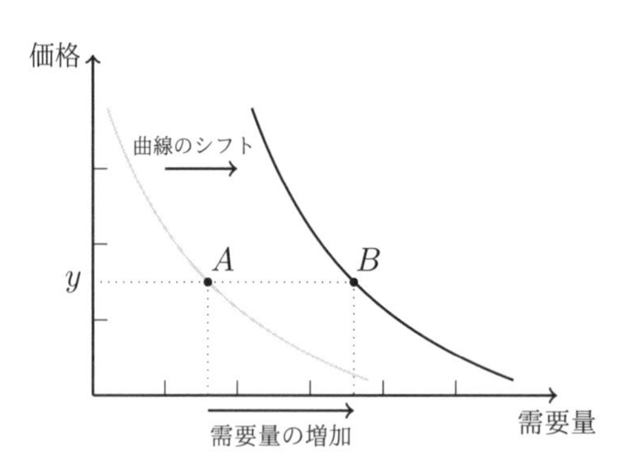

図 4.3　需要曲線のシフト

「この図は《ネイビーカラーの流行》という条件の変化で、商品の需要曲線が右方向に移動した様子を表している。色の薄い線がシフト前で、濃い線がシフト後の需要曲線だよ。このシフトによって、たとえば価格が y 円である商品は曲線上の点が A から B に移動するから、需要量が増加する」

「なるほどー。だから流行すると同じ価格でも需要量が増えるんだ」

「需要曲線の右方向へのシフトは、すべての価格帯で需要量が増すから、売る側にとっては嬉しい変化だと言える」

「そうだね」

「需要曲線が左方向にシフトする場合もあるよ。たとえば、流行が終わってしまった商品は需要曲線が左にシフトする。これはすべての価格帯で需要量が減ることを意味する」

「それはちょっと悲しいな。どういうときにシフトが起こるの？」

「《需要曲線のシフト》は、主に次の要因によって生じるよ。

- 嗜好の変化
- 期待の変化
- 所得の変化
- 関連する財の価格の変化

君が例にあげた《ネイビーカラーの流行》は嗜好の変化だね」

「じゃあ、期待の変化は？」

「たとえばバーゲンが近づくと、消費者はもうすぐ価格が下がることを期待して買うのを控えるはずだ。そういう場合はシフトが逆方向に起きて、みんないまの価格で買わなくなる」

「バーゲン前はたしかに売り上げが落ちるんだよね。なるほど、これが期待の変化か。…… 次の 3 つめの所得の変化はわかるよ。所得が増えれば需要が増加するってことだね」

「そのとおり。みんなの給料が増えたら需要は増えるはずだ」

「最後の《関連する財の価格の変化》ってやつはよくわからないな」

「たとえば、ダウンジャケットとトレンチコートの関係を考えてみよう。トレンチコートとダウンジャケットは防寒という意味では同じ機能を持っているから、一方が他方の代用品となりうる。すると

- ダウンジャケットの価格が下がるとダウンジャケットの需要が増え、その結果トレンチコートの需要が減る
- トレンチコートの価格が下がるとトレンチコートの需要が増え、その結果ダウンジャケットの需要が減る

という関係が成立する。このような 2 つの財を**代替財**（だいたいざい）という」

「なるほど。代替財だね」

4.3　価格と供給量

「需要曲線は、『この価格ならこの量だけ欲しい』という消費者の意図を表していた。一方で生産者も『この価格でこの数量を売りたい』と思っている。この量が**供給量**だ。だから市場の分析では生産者（売り手）から見た価格と供給量の関係も考慮する必要がある。次の図は T シャツの**供給曲線**を表している」

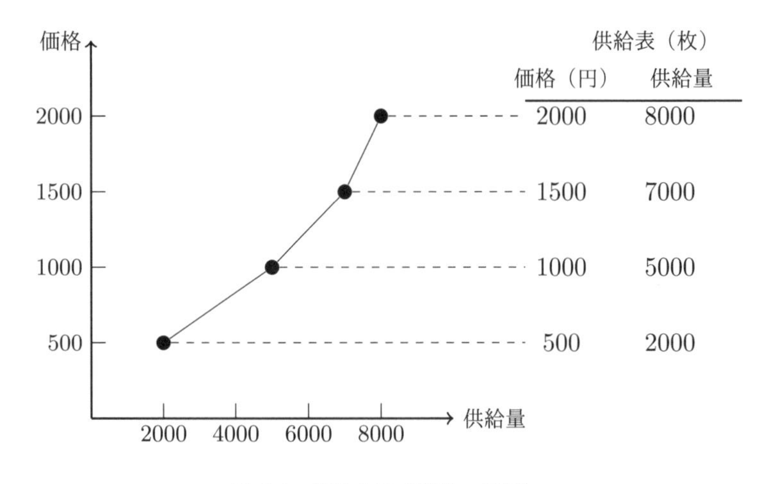

図 4.4　供給曲線（縦軸：価格）

「供給曲線は、生産者の意図を表している。高い価格で買ってくれるなら、たくさん供給したいし、逆に価格が低いときにはあまり売りたくない。だから供給曲線は右上がりになる」

「価格が高いほど供給量は増える、さっきの需要曲線と逆だね」

「供給曲線でも《曲線に沿った変化》と《供給曲線のシフト》を区別することが大切だよ。たとえばTシャツを生産するための技術が改良されると、すべての価格帯で供給量が増加して供給曲線が右にシフトする」

「同じ値段のままたくさんつくれるってことだね」

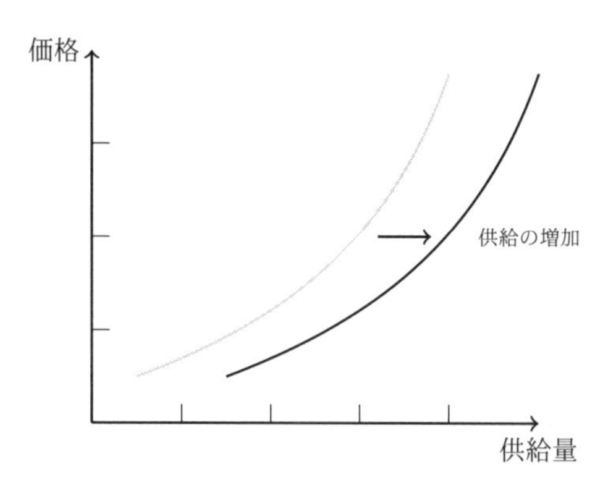

4.4 均衡価格

「さて、需要曲線と供給曲線を定義できたので、ここから市場における均衡価格を導出してみよう。いま、Tシャツの価格が1500円だと仮定する。するとその場合の供給量は供給曲線から考えると7000枚になる」

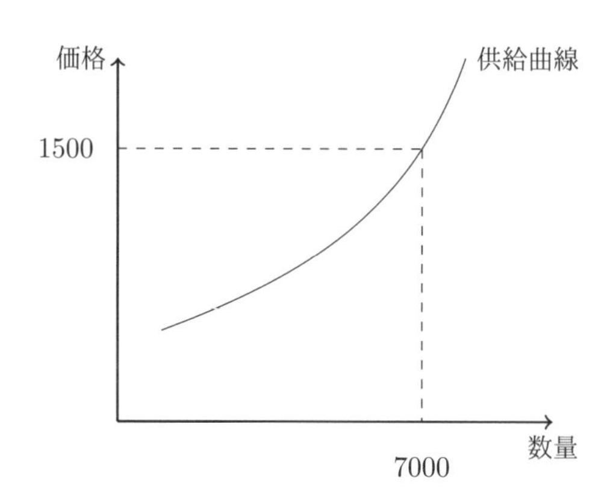

青葉は供給表を見直した（80 頁）。

「そうだね。価格が 1500 円なら、供給量は 7000 枚だよ」

「一方、価格が 1500 円なら需要曲線より、需要量は 3000 枚になる」

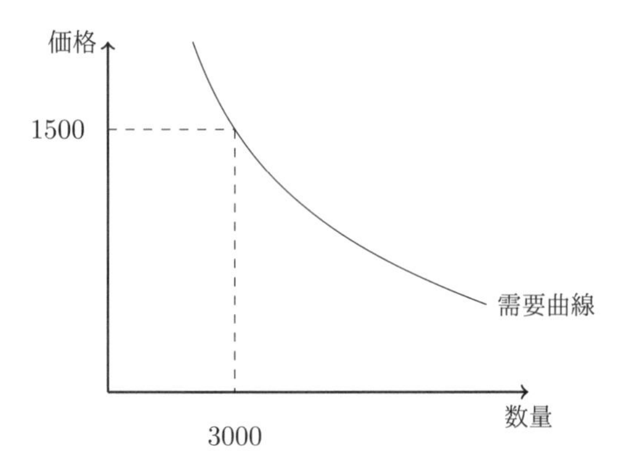

青葉は今度は需要表を見直した（76 頁）。

「たしかに価格が 1500 円なら、需要は 3000 枚だ」

「価格が 1500 円のとき、需要量 3000 枚に対して、供給量が 7000 枚だから供給過剰になる。すると市場には商品があまってしまう」

花京院は 2 つの曲線を 1 つにまとめた。

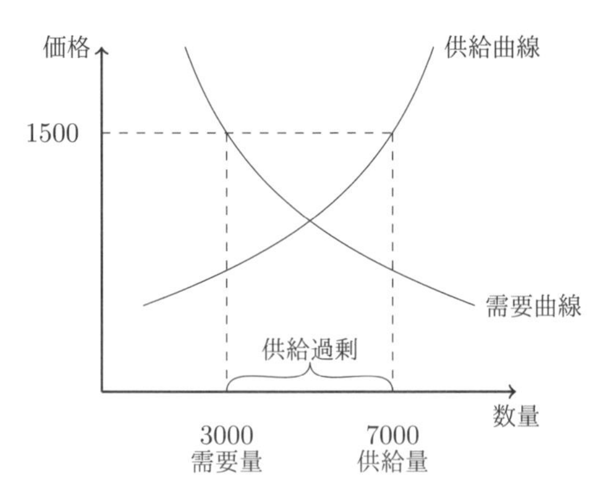

「供給量 7000 枚と需要量 3000 枚の差 4000 枚が供給過剰だ。もし君が生産者ならどうする？」

「じゃあ、しょうがないから価格を下げるよ。とりあえず 1250 円まで」
「OK」花京院は新しい図を描いた。

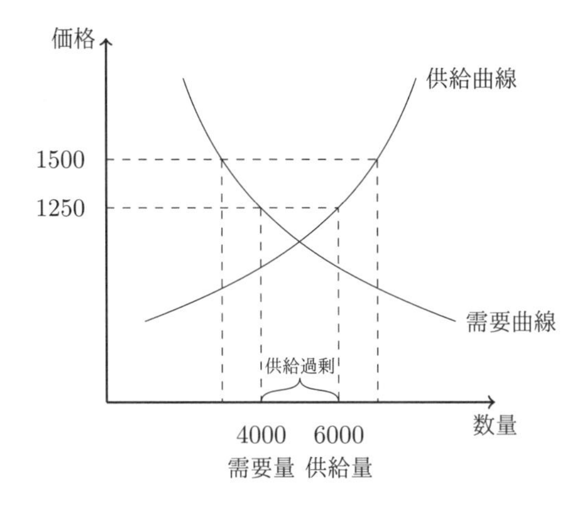

「価格が 1250 円まで下がったために、需要量は 4000 枚まで増え、供給量は 6000 枚に減った。依然として供給過剰が生じているけど、さっきよりは少なくなった。このことから価格が高いと供給過剰が起こり、この過剰を解消するために価格が下がることが予想される。どこまで価格が下がるだろうか？」
「ははあ、わかったよ。供給過剰が 0 になるまで下がるんじゃないかな」
「そのとおり。供給量と需要量が近づき、一致したところで変化が止まる。この例の場合、需要曲線と供給曲線が一致する点の価格は 1000 円で、数量は 5000 枚だ。これを**均衡価格**と**均衡数量**という」

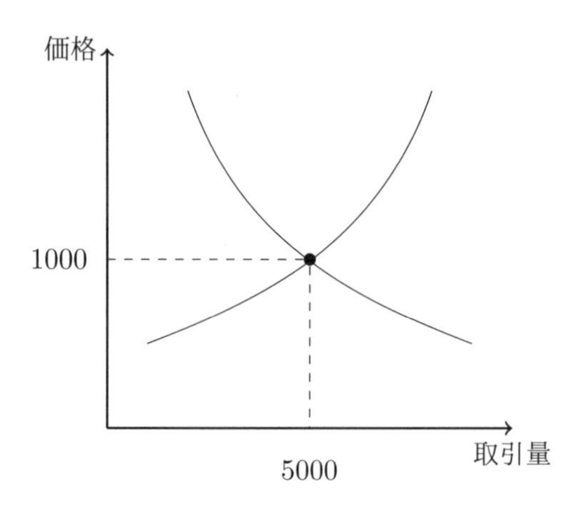

図 4.5　均衡価格と均衡数量

「ふむふむ。需要曲線と供給曲線が一致する点だね」

「一方で、価格が低い場合にどうなるかを考えてみよう。価格が 500 円だと仮定する」

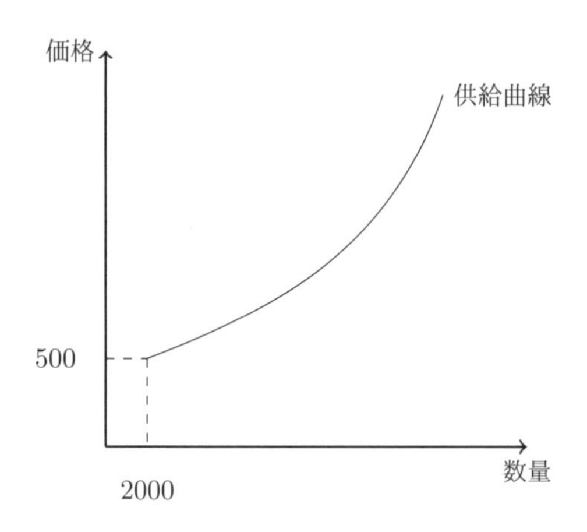

「すると供給曲線より、供給量は 2000 枚となる。一方で需要量は、次のようになる」

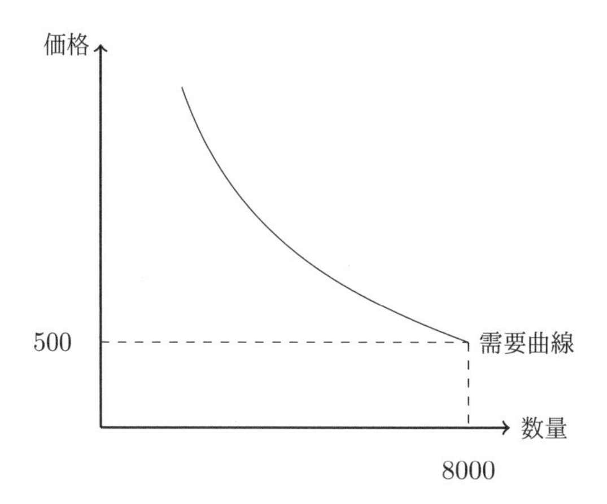

「価格が 500 円のとき、需要曲線より、需要量は 8000 枚となる。しかし供給量は 2000 枚なので、この場合需要量が供給量を上回る**供給不足**が起こる。すると消費者はもっと高い価格で商品を買おうとするし、生産者はもっと高い価格を要求できるため、価格が上昇すると予想される。

その結果、価格は供給不足が解消されるまで上昇し、需要量と供給量が一致する点で変化が止まる。

以上の**インプリケーション**（モデルから論理的に導出した命題）をまとめると、

1. 価格が均衡価格よりも高ければ、供給過剰が起こり、供給過剰が解消するまで市場価格が下がる
2. 価格が均衡価格よりも低ければ、供給不足が起こり、供給不足が解消するまで市場価格が上がる
3. ゆえに 1. と 2. より市場価格は均衡価格で安定する

となる。これで、均衡価格が導出できた。これは競争市場の単純なモデルになっている。無数の消費者と無数の生産者が市場で出会った結果、どのようにして商品の価格と取引量が決まるのか、を表現するモデルだよ」

「これって全然式が出てこないね」

「数式だけでモデルを表現するとは限らない。現実を抽象化した概念

を体系化したものは、モデルだよ」

「体系化って？」

「この場合、《需要量》や《供給量》や《価格》という概念を、バラバラにではなく、互いにどのような関係になっているのかを明示的に定式化することだよ。需要曲線と供給曲線をそれぞれ単体で考えていても、そこから引き出せるインプリケーションは少ない。でもこの 2 つを組み合わせて 1 つのシステムとして分析すると、バラバラに考えていたときには、発見できなかったインプリケーションを引き出せる。たとえば供給過剰・供給不足の発生や均衡価格を説明できる。そのことによって僕らの《市場》に対する理解が深まるんだ」

「ほかにもインプリケーションってあるの？」

「あるよ。流行による需要の増加をこのモデルで分析してみよう。たとえばネイビーカラーの流行によって需要のシフトが起きたとする。すると均衡価格は次のように変化する」

花京院は右方向にシフトする需要曲線を追加した。

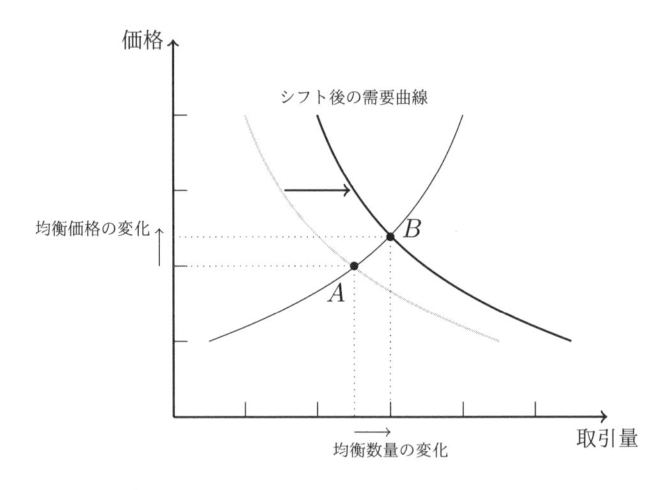

「需要曲線の右方向へのシフトは、あらゆる価格で需要を増加させるのだった。この変化によって需要量と供給量が一致する点は A から B に移動する。すると、均衡数量が増加するだけでなく、均衡価格も上昇することがわかる」

「ほんとだ。価格も上がるし供給量も上がる。会社にとってはありがたいね」

「もし技術改良などにより供給量が増えると、供給曲線が右にシフトする。すると均衡価格は下がり、均衡数量は増加する」

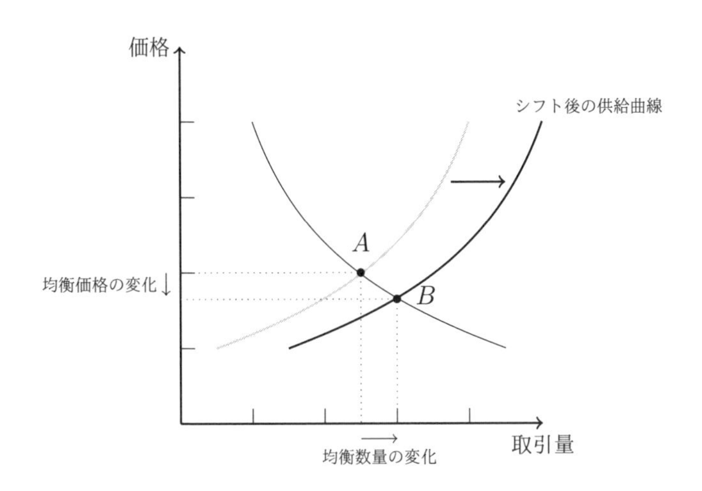

「このように、需要量・供給量・価格の関係をモデルで表現すると、いろいろなことがわかる」

「グラフだけで数式がでてこないところが気にいったよ。これなら私でもわかる」

「たしかにグラフを使った分析だけでいろんなことがわかるし、通常の言葉だけでは到達できないような予想も引き出せる。でも、インプリケーションをより一般的な条件で証明するには数式も必要だよ」

「式を使わなくてすむんなら、こっちのほうがいいな」

「慣れてくると、式も便利だよ」

「そうなのかな……」青葉は、まだ数式に苦手意識を持っていた。

4.5 独占モデル

「ところで、このモデルを使ってどうやって新商品の生産量を決めたらいいの？」と青葉が聞いた。

「競争市場のモデルは、たくさんの生産者と消費者の存在を仮定していた。だから少数の企業が競争している状況に適用するのは、ちょっと難しい。これをベースに別のモデルを考える必要があるよ」

「そっかー。別のモデルを考えなきゃダメなのか……」

花京院がテーブルの上に計算用紙を置いた。

「生産数の調整では、君の会社だけじゃなくて、ライバル企業の動きも考えなきゃいけないところがポイントだ。そこでまず、市場に君の会社しか存在しない場合について考える」

「え、どういうこと？ ライバル企業の存在が重要なんでしょ」

「そうだよ。でも、単純な場合から考えて徐々に複雑な条件を取り込んでいくと、難しい問題の本質が見えてくる。複雑な現象だからといって、はじめにいろいろと条件を詰め込みすぎると、かえって理解が進まない」

「そういうものなのかなー」

「現実は複雑だから、単純なモデルだと物足りない気がするけど、最初はそれでいいんだよ」

「まあいいよ。難しい話は苦手だし。まずは単純な場合を考えるんだね」

「そういうこと。急がば回れ。急がなくても回れ」

「なによそれ。ぐるぐるしすぎ」

「僕の考えた、モデルづくりの鉄則だよ。さて、市場を独占している企業にとって、なにが重要な条件かを考えてみよう」

「重要な条件って言われても困るなー。それがわからないから相談してるんじゃない」

「じゃあ、少し質問を変えよう。君が会社の社長に就任したとする。社長になったと想像してみて」

「社長か……」青葉は目を閉じると、言われるままに想像した。

「なんだか……、偉くなった気分。花京院くん、ちょっとお茶を持ってきてくれる？」

「いや、そういう細かいディティールの想像はしなくていいから。あとここ、喫茶店だよ」

「とにかく気分は社長になった」

「社長の目的はなに？」

「それは当然、なるべく儲けを大きくすることじゃないかな」青葉は迷いなく答える。

「なるべく多くの利益を得るためにはどうすればいい？」花京院が質問を続ける。

「たくさん商品をつくって売ればいいんじゃないかな」

「じゃあ、工場で可能な限り商品を生産したらどうなるだろう。どんどん儲けが大きくなる？」

「いや、そんな簡単じゃないよ。さっき需要と供給のモデルで考えたでしょ。需要量以上に生産すると、供給過剰になっちゃうじゃん」

「そうだね。つくればつくっただけ売れるわけじゃないから、需要量に合った供給量を選ぶ必要がある」

青葉は、花京院が言わんとすることをだんだん理解してきた。

「なるほど……。こういうことが、考えるべき条件なんだね。えーっと、まず目的は利得の最大化だね。そのために、たくさん商品を売らなきゃいけないけど、需要量にあった供給量を考えないといけない。それからいくらで売るかってことだね。あとは……、商品をつくるための費用も考えないといけないね」

「本質的な条件がわかってきたね。つまり利得を最大化するためには需要量、供給量、価格、生産コストを考える必要がある」

花京院は計算用紙に、条件をまとめて書いた。

- 利得（最大化の目的）
- 需要量（消費者の購入量）
- 供給量（企業の生産量）
- 価格
- 生産コスト

「なるほど」

「ここから先は、数式でモデルを表現してみよう」

「やっぱり数式を使うんだ……。大丈夫かな」

「なるべく簡単な式を使うから心配ないよ」花京院は計算用紙に式を書

き足した。

まず 1 着あたりの価格とコストの差を考えるよ[*2]。

$$\text{価格} - \text{生産コスト}$$

これが 1 着を売った場合の利益だ。これに生産量を掛けると、全部売れた場合の利得になる。だから

$$\text{利得} = (\text{価格} - \text{生産コスト}) \times \text{生産量}$$

となる。

この式は、先ほど君が指摘した消費者の需要量をまだ考慮していない。

需要量は、価格が増すほど低下するという性質を持っていた。その関係を、単純な関数で

$$\text{需要量} = a - \text{価格}$$

と表すことにしよう。ここで a はなんらかの定数で、価格が 0 のときの需要量だよ。価格を左辺にして書き直すと

$$\text{価格} = a - \text{需要量}$$

となる。これを需要曲線と呼ぶんだったね。

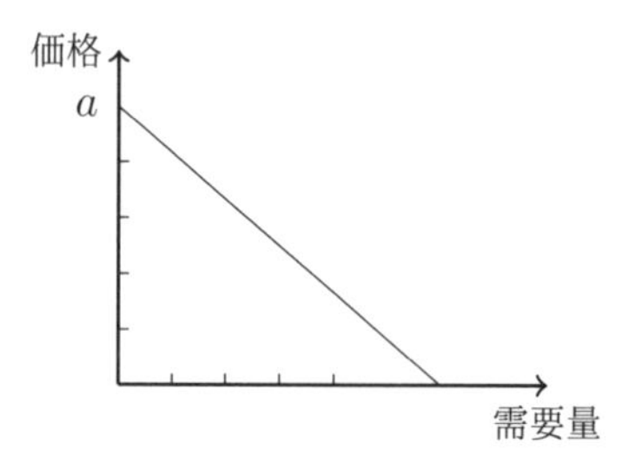

図 4.6　単純化した需要曲線

---

*2 以下、単純化のために 1 着あたりの生産コストは総生産量にかかわらず一定で、生産量と供給量は一致すると仮定します

需要量と等しい生産量を選んだと仮定すると

$$\text{価格} = a - \text{生産量}$$

となる。つまり独占企業は生産量によって価格をコントロールできると仮定する。

また価格は 0 以上で、価格の最高値は a だから、生産コストは a を超えないと仮定する。この価格を、先ほどの利得を表す式に代入すると

$$\begin{aligned}\text{利得} &= (\text{価格} - \text{生産コスト}) \times \text{生産量}\\ &= (\underbrace{(a - \text{生産量})}_{\text{価格}} - \text{生産コスト}) \times \text{生産量}\end{aligned}$$

となる。

生産量を q、生産コストを c という記号で表そう。すると

$$\begin{aligned}\text{利得} &= \{\underbrace{(a - \underbrace{q}_{\text{生産量}})}_{\text{価格}} - \underbrace{c}_{\text{生産コスト}}\}\underbrace{q}_{\text{生産量}}\\ &= \{(a-q)-c\}q\end{aligned}$$

となる。$c < a$ を仮定したことを覚えておいてね。

「なるほど。価格は需要曲線で決まるから、これで消費者の需要量を考慮した式になるんだね」

「そういうこと」

4.6 独占モデルのインプリケーション

「ここから先、企業の利得を u で表す。利得 u は生産量 q の関数だから、それを明示するために、$u(q)$ と書くことにする。利得関数 $u(q)$ を最大化する生産量 q を計算してみよう」

花京院は新しい計算用紙に式を書き始めた。

$$
\begin{aligned}
u(q) &= \{(a-q)-c\}q && \text{利得関数の定義より} \\
&= (a-q)q - cq && \text{展開する} \\
&= aq - q^2 - cq \\
&= -q^2 + (a-c)q && q \text{ の項をまとめる}
\end{aligned}
$$

計算を簡単にするために $a-c$ の部分を $b=a-c$ で置き換える。すると、これは

$$-q^2 + bq$$

という 2 次関数を最大化する問題に等しい。グラフで描くと

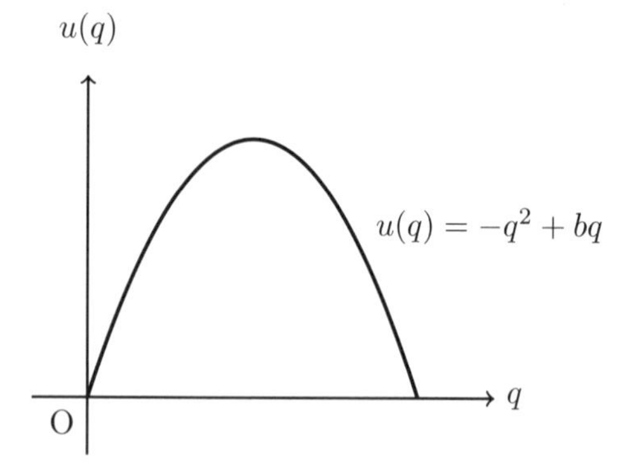

というイメージだよ。

　このグラフの頂点が関数の最大値だから、平方完成して頂点の座標を求めるよ[*3]。

$$
\begin{aligned}
u(q) &= -q^2 + bq \\
&= -\left(q^2 - bq\right) \\
&= -\left(q^2 - bq + \frac{b^2}{4} - \frac{b^2}{4}\right) \\
&= -\left\{\left(q - \frac{b}{2}\right)^2 - \frac{b^2}{4}\right\}
\end{aligned}
$$

*3 2 次式 ax^2+bx+c を $a\left(x+\frac{b}{2a}\right)^2 + c - \frac{b^2}{4a}$ の形にまとめることを平方完成と言います

$$= -\left(q - \frac{b}{2}\right)^2 + \frac{b^2}{4}$$

ここで第 1 項の最大値は 0 だから、第 1 項が 0 になるような q の値を選ぶと、全体として最大化することがわかる。つまり利得関数 $u(q)$ は

$$q = \frac{b}{2} \quad \text{のとき最大値} \quad u(q) = \frac{b^2}{4}$$

をとるってことだね。$b = a - c$ だったから、代入してもとに戻すと

$$q = \frac{b}{2} = \frac{a-c}{2}$$

だ。$a > c$ を仮定してたから、たしかに生産量は $q = (a-c)/2 > 0$ だよ。

まとめると、生産量 $q = (a - c)/2$ のとき利得関数 $u(q)$ が最大化して、そのとき独占企業は

$$u(q) = \frac{b^2}{4} = \frac{(a-c)^2}{4}$$

だけ儲かる。

この生産量は、市場を独占しているときの生産量だから《**独占生産量**》と呼び、q^* で表すことにしよう。そして、独占生産量の場合の利得を《**独占利得**》と呼ぼう。生産量と利得の関係が 2 次式になっているところがポイントだ。先ほどの図に最大点と最大値を描き込むと、こうなる。

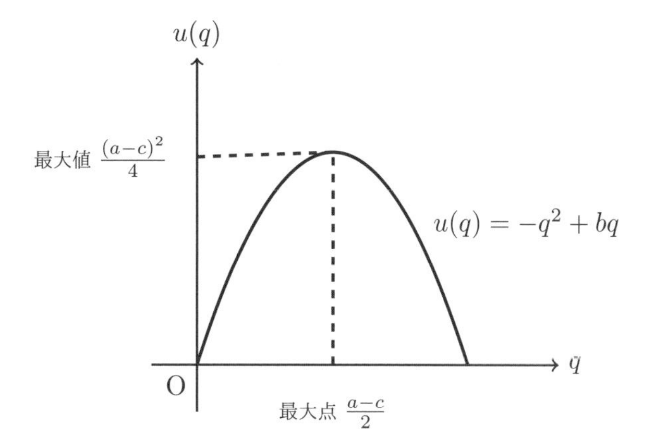

関数 $u(q)$ が q^* で最大値 $u(q^*)$ をとるとき、q^* を《最大点》と呼ぶんだよ。たとえ市場を独占できる場合でも、生産量 q を増やしすぎると利得 $u(q)$ が低下するから、適当な量に抑えないといけない。その最適な生産量 q^* が

$$q^* = \frac{a-c}{2}$$

だ。この単純なモデルから次のことがわかる。以下は独占モデルから導出した**インプリケーション**だ。

- 生産量 q が増えるほど価格 $a-q$ が下がるため、生産量を増やしすぎると利得 $u(q)$ が低下する。
- 利得 $u(q)$ を最大化する生産量 q^*（独占生産量）は $(a-c)/2$ である。
- 最大利得（独占利得）$u(q^*)$ は $(a-c)^2/4$ である。
- 独占生産量と独占利得は需要曲線の定数 a が増えるほど増加し、生産コスト c が増えるほど減少する。

「おー、おもしろい。こんな単純な数式から、利得を最大化する生産量や、利得の最大値がちゃんとわかるんだね」

青葉は花京院が示したインプリケーションを感心した様子で確かめた。

「ただし、この結果はモデルの仮定を満たしている場合の論理的な帰結だよ。仮定が変われば結論も変わることに注意してね」と花京院が計算結果を確認しながら付け加えた。

青葉は計算用紙に書かれた数式を何度も読み直した。

「でも，不思議だなあ。計算した式は単純だし、2 次関数の計算なんてこれまでに何度もやってきたはずなのに、それとは違って見える」

「それはね、2 次関数を現象に*あてはめた*んじゃなくて、需要や供給や価格に関する体系的な仮定から、2 次関数を*導出した*からだよ」

「そっかー。だから数式に、意味を感じるのか。モデルをつくると、数学でつくった世界のなかに、人が生きているみたいな気がするよ」

「おもしろい表現だね。たしかに単純な式でも、価格や需要という概念

との対応があるだけで、そこに豊かな意味が現れる。需要と供給のモデルや独占モデルは単純だけど、普通の言葉で考えていたときには到達できない水準の理解に僕らを導いてくれる」

青葉はいまだに数式に苦手意識を持っている。しかし、花京院が説明したモデルは、苦手な数式とは少し違って見えた。企業の行動を表す数式から《行為の意味》を感じることができたからだ。

それは彼女にとって初めての体験だった。

まとめ

Q モデルってなに？

A 現実を単純化・抽象化したものです。たとえば市場のモデルは価格・需要量・供給量という概念間の関係を明示的かつ体系的に表現しています。

- 需要量とは、それぞれの価格で消費者が買ってもよいと思う商品の数量のことです。《価格が高くなると、需要量が減る》という関係を表した関数を、需要曲線と呼びます。
- 供給量とは、それぞれの価格で生産者が売ってもよいと思う商品の数量のことです。《価格が高くなると、供給量が増える》という関係を表した関数を、供給曲線と呼びます。
- 需要曲線と供給曲線の関係から、市場における均衡価格が決まります。
- 複雑な現象をモデル化する場合には、まず単純な場合から始めます。最初からあれもこれもと、複雑な条件を考慮すると混乱します。
- インプリケーションとは、モデルから論理的に導出した命題です。興味深いインプリケーションを導出できるモデルはよいモデルです。

練習問題

問題 4.1　難易度☆

1 着の生産コストが 500 円のシャツがあります。

$$\text{生産コスト } c = 500$$

同様の商品の過去の売れ行きから、価格は需要曲線

$$\begin{aligned}\text{価格} &= 5000 - \text{生産量}\\ &= 5000 - q\end{aligned}$$

で決まると予測します。このとき

- 独占生産量
- 独占利得
- 独占しているときの価格

を求めてください。

問題 4.1 の解答例

94 頁の結果から、独占生産量は

$$\text{独占生産量 } q^* = \frac{a-c}{2} = \frac{5000-500}{2} = \frac{4500}{2} = 2250$$

です。そして独占利得は

$$\text{独占利得} \frac{(a-c)^2}{4} = \frac{(4500)^2}{4} = 5062500$$

なので約 500 万円です。

そしてこのとき 1 着の価格は $P = 5000 -$ 生産量 q だから

$$\text{価格 } P = 5000 - q = 5000 - 2250 = 2750$$

です。

需要と生産コストが決まると、このモデルからは

- 独占生産量 $= 2250$
- 独占利得 $= 5062500$
- 独占しているときの価格 $= 2750$

だとわかります。

第5章

競争で損をしない戦略とは？

第5章
競争で損をしない戦略とは？

ライバル企業の生産量がわからないときに、自社の利得を最大化する生産量はなにか？

今日は、その話を聞くつもりだった。

が……。

結果的にはそれができなかった。

会社を定時で終えた青葉がいつもの喫茶店に立ち寄ったところ、花京院が見知らぬ人物と一緒に座っていたからだ。

そこには青葉の知らない、髪の長い女の子がいた。

表情から２人が真剣に話し込んでいる様子がうかがえる。

入り口に背を向けた花京院は、青葉が来たことに気づいてはない。

向かいに座った女の子と青葉の目があった。

青葉は反射的に視線をそらし、ドアから手を離してしまった。

（誰？）

自宅に戻ってから、青葉は喫茶店にいた女の子について考えた。年齢は自分や花京院と同じか、少し下に見えた。目が合った一瞬の眼光の鋭さが印象的だった。

しかし大学時代には見かけたことのない顔だった。

（外部の大学から進学してきた大学院生？　それとも自分が卒業してから研究室に進学してきた学部生？）

花京院とは、今日、約束をしていたわけではなかった。だから別に自分以外の人間と一緒にいても、おかしくはない。

にもかかわらず、青葉の胸には得体の知れないモヤモヤが広がっていた。

家に帰ってから、青葉は1人で花京院に聞くつもりだった質問の内容について考えてみた。しかし、結局解決の糸口すら見つからず、そのままあきらめて寝てしまった。

5.1 複占

謎の女子との遭遇事件から数日後、花京院と青葉はいつもの喫茶店で、モデルを用いた生産管理について話し合っていた。青葉のモヤモヤとした気分は完全に晴れたわけではなかったが、時間が経過することで、多少は平静さを取り戻していた。

「ライバル企業が存在するとき、どれだけ生産するべきか？ という問題だったね。ここから先、複数の企業が生産する同じ商品のことを《**同質財**》と呼ぶよ。君の会社がつくった商品と、ライバル会社がつくった商品は、現実には多少の違いがあるけれど、いまはまったく同じだと仮定する。つまり消費者はどちらの会社がつくったかを区別しない。これが《同質財》の意味だよ」

「えー、さすがに違いはわかると思うんだけどなあ」

「現実にはもちろん、違いはあるだろう。ただしいまは考えないことにする[*1]。まずは単純な場合のモデルをつくり、あとで条件を追加して分析すればいい。単純化の原則だよ」

「あ、そうだった」

「いまから考える状況が、独占の場合と、どこが違っているのかを確認しよう。

- 市場には2つの企業が存在する。
- 2企業は同質財を生産して市場に供給する。
- 価格は需要関数によって決まる。

$$価格 = a - 生産量$$

[*1] 似ているけれど、異なる商品が競合する場合については、第8章で扱います

ただし a は定数。

商品を供給する企業が 2 社だから、生産量は 2 社の合計になる、という点が独占の場合と違う。

$$価格 = a - 生産量$$

という仮定は同じだけど、詳しく見ると

$$価格 = a - (自社の生産量 + ライバル社の生産量)$$

になる」

「ふむふむ」

「価格はライバル社の生産量にも依存するけれど、それはわからない。この条件下で、自社の利得を最大化する生産量はなにか？ これが解くべき問題だ。この問題は、クールノーの**複占モデル**によって解ける」

「くーるのーのふくせん？」

「1 企業が市場を支配する場合を独占。2 企業が支配する場合を複占という。少数なら寡占（かせん）だ。独占は英語でモノポリー（monopoly）、複占はデュオポリー（duopoly）、寡占はオリゴポリー（oligopoly）だよ」

「モノポリーっていうボードゲームがあったね。プレイヤーの性格の悪さがにじみ出ちゃうやつ」

「僕は得意だよ」

「あのゲームに得意とか不得意ってあるの？ ほとんどサイコロの運で決まるゲームじゃん」

「計算してみるとわかるけれど、土地によって、そこに止まる確率や、利益率が違うんだよ。だから戦略によって勝率も変わってくる」

「やっぱり。めちゃめちゃ性格が出てる……」

「経済学者のクールノーは、『富の理論の数学的原理に関する研究』で複占について先駆的な分析をおこなった。この本が書かれたのは、1838 年なんだよ」

「えー。そんな古いの？ そんな昔の話、いまの時代にあてはまるの？」

「数理モデルのよさは、その普遍性だ。本質を抽象化したモデルはいつの時代でも、通用する」

「そうなのかな……。さすがに古すぎる気がするけど」

5.2 複占モデルの定式化

「モデルの仮定を順番に説明するよ。まず分析の対象である 2 つの企業をプレイヤーと呼ぶことにしよう。

$$\text{プレイヤー集合} : N = \{1, 2\}$$

企業の生産量をプレイヤーが選択できる戦略として定義する。企業 1 は生産量 q_1 を選び、企業 2 は生産量 q_2 を選ぶ。つまり

$$\text{企業 1 の戦略集合} : A_1 = \{q_1 \mid q_1 \geq 0\}$$
$$\text{企業 2 の戦略集合} : A_2 = \{q_2 \mid q_2 \geq 0\}$$

だ。たとえば

$$q_1 = 50, \quad q_2 = 80$$

なら、企業 1 の生産量は 50 で、企業 2 の生産量は 80 ってことだよ。q_1, q_2 は 0 以上とし、マイナスの生産量がないことを仮定している。次に商品の価格が

$$\text{価格} = a - \text{生産量} = a - (q_1 + q_2)$$

で決まると仮定する[*2]。

企業 1 と 2 だけが商品を生産するから、総生産量は $q_1 + q_2$ となる。自社とライバル社の生産量の合計が、市場での生産量となる点が重要だ。ここが独占と違うところだよ」

「ふむふむ」

「次に、この価格で商品を売ったときの利得を考える。利得の定義は

$$\text{利得} = (\text{価格} - \text{生産コスト}) \times \text{生産量}$$

---

*2 以下では単純化のために価格が 0 以上の場合のみ考えます。より一般的な議論は岡田 (2011: 49-52) を参照してください

だった。価格や生産コストは商品 1 つあたりの量だよ。企業 1 の利得は u_1 で表す。この利得 u_1 は生産量 q_1, q_2 の関数だ。そのことを明示するために、$u_1(q_1, q_2)$ と書くことにしよう。ここにクールノーモデルのおもしろさがある」

「なにがおもしろいわけ？」

「企業 1 の利得が、企業 1 の選択 q_1 だけで決まるのなら、それは単に企業 1 の意思決定問題であって、自分の都合だけを考えればいい。実際、最初に考えた独占状況は企業 1 だけの最大化問題だった」

「そうだったね」

「ところが、いま考えている状況では、企業 1 の利得は自分が選ぶ生産量だけではなくて、企業 2 の生産量にも依存する。なぜなら価格は生産量の合計によって決まり、生産量の一部は企業 2 の生産量によって決まるからだ。式で表すと、

$$u_1(q_1, q_2) = (\underbrace{a - (q_1 + q_2)}_{\text{価格}} - \underbrace{c}_{\text{生産コスト}})\underbrace{q_1}_{\text{生産量}}$$

となる」

「なるほど、たしかに $u_1(q_1, q_2)$ のなかに q_2 が入ってくるね」

「企業 2 の利得関数はわかる？」花京院が質問した。

「やってみるよ……。価格の部分は共通だから

$$u_2(q_1, q_2) = (a - (q_1 + q_2) - c)q_2$$

じゃないかな」青葉はしばらく考えてから答えた。

「OK。それでは以上の仮定をまとめておこう[*3]」

1. プレイヤー集合: $N = \{1, 2\}$
2. 企業 1 の戦略集合: $S_1 = \{q_1 \mid q_1 \geq 0\}$
   企業 2 の戦略集合: $S_2 = \{q_2 \mid q_2 \geq 0\}$

[*3] クールノーの複占モデル (Cournot 1838) のゲーム理論による表現については Gibbons (1992); Friedman (1977); 神取 (2014) を参照しました。

3. 企業1の利得: $u_1(q_1, q_2) = \{a - (q_1 + q_2) - c\}q_1$
   企業2の利得: $u_2(q_1, q_2) = \{a - (q_1 + q_2) - c\}q_2$
   a は需要曲線の定数。c は生産コスト

「このようなモデルを**ゲーム理論**という」
「おー。懐かしい。学生のときに習ったやつだ」
「ゲーム理論のモデルを構成する要素は3つだよ

1. プレイヤーは何人いるか（プレイヤー集合）
2. 各プレイヤーは何を選択できるか（戦略集合）
3. 戦略の組み合わせで利得がどう決まるか（利得関数）

この3つが重要だから、ちゃんと定義できているかよく確認してね」
青葉は仮定を確認した。それは彼女が初めて見るタイプのゲーム理論だった。
「これって利得行列が出てこないね。私が知っているゲーム理論のモデルと言えば、こういうやつなんだけど」
青葉は 2×2 の利得行列を計算用紙に書いた。

		企業2	
		生産量5	生産量10
企業1	生産量5	3, 3	1, 4
	生産量10	4, 1	2, 2

「いま考えているモデルだと、こういう利得行列で書けないの？」
「利得行列は戦略が有限個で、選択肢の数が少ない場合にしか使えない。いま考えている複占モデルは、戦略として0以上の任意の実数を選べるから、行列の形で書くことができないんだよ」
「そっかー。選択肢が多すぎて無理なのかー」
「この状況で両企業が利得を最大化するために、どんな生産量を選べばよいのか調べてみよう」
「戦略が、0以上の実数ってことは、選択肢が無数にあるよね？」

「そうだよ」

「どうやればいいのかな？ 利得行列を使って、戦略を比べる方法ならわかるんだけど、無数に存在する戦略を比較する方法は知らないよ」と青葉は少し困った表情で言った。

5.3 ナッシュ均衡

「**ナッシュ均衡**の定義、覚えてる？」

「えーっと、プレイヤーがちょうどいい感じで得してる状態」

「さすがにそれはテキトー過ぎるよ」

「じゃあ……、《自分1人が選択肢を変えても得をしない状態》だっけ？」

「おしい。《自分1人が選択肢を変えても得をしない状態》が全員に成立している状態、だ。直感的な定義はこうだよ[*4]」

5.1 定義 (ナッシュ均衡)
以下の2条件を満たす戦略の組み合わせを《**ナッシュ均衡**》という。

1. 自分だけ戦略を変えても、自分の利得が増えない
2. 上記1.が全員に成り立つ

青葉はナッシュ均衡の定義を確認した。

「ほら、いい感じに得してるじゃん」

「この定義を式で書いてみよう。複占モデルのナッシュ均衡は

$$u_1(q_1^*, q_2^*) = \max_{q_1} u_1(q_1, q_2^*)$$
$$u_2(q_1^*, q_2^*) = \max_{q_2} u_2(q_1^*, q_2)$$

を満たす戦略の組み合わせ (q_1^*, q_2^*) となる」

[*4] ナッシュ均衡のより一般的な定義は、たとえば Gibbons (1992) や岡田 (2011: 23-25) を参照してください

「ちょっとなに言ってるかわからない」

「つまり、相手が利得最大化戦略を選択しているという条件のもとで、自分の利得を最大化する戦略をお互いが選んでいる状態だよ」

「うーん、ややこしいなあ」

「実際に計算したほうがわかりやすいよ。まず自分が企業 1 の立場になり、相手が利得を最大化する戦略 q_2^* を選択したと仮定する。その条件下で企業 1 の最大化問題を解いてよう」

花京院は計算用紙に式を書き始めた。

生産量 q_1 に対する企業 2 の利得最大化戦略を q_2^* とおく。すると企業 1 の利得関数 $u_1(q_1, q_2^*)$ は

$$u_1(q_1, q_2^*) = \{a - (q_1 + q_2^*) - c\}q_1$$

と書ける。企業 1 はこれを最大化する q_1 を選ぶ。

問題を解きやすいように、変形してみよう。

$$\begin{aligned} u_1(q_1, q_2^*) &= \{a - (q_1 + q_2^*) - c\}q_1 \\ &= aq_1 - q_1^2 - q_1 q_2^* - cq_1 \qquad \text{展開する} \\ &= -q_1^2 + q_1(a - q_2^* - c) \qquad q_1 \text{でまとめる} \end{aligned}$$

さらに計算しやすくするために、$a - q_2^* - c$ の部分を $b = a - q_2^* - c$ と書くことにしよう。

すると、独占モデルで考えた

$$-q_1^2 + bq_1$$

という 2 次関数の最大化と同じ問題であることがわかる。

この式を平方完成すると

$$-q_1^2 + bq_1 = -\left(q_1 - \frac{b}{2}\right)^2 + \frac{b^2}{4}$$

だったね（93 頁参照）。関数 $u_1(q_1, q_2^*)$ を最大化する生産量 q_1 を q_1^* で表せば、

$$q_1^* = \frac{b}{2} \text{ のとき、最大値 } u_1(q_1^*, q_2^*) = \frac{b^2}{4}$$

だよ。$b = a - q_2^* - c$ とおいたので、これを代入して元に戻すと

$$q_1^* = \frac{a - q_2^* - c}{2}$$

だ。これをプレイヤー 1 の q_2^* に対する**最適反応**という。相手の戦略 q_2^* を仮定した場合に、自分の利得 u_1 を最大化する戦略という意味だよ。

ところで q_1^* のなかに、まだ q_2^* が残っている。そこで企業 2 の立場から同じように最大化問題を考えてみよう。

企業 1 の利得最大化戦略を q_1^* とおく。すると企業 2 の利得関数は、

$$\begin{aligned} u_2(q_1^*, q_2) &= \{a - (q_1^* + q_2) - c\}q_2 \\ &= aq_2 - q_1^* q_2 - q_2^2 - cq_2 && \text{展開する} \\ &= -q_2^2 + q_2(a - q_1^* - c) && q_2 \text{ でまとめる} \end{aligned}$$

だから、$b = a - q_1^* - c$ とおけば

$$-q_2^2 + bq_2$$

となる。よく見ると記号が違うだけで、さっき解いた問題と同じだ。

この利得関数を最大化するような q_2 は

$$q_2^* = \frac{a - q_1^* - c}{2}$$

だよ。この q_2^* はプレイヤー 1 の q_1^* に対する最適反応だよ。

これでお互いに利得を最大化しているときの生産量を式で表すことができた。

2 つの式を見ると、未知数が 2 つで方程式が 2 つの《連立方程式》になっていることがわかる。

$$q_1^* = \frac{a - q_2^* - c}{2} \tag{1}$$

$$q_2^* = \frac{a - q_1^* - c}{2} \tag{2}$$

これを解いて、q_1^*, q_2^* を特定しよう。

$$2q_1^* = a - q_2^* - c \qquad \text{(1) を 2 倍する}$$

$$q_2^* = a - c - 2q_1^* \qquad \text{項を整理する} \tag{1'}$$

(1′) を (2) に代入する

$$\begin{aligned} a - c - 2q_1^* &= \frac{a - q_1^* - c}{2} \\ 2a - 2c - 4q_1^* &= a - q_1^* - c \qquad \text{2 倍する} \\ -3q_1^* &= -a + c \qquad \text{まとめる} \\ q_1^* &= \frac{a-c}{3} \end{aligned}$$

これで q_1^* がわかった。(1′) に、これを代入すると、

$$\begin{aligned} q_2^* &= a - c - 2q_1^* \\ &= a - c - \frac{2(a-c)}{3} = \frac{a-c}{3} \end{aligned}$$

となる。つまり、相手が利得を最大化することを予想した上で、お互いに利得を最大化する戦略をとった場合の生産量は

$$\begin{cases} q_1^* = \dfrac{a-c}{3} \\ q_2^* = \dfrac{a-c}{3} \end{cases}$$

だよ。

この組み合わせのもとで、もし企業 1 だけがこの戦略以外の生産量を選ぶと、企業 1 の利得は減少する。同じことは企業 2 についても成り立つ。

つまり、戦略の組

$$(q_1^*, q_2^*) = \left(\frac{a-c}{3}, \frac{a-c}{3} \right)$$

がナッシュ均衡だ。

5.4 均衡生産量の含意

「へえー、戦略が無数にあっても、ちゃんとナッシュ均衡が定まるんだね」

「ただしナッシュ均衡は、《その状態が実現していればそこから逸脱しない状態》であって、行動の予測として正しいかどうかは別途考察しないといけないから注意してね」

「あ、そうなんだ」

「競争市場と違って相手の戦略が自分の戦略選択に影響するからね。結果的にナッシュ均衡が実現するとは限らない」

花京院が説明を続けた。

モデルから、さらにインプリケーションを導出してみよう。生産量がナッシュ均衡であるときの、両者の利得を計算するよ。

ナッシュ均衡時の生産量は

$$q_1^* = \frac{a-c}{3}, \quad q_2^* = \frac{a-c}{3}$$

だから、これを企業 1 の利得関数 $u_1(q_1^*, q_2^*)$ に代入する。つまり

$$\begin{aligned} u_1(q_1^*, q_2^*) =& \{a - (q_1^* + q_2^*) - c\}q_1^* \\ =& \left\{a - \left(\frac{a-c}{3} + \frac{a-c}{3}\right) - c\right\}\frac{a-c}{3} \qquad \text{生産量を代入} \\ =& \left(\frac{a-c}{3}\right)\frac{a-c}{3} = \frac{(a-c)^2}{9} \end{aligned}$$

となる。企業 2 も同じだから、ナッシュ均衡時の利得は

$$u_1(q_1^*, q_2^*) = \frac{(a-c)^2}{9}$$
$$u_2(q_1^*, q_2^*) = \frac{(a-c)^2}{9}$$

だよ。

さて、モデルからインプリケーションを引き出すコツは、《比較》だ。別の条件下で導出した利得と比較することで、その意味が明らかになる。

ここで以前考えた独占市場の分析が役に立つ。1 企業が市場を独占している場合、独占生産量が

$$q = \frac{a-c}{2}$$

で、独占利得が

$$u(q) = \frac{(a-c)^2}{4}$$

だった (93 頁参照)。

《独占利得》と《複占時の各社の利得》を比較してみよう。あきらかに

$$\text{複占時の各社の利得} < \text{独占時の利得}$$
$$\frac{(a-c)^2}{9} < \frac{(a-c)^2}{4}$$

が成立する。

つまりライバルが参入してくると、市場を独占していたときより利得が低下する。

「うーん、ライバルがいると利得が減っちゃうのか……。ちょっと困るな」青葉にとってそのインプリケーションは、あまり喜ばしくない結果だった。

競争相手が出現すると、利得が下がる。それは直感的にも納得できる結論だった。

「ライバル同士がお互いに譲り合ったり、協力したりはできないのかな」と青葉が聞いた。

彼女は、人と争うのが苦手だった。他人と競争すること自体が好きではないのだ。ライバルが出現したことはしかたがない。せめて、共存する方法はないものか……。彼女はふと、そう考えた。

「2 つの企業が協力したら、なにが起きるのかを調べてみよう。つまり独占生産量 $(a-c)/2$ を 2 つの企業で等分したら利得はどう変化するか、という問題だ」

花京院が新しい計算用紙を取り出した。

---

2 企業が協力して、独占生産量 $(a-c)/2$ の半分、つまり

$$q_1 = \frac{a-c}{4}, \quad q_2 = \frac{a-c}{4}$$

ずつ商品を生産すると仮定しよう。

すると企業 1 の利得 $u_1(q_1, q_2)$ は

$$\begin{aligned} u_1\left(\frac{a-c}{4}, \frac{a-c}{4}\right) &= \left\{a - \left(\frac{a-c}{4} + \frac{a-c}{4}\right) - c\right\}\frac{a-c}{4} \\ &= \left\{a - \frac{a-c}{2} - c\right\}\frac{a-c}{4} \qquad \text{カッコ内を計算する} \\ &= \left\{\frac{a-c}{2}\right\}\frac{a-c}{4} = \frac{(a-c)^2}{8} \end{aligned}$$

となる。同様の計算によって、企業 2 の利得 $u_2(q_1, q_2)$ は

$$u_2\left(\frac{a-c}{4}, \frac{a-c}{4}\right) = \frac{(a-c)^2}{8}$$

となる。

これをナッシュ均衡時の利得、つまり協力しなかったときに各企業が得る利得と比較してみよう

$$\underset{\substack{\uparrow \\ \text{協力するとき}}}{\frac{(a-c)^2}{8}} > \underset{\substack{\uparrow \\ \text{協力しないとき}}}{\frac{(a-c)^2}{9}}$$

「ライバル同士が協力したほうが、協力しないときよりも利得が大きいんだね」

青葉は不等号の向きを注意深く確認した。このインプリケーションは、青葉にとって少しだけ希望が持てる内容だった。

「2 つの企業が結託すれば非協力時よりも利得を増加できる。ここでいう結託とは、協力して、独占生産量 $(a-c)/2$ の半分 $(a-c)/4$ を生産する、という意味だよ。もしこの約束を両企業が守れば、協力しないときと比べてお互いに得をする。このような利得の変化をパレート改善という。でも、ライバル同士が協力することはないと思うよ」

「協力したほうがお互いに得なんでしょ。どうして協力しないの？」

「結託から逸脱する誘因があるからだよ」

「逸脱する誘因……。どういうこと？」

5.5 裏切りの誘因

いま、両企業が結託して独占生産量 $(a-c)/2$ の半分である $(a-c)/4$ を生産していると仮定する。

ここで企業 1 の立場で、利得関数

$$u_1\left(q_1, \frac{a-c}{4}\right)$$

を最大化する生産量 q_1 を計算してみよう。つまり $q_2=(a-c)/4$ に対する企業 1 の最適反応を考える。

$$\begin{aligned}
u_1\left(q_1, \frac{a-c}{4}\right) =& \left\{a - \left(q_1 + \frac{a-c}{4}\right) - c\right\} q_1 \\
=& aq_1 - \left(q_1 + \frac{a-c}{4}\right) q_1 - cq_1 \quad \text{展開する} \\
=& -q_1^2 + \left(a - c - \frac{a-c}{4}\right) q_1 \quad q_1 \text{ でまとめる} \\
=& -q_1^2 + \left(\frac{3(a-c)}{4}\right) q_1
\end{aligned}$$

ここで

$$b = \frac{3(a-c)}{4}$$

と置き換えて、平方完成する。結果は以前示したとおり

$$-q_1^2 + bq_1 = -\left(q_1 - \frac{b}{2}\right)^2 + \frac{b^2}{4}$$

となる。だから利得を最大化する生産量は $q_1^* = \frac{b}{2}$ だ。$b = \frac{3(a-c)}{4}$ を代入すると、

$$q_1^* = \frac{b}{2} = \frac{3(a-c)}{4} \times \frac{1}{2} = \frac{3}{8}(a-c)$$

だよ。この生産量 $3(a-c)/8$ を選んだ場合の企業 1 の利得は

$$u_1\left(\frac{3}{8}(a-c), \frac{a-c}{4}\right) = \frac{9}{64}(a-c)^2$$

となる。この利得は協力時の利得 $(a-c)^2/8$ よりも大きい。

$$\underbrace{\frac{9}{64}(a-c)^2}_{\text{逸脱時の利得}} > \underbrace{\frac{1}{8}(a-c)^2}_{\text{協力時の利得}}$$

同じことが企業 2 の立場からも言える。企業 1 が $q_1=(a-c)/4$ を選択するなら、企業 2 は利得を最大化するために $q_2=\frac{3}{8}(a-c)$ を選択する。

つまり相手が協力してくるなら、自分は裏切ったほうが得なんだ。だから、協力しない。

図で表すとこうだよ。矢印の始点が相手の戦略で、終点はそれに対する最適反応だよ。

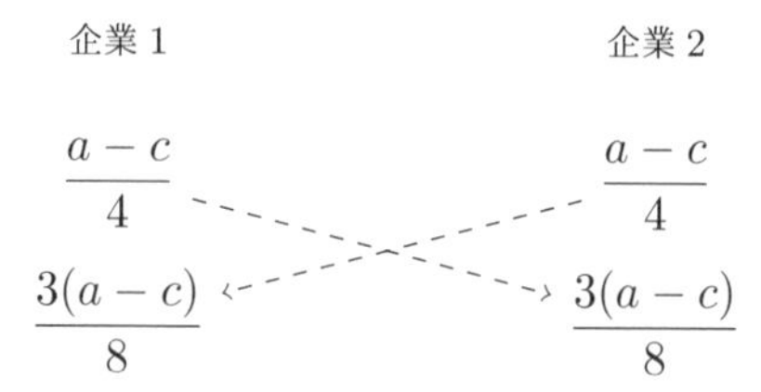

「そっかー。協力を約束してても、相手を裏切っちゃうのか。なんか残念」

「協力を維持するには、なにか別の誘因が必要だ[*5]」

「ライバル同士だからしかたがないのかな。2 社とも損してる気がするけど」

「協力すればお互いに得をする選択肢が存在しても、自社だけの利得を最大化するために協力的行動から逸脱する。こういう例は現実にも多く存在するよ」

花京院は説明を続けた。

[*5] 販売価格や数量などを複数の企業が契約や協定で互いに取り決める行為は、独占禁止法（1947 年施行）に違反します

企業 1 の立場で、相手が $q_2 = \frac{3}{8}(a-c)$ を選択した場合の最適反応を考えてみよう。

この条件下で、企業 1 の利得関数

$$u_1\left(q_1, \frac{3}{8}(a-c)\right)$$

を最大化する生産量 q_1 を計算してみよう。

$$\begin{aligned}
u_1\left(q_1, \frac{3}{8}(a-c)\right) &= \left\{a - \left(q_1 + \frac{3}{8}(a-c)\right) - c\right\} q_1 \\
&= -q_1^2 + \left(\frac{5(a-c)}{8}\right) q_1 && \text{展開して } q_1 \text{ でまとめる} \\
&= -q_1^2 + bq_1 && b = \frac{5(a-c)}{8} \text{ とおく} \\
&= -\left(q_1 - \frac{b}{2}\right)^2 + \frac{b^2}{4} && \text{平方完成}
\end{aligned}$$

だから利得を最大化する生産量 q_1^* は

$$q_1^* = \frac{b}{2} = \frac{5(a-c)}{8} \times \frac{1}{2} = \frac{5}{16}(a-c)$$

となる。

このとき企業 1 の利得は $\frac{3}{8}(a-c)$ を生産するときより増える。

同じことが企業 2 の立場からも言える。企業 1 が

$$q_1 = \frac{3}{8}(a-c)$$

を選択するなら、企業 2 は利得を最大化するために

$$q_2 = \frac{5}{16}(a-c)$$

を選択する。

このように、予想した相手の戦略に対する最適反応を計算し続けると、次のようになる。

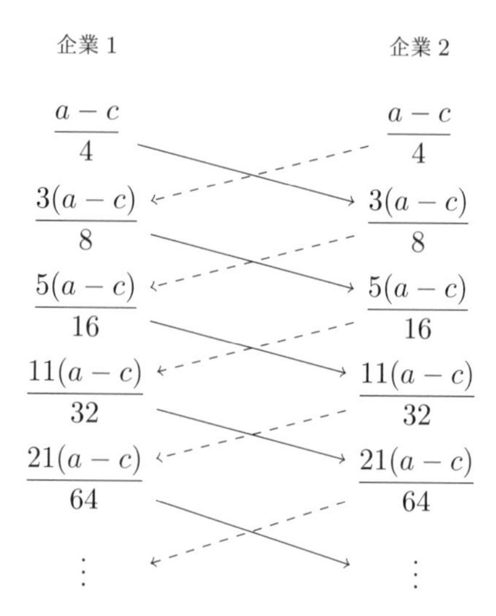

矢印の始点が予想した相手の戦略で、矢印の終点は、その戦略に対する最適反応だよ。

このような最適反応の読みあいの連鎖が終わるのは、お互いが最適反応を選択した状態だと予想できる。

最適反応がだんだんとナッシュ均衡時の生産量

$$q_1^* = \frac{a-c}{3}, \quad q_2^* = \frac{a-c}{3}$$

に近づいていく様子が計算結果からもわかる。

「へえー、相手の行動を読みあうと、ちゃんと均衡に辿りつくんだね」

「ナッシュ均衡を最適反応同士の組み合わせだと考えれば、その状態からお互いに逸脱する誘因を持たないことがよくわかる」

「でもさあ、協力して $(a-c)/4$ ずつ生産したほうが得なんだよね？」

「そうだね。そこが複占モデルのおもしろいインプリケーションだ。他者の行動が自分の選択に影響するとき、状況は一変する。そんなとき、ゲーム理論が役にたつ」

（ライバルがいるのと、いないのとでは、全然違う……）

青葉は心の中で、その言葉を繰り返した。
そう考えると、それはあまりにも当たり前の事実だった。
だが、その当たり前の事実が、青葉の心に少し暗い影を落としていた。

まとめ

Q 競争で損をしない戦略とは？

A ライバル企業が合理的に行動する（利得を最大化する）ことを仮定し、戦略を予想します。その予想のもとで、自社の利得を最大化する戦略を考えます。

- 自分（自社）の意思決定が、他者（他社）の意思決定に依存する状況ではゲーム理論のモデルが有効です。逆に、他者が存在してもその選択を無視できる状況では、自分単独の意思決定問題として考えるとよいでしょう。
- ゲーム理論のモデルを構成する要素は次の 3 つです
  1. プレイヤーは何人いるか（プレイヤー集合）
  2. 各プレイヤーは何を選択できるか（戦略集合）
  3. 戦略の組み合わせで利得がどう決まるか（利得関数）
- ナッシュ均衡とは、「自分だけが選択を変えても利得が増加しないこと」が全員について成立している状態（戦略の組み合わせ）です。
- ナッシュ均衡は《戦略の組み合わせ》です。《ナッシュ均衡》と《ナッシュ均衡下で得る利得》は違います。
- ゲーム理論のモデルは有限個の戦略だけでなく、選択肢が無数にあるような状況にも適用できます。

練習問題

問題 5.1　難易度☆

1 着の生産コストが 1000 円のシャツがあり、2 つの企業がこのシャツを生産しています。

$$\text{生産コスト } c = 1000$$

シャツの価格は次の需要関数に従うと仮定します。

$$\text{価格} = 10000 - (q_1 + q_2)$$

ただし、q_1, q_2 は企業 1 と企業 2 の生産量です。このとき

- ナッシュ均衡時の生産量
- ナッシュ均衡時の利得
- ナッシュ均衡時の価格

を求めてください。

問題 5.2　難易度☆☆

消費者にとって、複占市場と独占市場のどちらが望ましいでしょうか？《複占の均衡生産量のもとでの価格》と《独占生産量のもとでの価格》を計算して、どちらが高いかを比較してください。

解答例 5.1

企業 1 と 2 の利得関数はそれぞれ

$$u_1(q_1, q_2) = \{10000 - (q_1 + q_2) - 1000\}q_1$$
$$u_1(q_1, q_2) = \{10000 - (q_1 + q_2) - 1000\}q_2$$

です。企業 1 と 2 が互いに利得を最大化する戦略 q_1^*, q_2^* を選択していると仮定した場合の均衡生産量は 109 頁の結果より

$$q_1^* = \frac{a-c}{3} = \frac{10000-1000}{3} = \frac{9000}{3} = 3000$$
$$q_2^* = \frac{a-c}{3} = \frac{10000-1000}{3} = \frac{9000}{3} = 3000$$

です。両企業とも生産量として 3000 着を選択することが均衡です。

次に、この生産量のもとでの利得は 110 頁の結果より、

$$u_1(q_1^*, q_2^*) = \frac{(a-c)^2}{9} = \frac{9000^2}{9} = 900 \text{ 万}$$
$$u_2(q_1^*, q_2^*) = \frac{(a-c)^2}{9} = \frac{9000^2}{9} = 900 \text{ 万}$$

です。最後に均衡時の価格を求めます。

$$\text{価格} = 10000 - (q_1^* + q_2^*) = 10000 - (3000 + 3000) = 4000$$

より、均衡時の価格は 4000 円です。生産コストが 1 着 1000 円ですから、1 着あたりの利潤は 4000 円 − 1000 円 = 3000 円 です。

解答例 5.2

まず，複占時の価格を求めます。ナッシュ均衡時の生産量 (1 社あたり $(a-c)/3$) のもとで、価格は

$$\begin{aligned}\text{価格} &= a - (q_1^* + q_2^*) \\ &= a - \left(\frac{a-c}{3} + \frac{a-c}{3}\right) \\ &= a - \frac{2(a-c)}{3}\end{aligned}$$

$$
\begin{aligned}
&= \frac{3a}{3} - \frac{2a}{3} + \frac{2c}{3} \\
&= \frac{a+2c}{3}
\end{aligned}
$$

と表すことができます。一方、独占時の価格は、独占生産量が $(a-c)/2$ なので

$$
\begin{aligned}
\text{価格} &= a - \frac{a-c}{2} \\
&= \frac{2a}{2} - \frac{a}{2} + \frac{c}{2} \\
&= \frac{a+c}{2}
\end{aligned}
$$

です。

独占時の価格と複占時の価格（ナッシュ均衡時の価格）を比較してみると

$$
\begin{aligned}
\text{独占価格} - \text{複占価格} &= \frac{a+c}{2} - \frac{a+2c}{3} \\
&= \frac{3(a+c)}{6} - \frac{2a+4c}{6} \\
&= \frac{3a+3c-2a-4c}{6} \\
&= \frac{a-c}{6} > 0 \qquad \text{仮定 } a > c \text{ より}
\end{aligned}
$$

です。独占時の価格のほうが高いことがわかりました。つまり、企業が競争すると商品の価格が下がるので、消費者の立場からすれば、競争は望ましいといえます。

第6章

自分でモデルをつくる方法

第6章
自分でモデルをつくる方法

駅前の喫茶店は、今日も客が少ない。いつもこんなに空いていて大丈夫なんだろうかと心配になるほど、店は閑散としていた。

もっとも、難しい話に集中できるため、花京院と青葉にとってはこの静けさはありがたいことだった。

2 人は複占モデルについて話し込んでいる。

「私、じつはおもしろいことに気づいちゃったんだけど」

「どんなこと？」花京院が聞いた。

「企業 1 社で市場を独占したときの生産量って

$$\frac{a-c}{2}$$

でしょ？ 次に 2 社による複占の場合の均衡生産量が

$$\frac{a-c}{3}$$

だった。だから 3 社の場合は、たぶん

$$\frac{a-c}{4}$$

で、4 社の場合は

$$\frac{a-c}{5}$$

っていう具合に、分母の数が 1 つずつ増えていくんじゃないかなって思うんだよ。

$$\frac{a-c}{2} > \frac{a-c}{3} > \frac{a-c}{4} > \frac{a-c}{5} > \cdots .$$

つまり、より多くの企業が参入するほど1社あたりの生産量が減っていくの」

「なるほど、おもしろいね。総生産量はどうなるの？」

「えーっと1社の場合は

$$\frac{1}{2}(a-c)$$

2社の場合は

$$\frac{2}{3}(a-c)$$

だから、3社の場合は

$$\frac{3}{4}(a-c)$$

になりそう。だから、1社あたりの生産量は減るけど、総生産量は逆に

$$\frac{1}{2}(a-c) < \frac{2}{3}(a-c) < \frac{3}{4}(a-c) < \cdots.$$

って増えるんじゃないかな」

「うん、それはすごくおもしろい予想だね。計算して確かめてみたら？」

「えー。私が計算するの？ 面倒くさいなー」

「まずは試してみることが大切だよ」

花京院が促したが、青葉はなかなか計算を始めようとはしなかった。

6.1 モデルとカツカレー

「ところで、ちょっとお腹が空いたね」青葉が時計を見ながら言った。

時刻は夕食の時間を少し過ぎていた。話に集中しすぎてお互いに食事を忘れていたのだ。

「まあ、たしかに。ちょっとお腹が減ったかな。カレーがおすすめだよ」花京院がメニューを見ながら言った。

「計算しながら食べるメニューとしては、カレーがおすすめ。片手で食べながら計算できる。スパゲティだと、ちょっと難しい」

「あくまで私に計算させたいわけね」

「ほんとはおにぎりがベストだね。でもここ喫茶店だから」

「いや、普通にサンドイッチでいいでしょ」

結局、花京院はカツカレーを、青葉はカレーを注文した。

しばらくすると店長が注文した料理を運んできた。

「僕はね、モデルをつくるってことは、カツカレーみたいなものだと考えている」

「ちょっとなに言ってるかわからない」

「君が食べているのは普通のカレーだよね。で、僕が食べているのはカツカレー。この違いわかる？」

青葉は自分のカレーと花京院のカレーを見比べた。

「そっちには、カツがのってるけど……」

「そのとおり。カツカレーとカレーの違いは《カツがのっている》か《いない》かの違いでしかない。でもメニューとしては別の料理だ。あるモデルをベースにして新しいモデルをつくる作業は、カレーの上にカツをのせてカツカレーという新しい料理をつくることに似ている。カツカレーのよさは、カレーのいいところを残したまま、新たな味を追加しているところだ。カツの代わりに、アイスクリームをのせても新しい料理にはならない。多くの人はそれを改良とは呼ばないだろう」

「まあ、そうだね。それはちょっと食べたくないかも」青葉はカレーの上で溶けてゆくアイスクリームを想像した。不気味だ。

「君がいまから計算しようとしていること、つまり 2 人ゲームを 3 人や n 人の場合に拡張することは、カレーの上にカツをのせて、カツカレーをつくることに似ている」

6.2　プレイヤーが 3 人の場合

カツカレーの話を聞いているうちに、青葉はなんとなく自分でも計算ができるような気がしてきた。

複雑な料理は無理でも、カレーにカツをのせることくらいなら……。

そう考えると、挑戦してみようかなという気持ちが芽生えてくる。

「わかった。じゃあやってみようかな。でも企業数が n 個の場合とか、難しいな。どうやって考えたらいいんだろう……」

「いきなり n 個まで一般化することは難しい。そういう時は $1, 2, 3$ と順番に増やしていくといいよ。2 や 3 の場合の計算が、あとで n に一般化したときに役立つから」

「よし。じゃあ企業数が 3 つの場合で考えてみようかな。モデルの仮定は複占の場合をベースに拡張すれば、こんな感じのはず」

青葉は仮定を計算用紙に書いた。

1. プレイヤー集合: $N = \{1, 2, 3\}$
2. 企業 1 の戦略集合: $S_1 = \{q_1 \mid q_1 \geq 0\}$
   企業 2 の戦略集合: $S_2 = \{q_2 \mid q_2 \geq 0\}$
   企業 3 の戦略集合: $S_3 = \{q_3 \mid q_3 \geq 0\}$
3. 企業 1 の利得: $u_1(q_1, q_2, q_3) = \{a - (q_1 + q_2 + q_3) - c\}q_1$
   企業 2 の利得: $u_2(q_1, q_2, q_3) = \{a - (q_1 + q_2 + q_3) - c\}q_2$
   企業 3 の利得: $u_3(q_1, q_2, q_3) = \{a - (q_1 + q_2 + q_3) - c\}q_3$
   a は需要曲線の定数。c は生産コスト

まず企業 2 と 3 が利得最大化戦略 q_2^*, q_3^* をとっていると仮定して、企業 1 が利得を最大化する戦略を求めるよ。

$$
\begin{aligned}
u_1(q_1, q_2^*, q_3^*) &= \{a - (q_1 + q_2^* + q_3^*) - c\}q_1 \\
&= -q_1^2 + q_1(a - q_2^* - q_3^* - c) \\
&= -q_1^2 + bq_1
\end{aligned}
$$

最後は $b = a - q_2^* - q_3^* - c$ と置き換えたよ。

これをいままでと同じ方法で平方完成するよ。

$$
-q_1^2 + bq_1 = -\left(q_1 - \frac{b}{2}\right)^2 + \frac{b^2}{4}
$$

だから、

$$
q_1^* = \frac{b}{2} \quad \text{のとき最大値} \quad u_1(q_1^*, q_2^*) = \frac{b^2}{4}
$$

をもつってことだね。$b = a - q_2^* - q_3^* - c$ だったから、これを代入して元に戻すと

$$q_1^* = \frac{a - q_2^* - q_3^* - c}{2}$$

だね。

よしよし。ここまでは簡単だ。

ほかの q_2^*, q_3^* も同じように求めればいいから

$$q_2^* = \frac{a - c - q_1^* - q_3^*}{2}, \quad q_3^* = \frac{a - c - q_1^* - q_2^*}{2}$$

になるね。

あとは、どうすればいいんだっけ。そうだ、連立方程式

$$\begin{cases} q_1^* = \dfrac{a - q_2^* - q_3^* - c}{2} & (1) \\ q_2^* = \dfrac{a - q_1^* - q_3^* - c}{2} & (2) \\ q_3^* = \dfrac{a - q_1^* - q_2^* - c}{2} & (3) \end{cases}$$

を解けばいいんだ。うーん。分数だと計算しにくいから、まずすべての両辺を 2 倍してみるよ。

$$\begin{cases} 2q_1^* = a - q_2^* - q_3^* - c & (1') \\ 2q_2^* = a - q_1^* - q_3^* - c & (2') \\ 2q_3^* = a - q_1^* - q_2^* - c & (3') \end{cases}$$

よし。ここからどうしよう。とりあえず $(1')$ から $(2')$ をひいてみるかな。

$$\begin{aligned} 2q_1^* - 2q_2^* &= a - q_2^* - q_3^* - c - (a - q_1^* - q_3^* - c) && (1') - (2') \\ 2q_1^* - 2q_2^* &= a - q_2^* - q_3^* - c - a + q_1^* + q_3^* + c && \text{カッコを外す} \\ 2q_1^* - 2q_2^* &= -q_2^* + q_1^* && \text{まとめる} \\ 2q_1^* - q_1^* &= -q_2^* + 2q_2^* \\ q_1^* &= q_2^* \end{aligned}$$

お、ラッキー。いい感じになったよ。じゃあ同じように $(2')$ から $(3')$ をひいてみようかな。

$$
\begin{aligned}
2q_2^* - 2q_3^* &= a - q_1^* - q_3^* - c - (a - q_1^* - q_2^* - c) \\
2q_2^* - 2q_3^* &= -q_3^* + q_2^* \\
q_2^* &= q_3^*
\end{aligned}
$$

よし。これで

$$q_1^* = q_2^* = q_3^*$$

がわかった。あとは $(1')$ の q_2^* と q_3^* に q_1^* を代入して、

$$
\begin{aligned}
2q_1^* &= a - q_2^* - q_3^* - c \\
2q_1^* &= a - q_1^* - q_1^* - c \\
2q_1^* + 2q_1^* &= a - c \\
4q_1^* &= a - c \\
q_1^* &= \frac{a - c}{4}
\end{aligned}
$$

になったよ。

$$q_1^* = q_2^* = q_3^*$$

だからナッシュ均衡時の生産量は

$$
\begin{aligned}
q_1^* &= \frac{a - c}{4} \\
q_2^* &= \frac{a - c}{4} \\
q_3^* &= \frac{a - c}{4}
\end{aligned}
$$

だね。やればできるじゃん、私。

「やってみると思ったよりも簡単でしょ？」と花京院が聞いた。

「うん、まあたしかに」

青葉はこれまでのモデルとのインプリケーションの違いを比較した。

「計算の結果は……、予想どおりだよ。1 社あたりの均衡時の生産量は減ってるのに、総生産量は少しずつ増えてるよ」

	1 社の生産量	総生産量	
企業数 1 のとき	$q_i = \frac{a-c}{2}$	$\frac{1}{2}(a-c)$	$i = 1$
企業数 2 のとき	$q_i = \frac{a-c}{3}$	$\frac{2}{3}(a-c)$	$i = 1, 2$
企業数 3 のとき	$q_i = \frac{a-c}{4}$	$\frac{3}{4}(a-c)$	$i = 1, 2, 3$

「君の予想は正しかったね。そのまま企業数が増えるとどうなるだろう？」

「このままいくと、企業数が n の場合

$$1\text{ 社あたりの生産量} = \frac{a-c}{n+1}, \quad \text{総生産量} = \frac{n(a-c)}{n+1}$$

になるんじゃないかな？」

青葉はこれまでの結果から、企業が n 社に増えた場合を予想した。

「証明できる？」花京院が楽しそうに聞いた。

「え、証明を自分でやるの？」

青葉は《証明》という言葉に一瞬たじろいだ。証明というものは、自分で考えるものではなく、教科書に書いてあるものだと思っていたからだ。

「予想が正しいかどうか試してみる、っていう気楽な感じでやればいいんだよ」と花京院が言った。

6.3　プレイヤーが n 人の場合

「わかった。試しにやってみるよ。まず仮定は、こうだね」

1. プレイヤー集合: $N = \{1, 2, 3, \ldots, n\}$
2. 企業 $i (i = 1, 2, \ldots, n)$ の戦略集合: $S_i = \{q_i \mid q_i \geq 0\}$
3. 企業 $i (i = 1, 2, \ldots, n)$ の利得:
   $u_i(q_1, q_2, \ldots, q_n) = \{a - (q_1 + q_2 + \cdots + q_n) - c\}q_i$
   a は需要曲線の定数。c は生産コスト

「$n = 3$ の場合の計算をやったから、手順はだいたいわかるね？」

「うん……。まず他の企業が最大化戦略をとると仮定して、企業 i の最大化戦略を特定するでしょ。それを n 個考えれば、連立方程式になる。最後に方程式を解けば、各企業の戦略がナッシュ均衡として定まるはず……」

「その方針でいいはずだよ」

青葉は計算を続けた。花京院が言ったとおり $n=3$ の場合の計算が役にたった。

企業 1 以外のプレーヤーが最大化戦略 $q_2^*, q_3^* \cdots, q_n^*$ を選択していると仮定するよ。すると

$$\begin{aligned} u_1(q_1, q_2^*, \ldots, q_n^*) &= \{a - (q_1 + q_2^* + \cdots + q_n^*) - c\}q_1 \\ &= -q_1^2 + q_1\{a - c - (q_2^* + q_3^* + \cdots + q_n^*)\} \\ &= -q_1^2 + bq_1 \end{aligned}$$

とおけば、この利得を最大化する q_1^* は

$$q_1^* = \frac{b}{2}$$

だった。$b = a - c - (q_2^* + q_3^* + \cdots + q_n^*)$ だったから、これを代入すると

$$q_1^* = \frac{a - c - (q_2^* + q_3^* + \cdots + q_n^*)}{2}$$

だね。つまり解くべき連立方程式は

$$\begin{cases} q_1^* = \dfrac{a - c - (q_2^* + q_3^* + \cdots + q_n^*)}{2} & (1) \\ q_2^* = \dfrac{a - c - (q_1^* + q_3^* + \cdots + q_n^*)}{2} & (2) \\ \quad\vdots & \\ q_n^* = \dfrac{a - c - (q_1^* + q_2^* + \cdots + q_{n-1}^*)}{2} & (n) \end{cases}$$

となる。両辺 2 倍すれば

$$\begin{cases} 2q_1^* = a - c - (q_2^* + q_3^* + \cdots + q_n^*) & (1') \\ 2q_2^* = a - c - (q_1^* + q_3^* + \cdots + q_n^*) & (2') \\ \qquad \vdots \\ 2q_n^* = a - c - (q_1^* + q_2^* + \cdots + q_{n-1}^*) & (n') \end{cases}$$

$(1') - (2')$ を計算すると

$$\begin{aligned} 2q_1^* - 2q_2^* &= a - c - (q_2^* + q_3^* + \cdots + q_n^*) - \{a - c - (q_1^* + q_3^* + \cdots + q_n^*)\} \\ 2q_1^* - 2q_2^* &= -q_2^* + q_1^* \\ q_1^* &= q_2^* \end{aligned}$$

あとは同じ計算を繰り返すと

$$q_1^* = q_2^* = \cdots = q_n^*$$

を示すことができるよ。

$(1')$ にこれを代入すると

$$\begin{aligned} 2q_1^* &= a - c - (q_2^* + q_3^* + \cdots + q_n^*) \\ 2q_1^* &= a - c - \underbrace{(q_1^* + q_1^* + \cdots + q_1^*)}_{n-1\text{ 個}} \\ 2q_1^* &= a - c - (n-1)q_1^* \\ 2q_1^* + (n-1)q_1^* &= a - c \\ 2q_1^* + nq_1^* - q_1^* &= a - c \\ (n+1)q_1^* &= a - c \\ q_1^* &= \frac{a-c}{n+1} \end{aligned}$$

よって、

$$q_1^* = q_2^* = \cdots = q_n^* = \frac{a-c}{n+1}$$

これがナッシュ均衡時の生産量だよ。やった！ 予想どおりになったよ。

これで均衡が成り立つときには、

- 市場に参入する企業が増えるほど、1 社の生産量は低下する
- 市場に参入する企業が増えるほど、総生産量が増加する
- 市場に参入する企業が増えるほど、商品価格は低下する

ってことがわかったよ.

青葉はプレイヤーを n 人に拡張した場合の均衡生産量を導いた。

6.4 モデルのつくり方

「うん、計算に間違いはなさそうだ」花京院はカツカレーを食べながら青葉の計算結果を確認している。

「意外と簡単だった」

「2 人ゲームを拡張して、n 人ゲームのインプリケーションを導出できたね。こういう試行錯誤を繰り返すとモデルの理解が深まるよ。慣れてくると自分で新しいモデルをつくることができると思う」

青葉は自分の計算した結果を見直した。それは簡単な計算に過ぎなかったが、彼女はその結果をとても気にいった。

「なんか、けっこう楽しかったよ」

「きっと、自分で予想をたてて、自分でその正しさを確かめたからだよ」

「いまので新しいモデルをつくったことになるのかな？」青葉が聞いた。

「イエスでもあり、ノーでもある」

「どっちなのよ」

「君はいま、自分が知っている情報だけを使って、新しい思考実験に成功した。その意味で君は新しいモデルをつくったといえる」

「やった」

「ただし、君の考えた拡張はもともとクールノー自身が考えていたモデルと本質的には同じだ。クールノーは最初から n 企業のモデルを考えていたし、利得関数もより一般的な形で定義していた。だから君がつくったモデルは本質的には新しくはない」

「なーんだ」青葉は少しがっかりした。せっかく苦労して計算した結果が、じつは目新しくないことがわかったからだ。

「でも、君がやった計算は無駄じゃない。君は、もとのモデルの性質を損ねることなく、より一般的なインプリケーションの導出に成功した。この計算によって君のモデルに対する理解は深まったはずだ」

「たしかにそうかな。新しい結果が出なくても、計算は無駄じゃないんだね」

「そうだよ」

「それならよかった」

青葉は少し嬉しくなった。

「花京院くんは、いつもどうやってモデルをつくるの？」

「うーん、そうだなあ、なにか決まったやり方があるってわけじゃないんだけど……」

花京院は腕組みをして考えた。

「いままでの経験だと、まずはベースになるモデルを見つけるのが最初かな」

「ベース？」

「そうだね。現象から直接モデルをつくるのは難しいから、まずは誰かがつくったモデルをベースにして考えるかな。それもなるべく単純なモデルがいいよ。単純なモデルなら、自分で条件をいろいろと変えやすいから」

「ふむふむ。それで？」

「はじめはベースになるモデルを理解して、自分だったら、別の仮定を使うなっていう部分を見つけるんだ。そして仮定を変えて、いろいろ計算してみる」

「どこをどうやって変えたらいいの？」

「たとえばゲーム論のモデルなら、現実の現象をかなり単純化しているはずだから、そのままでは説明できない現象を探す。そしてそれを説明するための最小の仮定を考える。たとえば

- 戦略集合の要素を変える

- 利得関数を変える
- 確率（混合戦略）を導入する
- プレイヤー数 n を増やす
- プレイヤーに異質性（タイプ）を導入する
- 同じゲームの繰り返しを考える
- 戦略を選ぶ順番を導入する

っていう修正をいろいろ試してみる。計算して意外なインプリケーションが出てきたら、それが一般的に成立するかどうか、証明を考えたり、いろいろモデルで遊んでみるんだ」

「でもさあ、そういうのって数学をある程度知らないとできないでしょ？」

「まあ、たしかに知ってるほうがいいかもしれないけど。その都度勉強していけばなんとかなるよ。高度な数学を使っていなくても、クールノーの複占モデルみたいに、おもしろいモデルもあるし」

「そうだね、このモデルはおもしろいね。私でも理解できるし」

「さっき計算したみたいに、とにかく自分の手で計算してみるんだよ。いろんな計算をしているうちに、できることも増えてくるから」

「私にもできるのかな。どういう勉強したらいいのか、よくわからないんだけど」

「あんまり堅苦しく考えずに、モデルで遊べばいいんだよ。遊んでいるうちに、偶然おもしろい発見がでてくるよ」

「そんなものかなあ」

「そんなもんだよ」

本当に、自分でもモデルをつくることができるのだろうか。

青葉は、カレーとカツカレーを見比べながらぼんやりと考えた。

まとめ

Q どうやってモデルをつくるの？

A ゼロからモデルをつくるのではなく、ベースとなるモデルを定め、その土台の上で修正案を考えることをおすすめします。ベースとなるモデルに仮定を追加することで、新しい修正モデルをつくることができます。

- モデルからインプリケーションを引き出すために、条件を変えながら計算してみましょう。いろいろな計算をして遊んでいるうちに、新しい発見があるかもしれません。慣れるまでは難しく考えずにモデルで自由に遊んでみましょう。
- すでに知られたモデルでも自分の手で再構成することは無駄ではありません。たとえ新しい発見がなくても、自分の手による試行錯誤はモデルの理解を深めます。

第7章

先手が有利な条件とは？

第7章
先手が有利な条件とは？

めずらしく青葉は、花京院よりも先に駅前の喫茶店にやってきた。

先輩社員に同行して取引先に出向いたところ、予想していた時間よりも早く商談が終わったのだ。現場から直帰していいと言われた青葉は、家には戻らず喫茶店に立ち寄った。

客のいない喫茶店で１人静かにコーヒーを飲んでいると、背後に人の立つ気配を感じた。

振り向くと、そこには先日見かけた女の子が立っていた。

髪が長く、背が高い。化粧は薄いが、目鼻立ちがハッキリしているため、印象に残る顔立ちだった。だから一瞬で記憶を呼び起こすことができた。

「突然失礼いたします。あなたはひょっとして、青葉さんですか？」背後に立った女の子は、丁寧な口調で質問してきた。

「はい、そうですけど……」

青葉は困惑した表情で相手を見た。

「はじめまして。私、美田園ゼミに所属しているヒスイといいます。花京院さんの後輩です」

「は、はじめまして」

《美田園》とは青葉の大学時代の指導教員だ。現在大学院生の花京院の指導教員でもある。

「いま、花京院さんにはゼミ論文の相談にのってもらっています」

「……そ、そうなんですか」思わず青葉は敬語で相づちをうった。

話を総合すると、彼女は自分の後輩でもあるらしい。
「あの、こんなことを突然聞くと失礼かもしれませんが、花京院さんと青葉さんってどういうご関係ですか？」
「え？ 私と花京院くんの関係？」
「さしつかえなければ」
そう聞かれて青葉は返答に困った。
「なんというか、私も美田園ゼミの出身で……花京院くんとは同期っていうか。その……、卒業してからもたまに会って仕事のことで相談にのってもらったりして……」
青葉の様子を見て、ヒスイは目を細めた。
「いわゆる彼氏彼女の関係ではない、と。そういう理解で間違いないですか？」
「はあ、たしかに私と花京院くんはそういう間柄では……、たぶん……」
「たぶん？」ヒスイは片目をさらに細めた。眉が少しつり上がる。
「あ、たぶんじゃなくて、ほとんど確実に……」
「ほとんど確実に、とは確率１で、という測度論的な意味ですか？」
「え？」
「いまのは忘れてください。……了解しました。お二人がもし、そういう関係であれば、私としてもそれなりの配慮が必要かと思ったのですが、そうでないとわかれば、安心しました」
ヒスイはそう言うとにっこりと笑顔を見せた。安心と言われて、青葉は逆に不安になった。
「突然驚かせてすみませんでした。今日は花京院さんがお見えでないようなので、私はこれで失礼いたします」
そう言い残すと、ヒスイはくるりと体を反転させた。
長い黒髪がふわりと宙に舞った。
残された青葉はしばらくのあいだ、呆然としていた。

7.1　先んずれば人を制す

ずいぶんとエキセントリックな子だ、と青葉は思った。

どうして彼女は自分のことを知っているのだろう。そう疑問に感じたのは、ヒスイが店を去ってからしばらく時間が経過したあとのことだった。

少し遅れて花京院がやってきたが、青葉の頭は突如現れた後輩のことで一杯だった。

「例の新商品、先に開発したのは君の会社なんだよね？」

青葉は、仕事の相談に頭を切り替えることがなかなかできなかった。先ほど突然現れたヒスイのことを花京院に聞こうとするも、なかなか言い出せない。

「君、話きいてる？」花京院が目の前で軽く手を降る。

「聞いてる、聞いてる。新商品の話でしょ」

青葉は気分を落ち着かせるために、大きく深呼吸した。

「うちの会社が先に商品を開発したのに、均衡下ではライバル企業と利得が半分ずつになったでしょ。なんだか納得いかないなーって思ってたんだよ」

「君の会社が先導者なら、その状況に対抗する方法がある」

「え？ そんな方法があるの？」

「しかもそれを実行すれば、君の会社はライバル会社よりも儲けることができる」

「そんな方法があるのなら、先に教えてよ」青葉は身を乗り出した。

「ライバル会社よりも先に生産量を決めることだ」

「え？ それだけ？」青葉は拍子抜けしたように言った。

「先發制人、后發制于人」

「ちょっとなに言ってるかわからない」

「先んずればすなわち人を制し、後るればすなわち人の制する所となる。『史記』の項羽本記にある言葉だ。ビジネスの場面でもあてはまる」

「あいかわらず、妙なことに詳しいね。花京院くんは……」

7.2 順番の導入

「君の会社は先に商品を開発した。だから先に生産量を決めることができたはずだ。すると相手企業は君の会社の生産量を見てから生産量を決めなくてはならない」

「うーん、これまでの話とほとんど変わらないような気がするんだけど」

「モデルの仮定は基本的には同じだよ。ただし企業 1 が先に戦略を選び、企業 2 はそれを見て戦略を選ぶと仮定する。つまり、行動の選択に順番があるゲームを考える。将棋や囲碁みたいな先手と後手があるゲームをイメージしてね。追加の仮定はこうだよ」

1. 企業 1 が先に生産量 q_1 を選ぶ
2. 企業 2 が q_1 を観察したあとで、生産量 q_2 を選ぶ

「企業 1 が先駆者（リーダー）で、企業 2 が追従者（フォロワー）だよ。この状況を分析するには企業 2 の選択をまず考え、その選択に対する企業 1 の選択を考えるという方法が有効だ。このような推論を**後ろ向き帰納法**という」

「後ろを向いた昨日？ なにそれ」

「帰納法だよ。プレイヤーの選択は

$$企業 1 の選択 \rightarrow 企業 2 の選択$$

の順番で進むけど、最後の選択から逆に

$$企業 2 の選択 \rightarrow 企業 1 の選択$$

を考えて、ゲームの解を得る方法を《後ろ向き帰納法》と呼ぶんだよ」

「どうして逆に考えるの？」

「合理的な企業 1 は、企業 2 が将来どんな行動をとるのかを予測して、自社の行動を決めるからだよ」

「ふうん。まだピンとこないな」

「実際に後ろ向き帰納法を使って、企業 2 の利得を最大化する生産量を計算してみよう[*1]」

企業 2 の利得関数 $u_2(q_1, q_2)$ は

$$u_2(q_1, q_2) = \{a - (q_1 + q_2) - c\}q_2$$

だった。企業 1 の生産量が q_1 である場合に、この利得関数を最大化する q_2 を計算する。

$$\begin{aligned} u_2(q_1, q_2) &= \{a - (q_1 + q_2) - c\}q_2 \\ &= aq_2 - q_1q_2 - q_2^2 - cq_2 && \text{展開する} \\ &= -q_2^2 + q_2(a - q_1 - c) && \text{まとめる} \\ &= -q_2^2 + bq_2 && b = a - q_1 - c \text{ とおく} \\ &= -\left(q_2 - \frac{b}{2}\right)^2 + \frac{b^2}{4} && \text{平方完成する} \end{aligned}$$

つまり、関数 $u_2(q_1, q_2)$ を最大化する q_2^* は

$$q_2^* = \frac{b}{2}$$

だ。途中で $b = a - q_1 - c$ とおいたから、これを戻すと

$$q_2^* = \frac{a - q_1 - c}{2} \tag{1}$$

となる。

この q_2^* は、与えられた q_1 に対して企業 2 の利得を最大化する戦略になっている。これを q_1 に対する最適反応と呼ぶのだった。

次に、企業 1 の利得を最大化する生産量を計算する。企業 1 が解くべき問題は

$$u_1(q_1, q_2^*)$$

[*1] 選択の順番を考慮した複占モデルは、Gibbons (1992) と岡田 (2011) を参照しました。以下では単純化のために、価格が 0 以上の場合のみを考えます

を最大化する q_1 を選ぶことだ。q_2^* に先ほど求めた企業 2 の最適反応 (1) を代入すると、

$$
\begin{aligned}
u_1(q_1, q_2^*) &= \{a - (q_1 + q_2^*) - c\}\, q_1 \\
&= \left\{a - \left(q_1 + \frac{a - q_1 - c}{2}\right) - c\right\} q_1 && \text{(1) を代入} \\
&= \left(\frac{a - q_1 - c}{2}\right) q_1 && \text{\{ \}内を計算する} \\
&= \frac{1}{2}(-q_1^2 + (a - c)q_1) && q_1 \text{ でまとめる} \\
&= \frac{1}{2}\left(-\left(q_1 - \frac{a - c}{2}\right)^2 + \frac{(a - c)^2}{4}\right) && \text{平方完成する}
\end{aligned}
$$

となる。この結果、

$$q_1^* = \frac{a - c}{2}$$

が企業 1 が選択すべき生産量となる。これは企業 1 の q_2^* に対する最適反応だよ。

つまり企業 1 が先手をとるゲームでは、

$$q_1^* = \frac{a - c}{2}, \quad q_2^* = \frac{a - q_1^* - c}{2}$$

という生産量の組み合わせが、後ろ向き帰納法による均衡となる。

この組み合わせが実現したとき、企業 2 の生産量は

$$q_2^* = \frac{a - q_1^* - c}{2} = \frac{a - \frac{a-c}{2} - c}{2} = \frac{a - c}{4}$$

となる。

「へえー。同時に生産量を選ぶときと結果が違うよ。先に生産量を選ぶ企業 1 のほうが多く生産できるじゃん」

「そこが、順番のあるゲームのおもしろいところだ。このとき総生産量は

$$q_1^* + q_2^* = \frac{a - c}{2} + \frac{a - c}{4} = \frac{3(a - c)}{4}$$

だから企業 1 の利得は

$$
\begin{aligned}
u_1(q_1^*, q_2^*) &= \{a - (q_1^* + q_2^*) - c\}q_1^* \\
&= \left(a - \frac{3(a-c)}{4} - c\right)\frac{a-c}{2} \\
&= \left(\frac{a-c}{4}\right)\frac{a-c}{2} = \frac{(a-c)^2}{8}
\end{aligned}
$$

となる。一方、企業 2 の利得は

$$
\begin{aligned}
u_2(q_1^*, q_2^*) &= \{a - (q_1^* + q_2^*) - c\}q_2^* \\
&= \left(a - \frac{3(a-c)}{4} - c\right)\frac{a-c}{4} \\
&= \left(\frac{a-c}{4}\right)\frac{a-c}{4} = \frac{(a-c)^2}{16}
\end{aligned}
$$

だから、企業 1 の利得は企業 2 の 2 倍になる。これが《先んずれば人を制す》の意味だよ」

「利得関数もプレイヤー人数も同じなのに、順番を考えるだけで、全然違う結果になるんだね」

「一般に、1 人による意思決定状況において、情報を知ることで不利になることはない。ところがいま考えた状況では、情報を持つことを他のプレイヤーに知られることが、プレイヤーの不利を招くんだ。企業 1 が先手をとる状況では、企業 2 が企業 1 の生産量 q_1 を観察することを、企業 1 が知っている。つまり企業 1 は《企業 2 は q_1 を知っている》ことを知っている。このことは企業 1 にとって価値がある」

「ちょっとなに言ってるかわからない」

「自分が多めに生産したことを相手が知れば、それにあわせて相手は少なめに生産せざるをえないことを、企業 1 は前もって予想できる、という意味だよ」

「なるほどー、ちょっとややこしいなー」

7.3　展開形ゲーム

「ついでだから展開形ゲームについて説明しておこう。

まずはじめに、次のような単純なゲームを考える[*2]」

		企業 2	
		少ない生産量	多い生産量
企業 1	少ない生産量	1, 1	2, 3
	多い生産量	3, 2	1, 1

左の数字は企業 1、右の数字は企業 2 の利得

「私が知ってるゲーム理論のモデルといえば、これだよ」

「このモデルは、互いに相手の選択を知る前に戦略を決めることを仮定している。このタイプを《**標準形ゲーム**》あるいは《**戦略形ゲーム**》という。このゲームをゲームツリーという樹形図を使って表すと、こうなる」

花京院はゲームの状況を図に描いた。

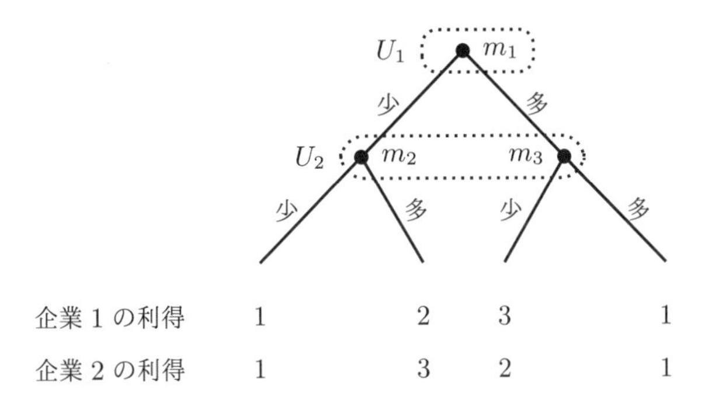

図 7.1　ゲームツリーによる表現

「このようなゲームツリーで表現されたゲームを《**展開形ゲーム**》という。企業 1 が選択する点を m_1、企業 2 が選択する点を m_2 と m_3 で表している。これを各プレーヤーの**手番**と呼ぶよ。企業 1 は手番 m_1 で、《多い》か《少ない》生産量を選び、企業 2 は手番 m_2 あるいは m_3 で

[*2] このゲームの意味は次のとおりです。1. お互いに《多い》生産量を選ぶと供給過多で利得は低い。2. お互いに《少ない》を選ぶと供給過小で利得は低い。3. 自分が《多い》を選び相手が《少ない》を選ぶとき、自分の利得がもっとも大きい

《多い》か《少ない》を選ぶ。選択肢を辿って下まで行き着いたところがゲームの結果だ。下の数字は、企業 1 と 2 の利得を表している」

「点線で囲んだ部分はなに？」

「これは**情報集合**と言って、それぞれのプレイヤーが持つ選択肢に関する情報を表している。プレイヤー 1 の情報集合 U_1 は手番 m_1 だけを要素とする。

$$U_1 = \{m_1\}$$

プレイヤー 2 の情報集合 U_2 は手番 m_2、m_3 を要素とする。

$$U_2 = \{m_2, m_3\}$$

同じ情報集合の中に入っている手番 m_2, m_3 をプレイヤー 2 は区別できないと仮定する[*3]。この仮定は、後手のプレイヤー 2 が先手のプレイヤー 1 の選択を観察できないことを表現している。もし観察できるなら m_2 と m_3 は別々の情報集合の要素となる」

「なるほど、こうやって《相手の選択を観察したかどうか》を表現するんだね」

「展開形ゲームの戦略は情報集合ごとに決めた選択だよ。この場合はお互いに情報集合を 1 つしか持たないので、企業 1 の戦略は次の 2 つだ。

$$\text{戦略 } 1 = U_1\text{で《多い》}$$
$$\text{戦略 } 2 = U_1\text{で《少ない》}$$

企業 2 の戦略も同様に次の 2 つ

$$\text{戦略 } 1 = U_2\text{で《多い》}$$
$$\text{戦略 } 2 = U_2\text{で《少ない》}$$

となる。つまり順番があっても、先手の選択を観察できない場合は、実質的に標準形ゲームと同じだから、均衡も変わらない。このゲームの

---

*3 このため、同じ情報集合に属している手番は同じ選択肢を持つ必要があります。m_2 からはじまる選択肢と m_3 からはじまる選択肢は同じ {多い, 少ない} です

ナッシュ均衡は

$$(\text{少ない}, \text{多い}) \text{ と } (\text{多い}, \text{少ない})$$

の 2 とおりある。この戦略の組み合わせがナッシュ均衡の定義（106 頁）を満たすことを確認してね」

「ふむふむ」

「次に企業 1 の選択を観察したあとで企業 2 が選ぶゲームを考える。展開形ゲームは、時間を通じた選択を表現するときに便利なんだ」

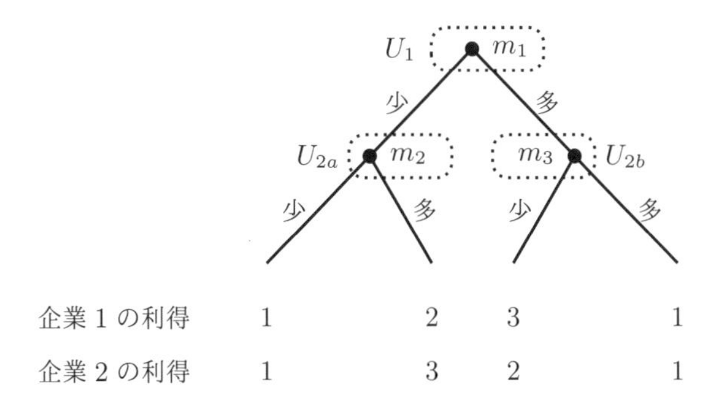

図 7.2　企業 1 の選択を企業 2 が観察できる場合の展開形ゲーム

「さっきと情報集合のかたちが違うね」

「いいところに気づいた。企業 1 の選択を観察できるから、企業 2 の情報集合は

$$U_{2a} = \{m_2\}, \quad U_{2b} = \{m_3\}$$

の 2 つに分かれる。先ほど、情報集合に 2 つ以上の手番が属している場合は、手番を区別できないと仮定したけど、手番が 1 つしかないときは、どの手番か判別できる。その結果、情報集合 U_{2a} に到達すれば、企業 1 の選択が《少ない》だったとわかるし、情報集合 U_{2b} に到達すれば、企業 1 の選択が《多い》だったとわかる」

「なるほどー」

7.4　展開形ゲームの戦略と均衡

「展開形ゲームの戦略は、《各情報集合で選ぶ行動を指定する関数》なので、企業 2 の戦略は次の 4 つになる。

$$
\begin{aligned}
\text{戦略}\,1 &= (U_{2a}\text{で多い}, U_{2b}\text{で多い})\\
\text{戦略}\,2 &= (U_{2a}\text{で多い}, U_{2b}\text{で少ない})\\
\text{戦略}\,3 &= (U_{2a}\text{で少ない}, U_{2b}\text{で少ない})\\
\text{戦略}\,4 &= (U_{2a}\text{で少ない}, U_{2b}\text{で多い})
\end{aligned}
$$

ここが展開ゲームの戦略の定義の、ややこしいところだ。均衡時に選ばれる選択の経路では到達しない情報集合も含めて**すべての情報集合**について、そこで選ぶ選択肢を考えないといけない」

「なんで到達しない情報集合まで考えないといけないの？」

「実際には選ばれない選択も考えておかないと、《相手の選択を考えた上で最適な選択を選ぶ》という意思決定ができないからだよ。これはプレイヤーの合理性を前提とするゲーム理論に必要な仮定だ。具体的な例で示そう。いま企業 1 が (U_1で《少ない》) を選んだとしたら、企業 2 は情報集合 U_{2a} で《多い》《少ない》のどちらを選ぶだろう？」

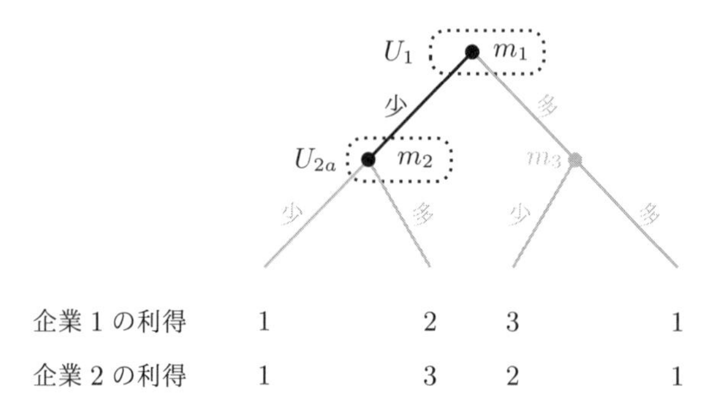

図 7.3　企業 1 が《少ない》を選んだとき

青葉は図をじっと見て考えた。

「もし企業 2 が U_{2a} で《少ない》を選ぶと利得は 1 で、《多い》を選ぶと利得は 3 だから……、U_{2a} では《多い》を選ぶと思うよ」

「そう考えるのが合理的だね。では企業 1 が U_1 で《多い》を選んだ場合、企業 2 の U_{2b} における選択は？」

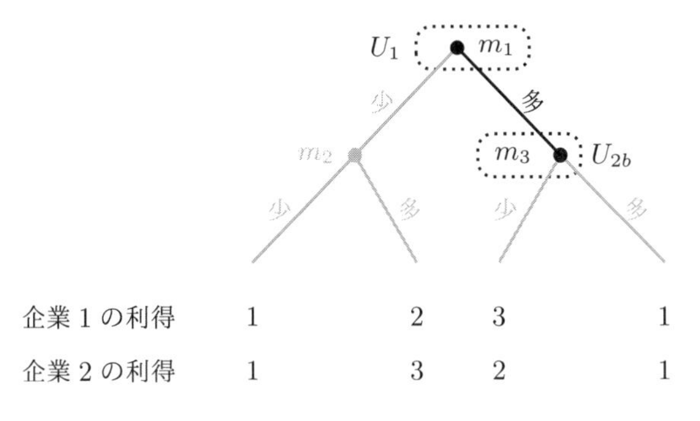

図 7.4　企業 1 が《多い》を選んだとき

「この場合は、企業 2 にとって利得の大きい選択は《少ない》だね」
「そうだね。このゲームでは企業 2 の合理的な戦略は

$$\text{戦略} = (U_{2a}\text{で多い}, \ U_{2b}\text{で少ない})$$

という行動計画となる。

この企業 2 の戦略を企業 1 が予想したと仮定する。つまり企業 1 は、

- 自分が《少ない》を選べば、相手は《多い》を選ぶので自分の利得は 2 となる
- 自分が《多い》を選べば、相手は《少ない》を選ぶので自分の利得は 3 となる

と予想する。すると企業 1 は自分の利得を最大化するために U_1 で《多い》を選ぶ。

企業 1 が戦略

$$(U_1\text{で多い})$$

を選び、企業 2 が戦略

$$(U_{2a}\text{で多い}, \ U_{2b}\text{で少ない})$$

を選ぶ組み合わせが、均衡となる。これを展開形ゲームのナッシュ均衡という」

「企業 2 が選ぶのは実際には U_{2b} で《少ない》でしょ。

$$(U_1\text{で多い}, U_{2b}\text{で少ない})$$

の組み合わせが均衡じゃないの？」

「それは均衡のもとで選択される行動の組み合わせで、戦略の組み合わせとは違う。さっきも説明したように、展開形ゲームでは、到達しない情報集合も含め、すべての情報集合における選択を定めた計画を**戦略**と定義している。だから企業 2 の戦略は、(U_{2b}で少ない)だけではなく、

$$(U_{2a}\text{で多い},\ U_{2b}\text{で少ない})$$

の組なんだよ。この戦略の中で、(U_{2a}で多い) を選択するという一見無駄な計画が、企業 1 の最適反応を決めるために必要なんだ。この予想がないと企業 1 は合理的な選択ができない。だから展開形ゲームには、均衡上では到達しない情報集合での行動計画まで必要なんだよ[*4]」

「なるほどー」

「同時手番の場合と、企業 1 が先手の場合の結果を比較してみよう。同時手番の場合、均衡が (少ない, 多い) と (多い, 少ない) の 2 つあるため、企業 1 の利得は 2 となる可能性もあった。

		企業 2	
		少ない生産量	多い生産量
企業 1	少ない生産量	1, 1	$\underline{2}$, 3
	多い生産量	$\underline{3}$, 2	1, 1

下線は均衡時の企業 1 の利得

一方、企業 1 が先手の場合は、自分が多い生産量を選ぶという選択を

*4　展開形ゲームの詳細については、Gibbons (1992) や岡田 (2011) を参照してください

先に示すことで、

$$(U_1 \text{で多い}, \quad (U_{2a} \text{で多い}, \quad U_{2b} \text{で少ない}))$$

が唯一の均衡となり、均衡時に実現する選択のもとで企業 1 の利得は 3 となる。このようにプレイヤーの持つ情報の違いに応じて、利得が変化する場合があるんだ。ただし、ゲームの構造によっては先手が不利な場合もあるので注意が必要だよ」

「あ、そういう場合もあるんだ」

「たとえば《じゃんけん》は、あと出しが有利だ。先に選択を見せてしまったら必ず負ける」

「ほんとだ」

「だから、分析する現象をちゃんとモデル化して分析することが大切なんだよ。ゲームツリーによる表現は、自分が考えている状況を明確化するのに役立つ」

「選択肢が無数にある場合のゲームツリーってどうやって書いたらいいの？」

「複占市場の場合は戦略集合が区間だから、こんなイメージだよ」

花京院が図を描いた。

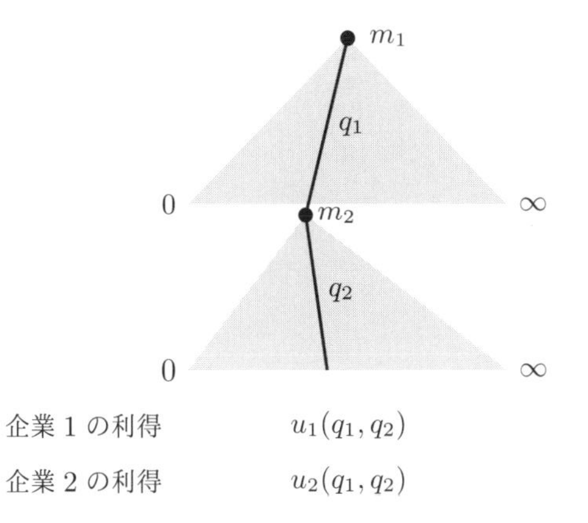

「この図は最初に企業 1 が生産量 q_1 を選び、それを見たあとで企業 2 が q_2 を選ぶゲームのイメージを表している。グレーの三角形の底辺は、

それぞれの生産量の範囲 $0 \leq q_1 < \infty$ と $0 \leq q_2 < \infty$ だよ」

「ふむふむ」

「この複占モデルの場合は先手が強気の姿勢を示すと、後手が退かざるをえないので先手が有利だ」

青葉はふと、ヒスイとの会話を思い出した。

はたして自分がおかれた状況は、先手が有利な状況なのか、それとも先手が不利な状況なのか。

「私、先手をとられたかも」

「え？」

「なんでもない」

もしかしたら自分の日常も、モデルを使って表現したり考えたりできるのかもしれない。

青葉はそんなことをぼんやりと考えた。

まとめ

Q 先手はいつも有利なの？

A 展開形の複占ゲームでは先手が有利です。このとき《「先手の戦略を後手が知ること」を先手が知ること》が先手に有利をもたらします。ただし、ゲームによっては先手が不利な場合もあります（たとえば、じゃんけん）。他の条件は一定のまま、情報集合が異なるゲームを比較することで、先手が有利かどうかを分析できます。

- プレイヤーの選択に順番を導入したゲームを表現する方法を展開形ゲームと呼びます。
- 展開形ゲームを使うと、たとえば、相手の選択を観察してから自分が選択するような状況をモデル化できます。
- すべてのプレイヤーの選択を観察できる展開形ゲームでは、ゲームの最終手番から開始手番に遡って、順番にプレイヤーの合理的な選択を特定することができます。このような推論を、後ろ向き帰納法といいます。

第8章

競争に負けない価格設定とは?

第8章
競争に負けない価格設定とは？

「生産数を決める理屈はわかるんだけどさ、価格はどうやって決めるの？」

社内会議の途中で、先輩社員からの想定していなかった質問に、青葉は思わず固まった。

「どうと言われましても、このモデルは生産量を選択するモデルなので……」

「でもさあ、実際には店頭に並ぶ前に価格を決めないとダメでしょ？」

モデル上は生産数を決めれば、価格が決まる。しかし希望小売価格を先に決めるとしたら、どうすればいいのか？

指摘を受けてみれば、それはたしかに考えておくべき問題の 1 つである。

「即答できないので、ちょっと検討させてください……」

会議後、自分の机に戻った青葉は、複占モデルをベースにして価格を決めるモデルについて考えた。

しかし簡単にはよい案は浮かばない。現実の条件とモデルが異なる場合に、どうやって対応させればいいのか？ 青葉にはまだ難しい問題である。いろいろと自分なりに考えたものの、結局、退社時間までによいアイデアは浮かばなかった。

花京院ならこの件についてヒントを与えてくれるだろうか、と彼女は思った。

会社からの帰り道、青葉はいつもの喫茶店に立ち寄った。

しかし、青葉は入り口のドアに手をかけたところで、立ち止まる。店内を覗くと、花京院の向かいに、ヒスイの姿が見えたからだ。

今日はここで花京院と会う約束をしていたわけではない。

青葉はドアから手を離し、そこから立ち去ろうとした。

そのとき……。

ヒスイが青葉に向かって大きく手を振った。その動作につられて花京院も入り口を振り返る。

しかたなく青葉も手を小さく振り返した。

こうなっては、中に入らないわけにはいかない。青葉はおそるおそる店内に足をふみいれた。

「ご無沙汰してます」ヒスイが青葉に挨拶した。

「…… こんばんは」

「あれ？ 2人は顔見知りだっけ？」花京院が意外そうに聞いた。

「先日少しだけお話しする機会があったんです」ヒスイが答える。

「へえ、そうなんだ。だったら一緒に座ろう」花京院は青葉に同じテーブルに座るよう促した。

彼はヒスイに、青葉の仕事内容を簡単に説明した。

「新商品の話はどうなったの？」花京院が青葉に聞いた。

青葉は今日、会議で起こったことを話した。

「なるほど。現実の企業は、商品の価格も決めなくてはならないのか。言われてみればたしかにそうだ」

「生産量だけを決めるモデルだとちょっと不自然なんだよね。どうやって考えたらいいのかな？」と青葉が聞いた。

「あの、いいですか」

そこまで黙って話を聞いていたヒスイが口を開いた。

「価格から生産量が決まるようなモデルを考えればいいんじゃないですか？」

ヒスイは計算用ノートを取り出すと説明を始めた。

8.1　価格決定モデル

まずはじめに、価格と需要量の関係、つまり需要曲線を次のように仮定します。

$$価格 = a - 需要量$$

複占市場で需要量と生産量が一致していると仮定すれば

$$価格 = a - 生産量$$

ですから、これを入れ替えて

$$生産量 = a - 価格$$

とします。

次に 2 つの企業が扱う商品が同質財である、つまり、消費者はどちらの企業が生産したかを区別しないと仮定します。

同質財には、《消費者は価格が安いほうを選ぶ》という性質があるので、もし企業 1 の価格 p_1 が企業 2 の価格 p_2 よりも低ければ、同質財だから消費者は価格の低いほうを選びます。その結果、企業 1 が市場を独占できます。そのとき生産量は

$$q_1 = a - p_1 \qquad (p_1 < p_2のとき)$$

です。一方で価格が高いほうの企業 2 の生産量は 0 です。

逆に企業 1 の価格 p_1 が企業 2 の価格 q_2 よりも高ければ、企業 2 が市場を独占するので企業 1 の生産量は 0 です。

$$q_1 = 0 \qquad (p_1 > p_2のとき)$$

$p_1 = p_2 = p$ の場合は、市場は企業 1 と企業 2 による複占となり、価格が同じなので需要も半分ずつ独占すると仮定します。すると生産量も半分ずつになるので、

$$q_1 = \frac{a-p}{2}, \qquad q_2 = \frac{a-p}{2}$$

です。まとめると、企業 1 の生産量 q_1 は価格 p_1, p_2 の関数として、次のように決まります。

$$q_1 = \begin{cases} a - p_1 & p_1 < p_2 \\ 0 & p_1 > p_2 \\ \dfrac{a - p_1}{2} & p_1 = p_2 \end{cases}$$

企業 2 の生産量 q_2 も同様に

$$q_2 = \begin{cases} a - p_2 & p_2 < p_1 \\ 0 & p_2 > p_1 \\ \dfrac{a - p_2}{2} & p_2 = p_1 \end{cases}$$

と定義できます。

以上の仮定をあらためて整理すれば、次のとおりです。

同質財の価格決定モデル

1. プレイヤー集合: $N = \{1, 2\}$
2. 企業 1 と 2 は同質財を生産する。
   企業 1 の戦略集合: $S_1 = \{p_1 \mid p_1 \geq 0\}$ p_1 は企業 1 の商品価格
   企業 2 の戦略集合: $S_2 = \{p_2 \mid p_2 \geq 0\}$ p_2 は企業 2 が商品価格
3. 企業 1 の利得: $u_1(p_1, p_2) = \begin{cases} (p_1 - c)(a - p_1) & p_1 < p_2 \\ (p_1 - c) \cdot 0 & p_1 > p_2 \\ (p_1 - c)\dfrac{a - p_1}{2} & p_1 = p_2 \end{cases}$
   企業 2 の利得: $u_2(p_1, p_2) = \begin{cases} (p_2 - c)(a - p_2) & p_2 < p_1 \\ (p_2 - c) \cdot 0 & p_2 > p_1 \\ (p_2 - c)\dfrac{a - p_2}{2} & p_2 = p_1 \end{cases}$
   a は需要曲線の定数。q_1, q_2 は企業 1 と 2 の生産量。c は生産コスト

ヒスイは自分が考えたモデルについて、流暢に説明した。はじめから頭の中にあったことを話しているかのように、滑らかだった。

「以上の仮定から、ナッシュ均衡の価格を求めれば、価格選択の目安になるんじゃないかと思います。ただし、同質財の仮定があると、結論はおもしろくないですね」

「なるほど。需要曲線が価格と需要の関係を定義しているのだから、それを利用して、価格から需要量（生産量）が決まると考えたんだね」

花京院がヒスイのアイデアに対する感想を述べた。

「すごいなー。言われてみればたしかにそうなんだけど、自分じゃ絶対に思いつかないよ」青葉は素直に感心した。

「でも、結論がおもしろくない、というのは？」花京院が質問した。

ヒスイはノートに式を書きながら説明を再開する。

ゲームの仮定から互いに相手の価格よりも自社の価格を下げる誘因を持っています。いま

$$p_1^* = p_2^* = c$$

のように、価格を生産コスト c まで下げたと仮定します。すると利得は

$$u_1(p_1^*, p_2^*) = (p_1^* - c)\frac{a - p_1^*}{2} = (c - c)\frac{a - c}{2} = 0$$
$$u_2(p_1^*, p_2^*) = (p_2^* - c)\frac{a - p_2^*}{2} = (c - c)\frac{a - c}{2} = 0$$

です。

この状況（$p_1^* = p_2^* = c$）で、もし企業 1 だけが価格 p_1^* を c より上げたら、市場を相手（企業 2）に独占されるので、企業 1 の利得は 0 のままです。一方、価格 p_1^* を c より下げると企業 1 は市場を独占できますが、その場合 $p_1 - c < 0$ なので、利得がマイナスです。よって、企業 1 は $p_1^* = c$ から価格を変更する誘因を持ちません。

同様のことは企業 2 について成立します。ゆえに

$$p_1^* = p_2^* = c$$

は、このゲームのナッシュ均衡です。以上で証明は終わりです。

ヒスイは、均衡価格の証明をノートに書くと、2人に見せた。

「つまり価格が生産コストに等しいから、利得は0なのか……。奇妙な結論だけど、仮定からの結論としては正しいね」花京院はヒスイの証明を確認して言った。

しかし青葉には、その証明が正しいのかどうかわからなかった。というよりも、考え方そのものが理解できない。青葉はヒスイの顔を見た。

「ごめんなさい、私にはよくわからなかった」

「どこがわかりにくいのでしょうか？」

「えーっと，どこと言われても……」

青葉は、ヒスイの書いた式を見直したが、なかなか自分の疑問を言語化できなかった。

「その……。この、$p_1^* = p_2^* = c$ はどこからでてきたの？」

8.2 価格決定モデルのナッシュ均衡

青葉の質問に対して、花京院が答えた。

「まず

《$p_1^* = p_2^* = c$ がナッシュ均衡であることの証明》と、

《$p_1^* = p_2^* = c$ というナッシュ均衡の候補がどこから出てきたのか》

という2つの問題を分離して考えよう」

「うん」青葉はうなずいた。

「ある戦略の組 (p_1^*, p_2^*) がナッシュ均衡かどうかを調べるには、《自分だけ戦略を変えた場合に、利得が増加しないこと》が全員に成立するかを確かめる必要がある。ヒスイさんの証明は企業1と企業2について、たしかにその条件が成り立つことを示している。よって証明としては正しい」

たしかに彼の言うとおり、戦略の組の候補として $(p_1^*, p_2^*) = (c, c)$ さえ認めれば、証明が正しいことは納得できた。

「でも……、どうやってナッシュ均衡の候補である $p_1^* = p_2^* = c$ を思いついたの？ それがわからない」

「じゃあ、君ならどう考えるのかを聞かせて」花京院が新しい計算用紙を渡した。

青葉はしばらく考えると、計算用紙に式を書き始めた。

まず企業 1 の立場で考えるよ。$p_1 < p_2$ の場合は市場を独占できるから、利得関数は

$$\begin{aligned} u_1(p_1, p_2) &= (p_1 - c)(a - p_1) \\ &= -p_1^2 + (a+c)p_1 - ac \end{aligned}$$

となる。だから、

$$p_1 = \frac{a+c}{2}$$

のとき、利得が最大だよ。

反対に $p_1 > p_2$ のときは、相手に独占されてこちらの利得は 0 だから、$p_1 > p_2$ の範囲ではなにを選んでも一緒だよ。

最後に $p_1 = p_2$ の場合、総需要の半分ずつ生産すると仮定すれば

$$\begin{aligned} u_1(p_1, p_2) &= (p_1 - c)\frac{a - p_1}{2} \\ &= \frac{-\{p_1^2 - (a+c)p_1 + ac\}}{2} \end{aligned}$$

だから、平方完成するとやっぱり、

$$p_1 = \frac{a+c}{2}$$

のとき、利得が最大だよ。

ってことは、お互いに価格を

$$p_1 = p_2 = \frac{a+c}{2}$$

に設定するのが、均衡なのかな？　って私は考えたんだけど……。

花京院は青葉の計算を読み直しながら、少し考えた。

「たしかに

$$p_1 = p_2 = \frac{a+c}{2}$$

は、$p_1 = p_2$ という条件のもとでお互いに利得関数を最大化している。ただし、逸脱の誘因を考えると、これは均衡になり得ない。このことは自明ではないから、実際に計算で確認してみよう」

花京院が新しい計算用紙を取り出した。

いま企業 1 と 2 が価格 $p_1 = p_2 = (a+c)/2$ を選択したと仮定する。このとき企業 1 の利得 $u_1(p_1, p_2)$ を計算すると

$$u_1(p_1, p_2) = \frac{(a-c)^2}{8}$$

だ。

ここで企業 1 が少しだけ価格を下げたとしよう。

すると $p_1 < p_2$ となり同質財の市場を企業 1 が独占できる。

その結果、利得関数は

$$u_1(p_1, p_2) = (p_1 - c)(a - p_1)$$

となる。企業 1 の値下げ額を $m > 0$ で表し、値下げ後の価格を

$$p_1 = \frac{a+c}{2} - m$$

で表そう。このとき独占時の利得 $u_1(p_1, p_2)$ は

$$\begin{aligned} u_1(p_1, p_2) &= (p_1 - c)(a - p_1) \\ &= \left(\frac{a+c}{2} - m - c\right)\left(a - \frac{a+c}{2} + m\right) \\ &= \left(\frac{a-c}{2} - m\right)\left(\frac{a-c}{2} + m\right) = \frac{(a-c)^2}{4} - m^2 \end{aligned}$$

となる。

値引き額 m として、たとえば $m = (a-c)/4$ を仮定する。すると利得 $u_1(p_1, p_2)$ は

$$u_1(p_1, p_2) = \frac{(a-c)^2}{4} - m^2$$

$$= \frac{(a-c)^2}{4} - \frac{(a-c)^2}{16}$$
$$= \frac{4(a-c)^2}{16} - \frac{(a-c)^2}{16} = \frac{3(a-c)^2}{16}$$

となる。これは互いに $p_1 = p_2 = (a+c)/2$ という戦略をとった場合の利得

$$\frac{(a-c)^2}{8}$$

よりも大きい。同じことは企業 2 にも成立する。このように、逸脱する誘因が存在するので $p_1 = p_2 = (a+c)/2$ はナッシュ均衡ではない。

「なるほどー。たしかに $p_1 = p_2 = (a+c)/2$ は均衡じゃないね。でも相手より価格を下げたほうが得だとすれば、値引きが止まらない気がするなー」

「どこまで下がるか予想できる？」

「うーん。価格がギリギリ 0 円にならないところまで。たとえば 1 円とか」

「1 円まで下げたら赤字じゃないかな」

「そっか。じゃあ赤字にならないギリギリというと

$$p - c > 0$$

が成立するような、なるべく小さな p だから……」

そこで青葉は顔をあげた。

「あ、わかった！ こうやって価格を下げていくと、$p = c$ っていう均衡価格の候補が出てくるんだ」

「そういうこと。このモデルの均衡は、まさに利得 0 になるような価格なんだよ。同質財の価格決定モデルでは、価格が低いほうが市場を独占するから、いままでのモデルとはちょっと計算が違うんだ」

「そうなのかー。でも利得が 0 になる価格って、企業の選択としておかしいなー。どうしてこんな均衡になるんだろ？」

「同質財は価格競争が激しいからだよ。たとえばガソリンは同質財に近いから、近接したガソリンスタンドは他店より 1 円でも安い価格を

つける誘因を持っているはずだ。それから同じ家電商品を扱う小売店でも、ライバル店より少しでも安い価格をつけるだろう」

「他店より1円でも高い場合はお知らせください、その場で値引きしますってやつだね。でもアパレルでそういうことは起こらない気がするなー」

「現実には少し値段が安いからといって、市場を独占できたりしないだろうね」

「では、もう少し現実的な仮定を検討してみましょう」

黙って2人の話を聞いていたヒスイが口を開いた。

8.3 商品の代替性

「ちょっと飲み物をおかわりしない？」

花京院が提案した。

「そうだね」青葉はメニューを手にとった。

「なにを飲もうかな。なになに……、ブルーマウンテンは豆の値段高騰のため、一時価格を変更いたします、か。うーん今日はモカにするかな」

青葉がメニューを見てつぶやいた。

「それ、使えそうですね」とヒスイが言った。

「え？ なんのこと」

「その、ブルーマウンテンの値段が上がったので、別の種類の豆を選ぶという話です」

青葉は首をかしげた。

「ブルーマウンテンとモカは、似ている部分があります。どちらも一般的にはコーヒー豆と呼べる商品です」ヒスイが説明を続けた。

「私はブルーマウンテン派だよ」

「君このあいだ、モカを飲みながら、やっぱりブルーマウンテンは最高って言ってたよ」花京院が冷静に指摘した。

「あれは、花京院くんが正しくツッコめるかどうかを試したんだよ」

「へえー……」

「青葉さんがブルーマウンテンを注文しようとしたところ、ブルーマウンテンだけが値上がりしていました。その結果、ブルーマウンテンをやめてモカを注文しようと選択を変えましたね」

「うん」

「つまり、そういうことです」

「え？ どういうことなの？」

「まったく同じではないけれど似ている商品には、このように一方が他方の需要を代替(だいたい)する関係にあります。したがって競合する商品の価格を定義するときには、その代替の程度を考慮すればいいはずです」

「ふむふむ。その話、前に聞いたことあるなー（80 頁参照）」

ヒスイは計算用のノートを開いた。

企業 1 と企業 2 の商品をそれぞれ商品 1 と商品 2 と呼ぶことにしましょう。企業 1 の立場で考えてみると、ライバル社（企業 2）の商品 2 が競合的であるとき、

- 商品 2 の価格 p_2 が上がると、（商品 2 の需要量が減った結果）商品 1 の需要量 q_1 が増加する
- 商品 2 の価格 p_2 が下がると、（商品 2 の需要量が増えた結果）商品 1 の需要量 q_1 が減少する

という関係があるでしょう。この関係は企業 2 の立場で考えても同様に成立します。

以上の関係を表すもっとも単純な式として

$$
\begin{aligned}
q_1 &= a - p_1 + b_1 p_2 \\
q_2 &= a - p_2 + b_2 p_1
\end{aligned}
$$

を仮定します。ここで b_1 と b_2 は自社商品の需要量に対するライバル商品の価格の影響を表し、それぞれ次のように定義します。

b_1 :商品 2 に対する商品 1 の代替性

b_2 :商品 1 に対する商品 2 の代替性

以下、b_1, b_2 を**代替性**（だいたいせい）と呼びます。

たとえば商品 2 の価格 p_2 が $p_2 + 1$ に増加した場合、商品 1 の需要量は

$$q_1 = a - p_1 + b_1(p_2 + 1) = a - p_1 + b_1 p_2 + b_1$$

に変化します。その結果、商品 1 の需要量は b_1 だけ増加します。もし代替性 $b_1 = 0.5$ なら価格 p_2 が 1 単位増加することで q_1 が 0.5 増加する、という意味です。

つまり代替性 b_1, b_2 の大きさは、ライバル商品の価格の影響の大きさを表しています。もし $b_1 = b_2 = 0$ なら相手企業の商品価格がまったく影響しないことを意味します。

この定義を使って、商品が互いに代替性を持っている場合の、均衡価格を計算してみましょう。モデルの仮定はこうです。

非同質財の価格決定モデル

1. プレイヤー集合: $N = \{1, 2\}$
2. 企業 1 と 2 は差別化された財を生産する。
   企業 1 の戦略集合: $S_1 = \{p_1 \mid p_1 \geq 0\}$ p_1 は企業 1 の商品価格
   企業 2 の戦略集合: $S_2 = \{p_2 \mid p_2 \geq 0\}$ p_2 は企業 2 の商品価格
3. 企業 1 の利得: $u_1(p_1, p_2) = (a - p_1 + b_1 p_2)(p_1 - c)$
   企業 2 の利得: $u_2(p_1, p_2) = (a - p_2 + b_2 p_1)(p_2 - c)$
   a は需要曲線の定数、c は生産コスト、b_1, b_2 は各商品の代替性。

このモデルのナッシュ均衡を求めます。

まず企業 2 が最適反応 p_2^* を選択しているという仮定のもとで企業 1 の利得関数 $u_1(p_1, p_2^*)$ を計算します。

$$\begin{aligned}
u_1(p_1, p_2^*) &= (a - p_1 + b_1 p_2^*)(p_1 - c) \\
&= -p_1^2 + (a + c + b_1 p_2^*)p_1 - ac - b_1 p_2^* c \\
&= -p_1^2 + Bp_1 + C
\end{aligned}$$

ここで、式を簡単にするために

$$B = a + c + b_1 p_2^*, \quad C = -ac - b_1 p_2^* c$$

とおきました。

これを平方完成すると

$$\begin{aligned} -p_1^2 + Bp_1 + C &= -\left(p_1^2 - Bp_1 + \frac{B^2}{4} - \frac{B^2}{4}\right) + C \\ &= -\left(p_1 - \frac{B}{2}\right)^2 + \frac{B^2}{4} + C \end{aligned}$$

となります。だから

$$p_1^* = \frac{B}{2} = \frac{a + c + b_1 p_2^*}{2}$$

のとき利得関数 $u_1(p_1^*, p_2^*)$ が最大化します。

次に、企業 1 が最適反応 p_1^* を選択しているという仮定のもとで企業 2 の利得関数 $u_2(p_1^*, p_2)$ を計算すると

$$\begin{aligned} u_2(p_1^*, p_2) &= (a - p_2 + b_2 p_1^*)(p_2 - c) \\ &= -p_2^2 + (a + c + b_2 p_1^*)p_2 - ac - b_2 p_1^* c \end{aligned}$$

なので、同様の計算により

$$p_2^* = \frac{a + c + b_2 p_1^*}{2}$$

のとき利得関数 $u_2(p_1^*, p_2^*)$ が最大化することがわかります。そこで

$$p_1^* = \frac{a + c + b_1 p_2^*}{2} \qquad (1)$$

$$p_2^* = \frac{a + c + b_2 p_1^*}{2} \qquad (2)$$

とおきます。これを p_1^* と p_2^* に関する連立方程式だと見なして解けば

$$p_1^* = \frac{(a + c)(2 + b_1)}{4 - b_1 b_2}$$

$$p_2^* = \frac{(a+c)(2+b_2)}{4-b_1b_2}$$

です。これがナッシュ均衡となる戦略（価格）の組み合わせです。

価格がマイナスにならないためには $b_1b_2 < 4$ という制限が必要ですね。同質財を仮定すると均衡時の価格はコスト c まで下がりますが、商品の代替性を考慮すれば、価格はそこまで下がらないことがわかりました。

もし代替性が $b_1 = b_2 = 0$ のとき、利得はそれぞれ

$$\begin{aligned}
u_1(p_1, p_2) &= (a - p_1 + b_1p_2)(p_1 - c) \\
&= (a - p_1 + 0 \cdot p_2)(p_1 - c) \\
&= (a - p_1)(p_1 - c) \\
u_2(p_1, p_2) &= (a - p_2 + b_2p_1)(p_2 - c) \\
&= (a - p_2 + 0 \cdot p_1)(p_2 - c) \\
&= (a - p_2)(p_2 - c)
\end{aligned}$$

なので、ライバル社の価格の影響を受けません。すると各企業は自社の利得の最大化だけを考えればよいので、独占モデルと同じ状況になります。たとえば企業1の価格は

$$p_1^* = \frac{(a+c)(2+b_1)}{4-b_1b_2} \frac{(a+c)(2+0)}{4-0} = \frac{a+c}{2}$$

となります。このとき生産量 q_1 は

$$q_1 = a - p_1 = a - \frac{a+c}{2} = \frac{a-c}{2}$$

なので、独占生産量と等しくなります。

同様に、生産量 q_2 は

$$q_2 = a - p_2 = a - \frac{a+c}{2} = \frac{a-c}{2}$$

です。

つまり代替性が互いに0ならば、他社商品は競合しないので別々の市場を独占していることを意味します。

「ほんとだ。ちゃんと独占モデルの話と、つじつまがあってる」

「このモデルを分析すると、いろいろとおもしろいインプリケーションを導くことができます」

8.4 価格決定モデルのインプリケーション

ヒスイはノートに式を書きながら説明を続けた。

「ナッシュ均衡時の価格は

$$p_1^* = \frac{(a+c)(2+b_1)}{4-b_1b_2}$$

なので、b_1 が大きくなるほど分子が大きくなって、分母が小さくなります。つまり b_1 の増加によって、均衡時の価格 p_1^* も増加します。b_1 の意味は、《商品 2 に対する商品 1 の代替性》を表しているので、ライバル商品に対する代替性が高くなるほど、自社商品の価格も高くなることを意味します」

「なるほど。これは自然だね」

「次に、商品 1 と商品 2 の価格を比較してみましょう。もし $b_1 = b_2 = b$ なら

$$\begin{aligned} p_1^* &= \frac{(a+c)(2+b_1)}{4-b_1b_2} = \frac{(a+c)(2+b)}{4-b^2} \\ &= \frac{(a+c)(2+b)}{(2+b)(2-b)} = \frac{a+c}{2-b} \\ p_2^* &= \frac{(a+c)(2+b_2)}{4-b_1b_2} = \frac{(a+c)(2+b)}{4-b^2} \\ &= \frac{(a+c)(2+b)}{(2+b)(2-b)} = \frac{a+c}{2-b} \end{aligned}$$

なので、ナッシュ均衡時の価格は企業 1 と企業 2 は一致します。つまり代替性が同じなら、同じ価格で同じ量を生産するので、利得も同じです」

「ふむふむ。これもまあ、そんな気がするよ」

「次に代替性が異なる場合について考えてみます。たとえば $b_1 = 1$ と $b_2 = 2$ を仮定します。これは、商品 1 に対する商品 2 の代替性 b_2 が、b_1 の 2 倍ある状況です」

「うーん、ちょっとどういう状況かわからない」

「ではもっと具体的に

$$a = 1000, c = 10, b_1 = 1, b_2 = 2$$

という数値例で考えてみましょう。このとき均衡価格は

$$p_1^* = \frac{(a+c)(2+b_1)}{4-b_1b_2} = \frac{(1000+10)(2+1)}{4-1\cdot 2} = 1515$$
$$p_2^* = \frac{(a+c)(2+b_2)}{4-b_1b_2} = \frac{(1000+10)(2+2)}{4-1\cdot 2} = 2020$$

です。

それぞれの利得は

$$\begin{aligned} u_1(p_1^*, p_2^*) &= (a - p_1^* + b_1p_2^*)(p_1^* - c) \\ &= (1000 - 1515 + 2020)(1515 - 10) = 2265025 \\ u_2(p_1^*, p_2^*) &= (a - p_2^* + b_2p_1^*)(p_2^* - c) \\ &= (1000 - 2020 + 2 \cdot 1515)(2020 - 10) = 4040100 \end{aligned}$$

です。つまり他社製品に対して自社製品の代替性が高い企業のほうが、多くの利得を得ます」

「ほー」

「いまの話を一般化すると、

$$b_1 > b_2$$

であるとき、

$$p_1^* > p_2^*$$

が成立すると予想できます。これを証明してみましょう。まず

$$\frac{p_1^*}{p_2^*}$$

という価格の比を考えます。$b_1 > b_2$ という条件下で、p_1^*/p_2^* が 1 より大きいことを示せば証明は完了です。

$$\frac{p_1^*}{p_2^*} = \frac{(a+c)(2+b_1)}{(a+c)(2+b_2)} \quad \text{分母が共通なのでキャンセル}$$

$$= \frac{(2+b_1)}{(2+b_2)} \quad (a+c)\text{ が共通なのでキャンセル}$$

ここで $b_1 > b_2$ という条件より明らかに

$$\frac{2+b_1}{2+b_2} > 1$$

が成立します。これで $b_1 > b_2$ ならば $p_1^* > p_2^*$ であることが示されました」

「おー。なるほどー」

「次にナッシュ均衡時の利得と代替性の関係も確認しておきましょう」

ヒスイはノート PC を起動すると、利得関数を計算するコードをすばやく書いた。

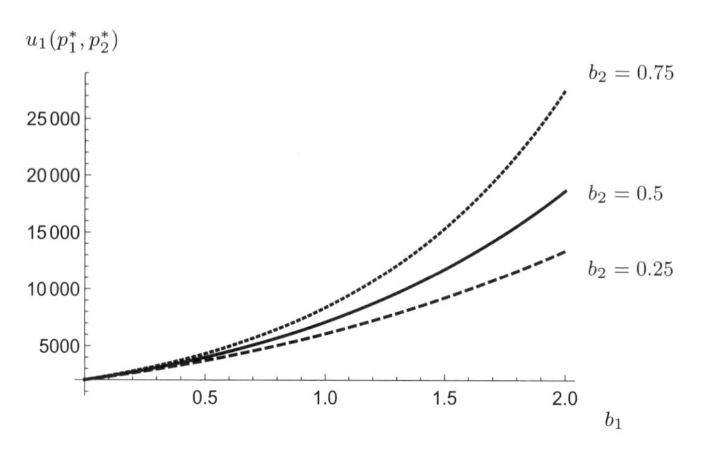

図 8.1　利得関数 $u_1(p_1^*, p_2^*)$ のグラフ。$a = 100, c = 10$

「このグラフから、代替性 b_1 が増加すると、利得関数 $u_1(p_1^*, p_2^*)$ が増加することがわかります。さらに、自社製品（商品 1）に対するライバル製品（商品 2）の代替性 b_2 が増しても、利得関数 $u_1(p_1^*, p_2^*)$ が増加します」

「うーん、代替性 b_1 が増えると利得 $u_1(p_1^*, p_2^*)$ が増えるのはわかるんだけど、どうして相手企業の代替性 b_2 が増えると自分の会社の利得 $u_1(p_1^*, p_2^*)$ が増えるんだろう？」青葉が首をかしげた。

「企業 1 のナッシュ均衡時の価格を見ると、分母が $4 - b_1 b_2$ です。これは他の条件が等しければ、b_2 の増加によって減少します。分母が減少すると、価格 p_1^* は増加します。つまり直感的に言えば、b_2 の増加によって価格 p_1^* が増加し、その結果利得 $u_1(p_1^*, p_2^*)$ も増えるんです」

「なるほどー、それは予想できなかったなー」

「ここまでに導出した価格決定モデルのインプリケーションをまとめておきます」

ヒスイは新しいノートの頁を開いた。

- 同質財の場合、ナッシュ均衡は $p_1^* = p_2^* = c$ である。このとき利得は 0 になる。
- 非同質財の場合、ナッシュ均衡は

$$p_1^* = \frac{(a+c)(2+b_1)}{4 - b_1 b_2}$$
$$p_2^* = \frac{(a+c)(2+b_2)}{4 - b_1 b_2}$$

  である。
- 非同質財の場合、代替性の高い商品のほうが均衡時の価格が高い。すなわち

$$b_1 > b_2 \Longrightarrow p_1^* > p_2^*$$

- 利得関数 $u_1(p_1^*, p_2^*)$ は代替性 b_1 が増えると増加する。b_2 が増えても増加する。

8.5 モデルの評価

「生産量を決めるモデルと、今回考えた価格を決めるモデルは、どっちが正しいのかな？」と青葉が質問した。

「いい疑問だね。ここまでの流れを振り返っておこう」

花京院はこれまでに考えてきたモデルを図に描いた。

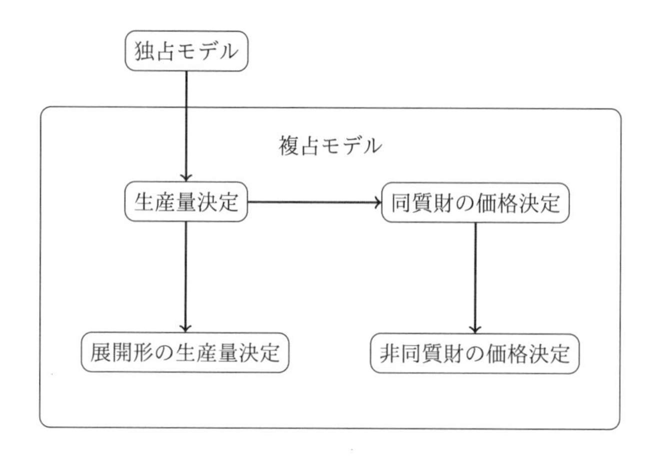

モデルのヴァリエーション

「こうしてみると、いろいろと考えてきたんだね」

「モデルは常に明示的な仮定からつくられる。だから仮定が異なれば、当然違うモデルになる。どのモデルがよいのかを判断する方法の 1 つは、モデルから導出したインプリケーションが現実に観察できるかどうかを確かめることだ。モデルの帰結と現実の観察結果を比較することを検証という。ただし、ここまでに考えてきたモデルは現実をかなり単純化したモデルなので、そのままではデータによる検証が難しい。データを使ってモデルのよさを評価するには統計学との接続が必要だよ」

「統計かー。私、苦手なんだよなー。もし、モデルから導出された結果が現実とあっていないなら、そのモデルは間違っているってこと？」

青葉が図を見ながら聞いた。

「そう考えるのが合理的だと思う。ただし人や社会のモデルは、実験ができないことが多いし、観察できない要因が存在してデータによる検証が難しいので、他にもモデル評価の基準が必要だ。たとえば、モデルの単純さやそこから導出した命題の豊富さや意外性を考慮することも大切だよ。より豊かなインプリケーションを導出できるモデルは、よいモデルだといえる」

「つまりモデルの評価には外的基準と内的基準がある。外的基準はデータにより、内的基準はモデルそのものの単純さや美しさや豊富さで評価する、ということですね」ヒスイが花京院の説明を簡潔にまとめた。

花京院がうなずいた。

「一般に、修正後のモデルは修正前よりも、少し複雑になることが多い。だから修正によって単純さが損なわれることもある。問題は、モデルを複雑化することのデメリットが、モデルを複雑化したことで得る恩恵を上回っているかどうかだ」

「うーん、それはなかなか判断が難しそうだね」と青葉がつぶやいた。

「複数のモデルをつくって比較することは、現象そのものの性質を理解することにも役立つ。たとえば非同質財の価格決定モデルを考えることで、均衡時の価格がコストと等しくなるという結果は、同質財に特有な性質であることがわかった。その意味でモデルを修正したことで独自の発見があったとも言える」

「そっかー。条件を変えて比較したからわかったんだね」と青葉は言った。

「現実に適合するモデルはもちろん望ましい。そして、たとえ現実と一致しなくても新しいモデルを試作することには意味がある。モデルをつくろうとすれば、自然と現象への理解が深まるからね」

ヒスイは大きくうなずいた。

青葉はヒスイの計算ノートを見直した。まずは自分の手で、その計算を追いかけることが必要だと彼女は感じた。

ヒスイはテーブルの上に置いたケータイで時間を確認した。

「そろそろ時間なので今日は先に失礼します。参考までにそのノートは青葉さんにお貸しします」ヒスイは、そう言って立ち上がると、コーヒー代と計算用ノートをテーブルの上に置いた。

帰り際にヒスイはお辞儀しながら青葉に向かって、また今度ゆっくりとお話ししましょうと言い残し、店から出て行った。

青葉はヒスイが残したノートをめくり証明を何度も見直した。ところどころ理解できない部分がまだあった。

花京院は静かにコーヒーを飲んでいる。

「ところで花京院くん」
「なに？」
「ヒスイさんって、どういう人なのかな」
些細なことだが、青葉にとっては勇気がいる質問だった。
「彼女は、もともとデータ分析に興味があって数理行動科学研究室に進学してきたんだよ。1 年生のときに基本的な数学をひととおり履修しているから、線形代数、微分積分、確率統計、ゲーム理論、エコノメトリクスの基本は知ってるんじゃないかな」
「いや、そういうことじゃなくて……。なんていうか、性格というか、人間性というか」
「彼女の性格に興味があるの？ それはちょっと……。僕にはよくわからないな。君が本人と直接話したほうがいいんじゃないかな」
「知らないの？」
「うん、あまりよく知らない」
「……そうだった。花京院くんが、現実の人間に興味がないってことをすっかり忘れてたよ」
ふうっと青葉はため息をついた。
ともあれ、花京院にとってヒスイはいまのところ、できのよい後輩以上の存在ではないらしい。そのことがわかり、青葉は少し安心した。
「ヒスイさんは優秀だね」
「うん、僕が学部生の頃よりも勉強しているんじゃないかな」
「私も彼女みたいに頭がよかったらなあ」
花京院は、ヒスイが帰り際に残していったテーブルの上の計算ノートを手にとると、青葉の前に置いた。
「この表紙を見てごらん」
青葉は言われるままに表紙を確認した。どこにでもあるような普通のノートだ。変わったところはない。
「見たよ。別に普通のノートだけど」
「タイトルを見て」
「タイトル？」
ノートの表紙には手書きで《計算用》とだけ書いてある。

「計算用って書いてあるけど……。これがどうしたの？」

「その、もうちょっと横の部分」

「横？」

青葉はもう一度タイトルを見直した。《計算用》の横に No.36 と書かれていた。

「これ、もしかして 36 冊目ってこと？」

「おそらく。1ヶ月に 1 冊消費すればそのくらいの量になるんじゃないかな」

「なるほどー。見習うべきは彼女の努力かー」

青葉はそれ以上なにも言えなかった。

自分にも同じことができるだろうか？ と自問した。

（まあすぐには無理だろうな……）

まとめ

Q どうやって価格を決めればいいの？

A 価格から生産量が決まるモデルを考え、ライバル企業の価格を考慮した上で自社の利得を最大化する価格を計算します。

- 似ている商品同士には、一方が他方の需要を代替する関係があります。競合する商品が存在する場合の価格は、その代替の程度を考慮する必要があります。
- もしモデルの仮定に違和感を覚えたら、自分で仮定を修正してみましょう。修正したモデルが、ベースとなったモデルの一般性を損なっていないか確認してみましょう。
- 修正したモデルから、より興味深いインプリケーションが導出できるかどうかを確認してみましょう。
- データがある場合は、データを使って修正したモデルのよさを評価してみましょう。そのためにモデルと統計学の接続が必要です。

第９章

売り上げを予測するには？

第9章
売り上げを予測するには？

数学なんて、受験が終わったらおさらばだ。青葉は昔そう思っていた。お金の計算をするためにせいぜい四則演算を使うくらいで、微分や積分を社会人になってから使うことなんてないだろう、と。

また彼女は、数学を日常的に使うのは《理系》の人たちだけだ、と考えていた。自分のよく知らない数学を、自分のよく知らない世界で、自由自在に使いこなす人たちがいる。そういう特別な能力を持った人たちが《理系》の世界にいて、《文系》の世界に来た自分は、もう向こう側の世界とは関わりなく生きていくのだ。

そう彼女は思っていた。

ところが実際に会社勤めを始めると、彼女は考えを改めざるをえなくなってしまった。

数学を使わなくても生きてはいける。でも世の中のことを数学というフレームを使って眺めてみると、たしかに新しい発見があるのだ。

それを自分に教えてくれたのは、花京院だった。

自分が嫌いになった数学と、花京院が教えてくれる数学との違いを、彼女はまだ、うまく言葉にすることはできなかった。

しかし、そこにはたしかに違いがあると感じていた。

9.1　新店舗の候補地

駅前の喫茶店。仕事終わりに立ち寄った青葉の表情は心なしか暗い。

「困った⋯⋯」ため息をつきながら青葉が椅子に座る。

「どうしたの？」花京院は、読んでいた本からゆっくりと視線を青葉に向けた。

「今度、新しい直販店をオープンする予定なんだけどさ。候補地が２つあるんだよ」

「ふむ」

「駅前と郊外の２つの候補地のうち、どちらが売り上げが多いのか、意見を聞かせてほしいって言われたんだ」

「どうして君に意見を求めたんだろう」

「一応私、数理行動科学研究室の出身でしょ。だからデータ分析くらいできるだろうって思われてるんだよ」

「君は、データ分析の授業、あんまり真面目に出てなかったね」

「そうなんだよ。だから困ってるんだよ。そもそもまだオープンしてない店の売り上げなんか、予想できるわけないじゃん」

「まあ、それはそうだね」

「なにかいい方法ないかな」

「そうだなあ、なにか参考になる情報とかはないの？」花京院は再び読みかけの本に視線を戻す。

「えーっと去年のだったら、店舗別の売り上げデータがあるけど」

「じゃあ、それを使って予測しよう」

「え、そんなことできるの？」

「ある仮定のもとでなら」

花京院はデータの秘密保持契約書にサインすると、青葉の持参したノートPCでスプレッドシートを開いた。そこには、ある１日の店舗別の売り上げが記録されていた。

店舗番号	売り上げ 万円	最寄り駅距離 m	店員数 人	売り場面積 m^2
1	150	150	6	90
2	100	50	5	100
⋮	⋮	⋮	⋮	⋮
30	250	100	8	140

「このデータを使えば、売り上げを被説明変数にした回帰直線の OLS 係数を計算することはできるよ。回帰分析って習ったことある？」

「一応、大学で習ったことは習ったよ。こういうやつでしょ」青葉が計算用紙に式を書いた。

$$売り上げ = \beta_0 + \beta_1 最寄り駅距離 + \beta_2 店員数 + \beta_3 売り場面積$$

「うん。典型的な重回帰分析の式だね」花京院がうなずいた。

「細かい理屈は覚えてないけど、こういう式をあてはめるってことだけは覚えてる」

「まあ、とりあえずは《無理矢理あてはめてる》ことに自覚的なら、それでいいよ」

「これって、いま持ってるデータから、売り上げに対してなにが影響するかを分析するための式でしょ。これからオープンする店の売り上げはわからないじゃん」

「データをもとに回帰直線の係数を推定してから、説明変数に仮の新店舗情報を代入すれば、モデルに基づいた予測ができるよ。たとえばデータから推定した結果が

$$売り上げ = 10 - 0.2\ 最寄り駅距離 + 2.5\ 店員数 + 1.4\ 売り場面積$$

なら、ここに新しい店の情報《最寄り駅距離》《店員数》《売り場面積》を代入すればいい。店を建設する場所や、売り場予定面積や予定スタッフ数は、だいたいの数値ならわかるでしょ？」

「そうだね。予定は決まっているはずだよ」

「2 つの候補地に対応する情報を代入して売り上げの予測値を計算して、大きいほうを提案すればいい。たとえば 2 つの店を A, B と呼ぶことにして、それぞれの売り上げを予測する」

$$A の売り上げ予想 = 10 - 0.2 \underbrace{最寄り駅距離}_{A 店の情報} + 2.5 \underbrace{店員数}_{A 店の情報} + 1.4 \underbrace{売り場面積}_{A 店の情報}$$

$$B の売り上げ予想 = 10 - 0.2 \underbrace{最寄り駅距離}_{B 店の情報} + 2.5 \underbrace{店員数}_{B 店の情報} + 1.4 \underbrace{売り場面積}_{B 店の情報}$$

「こんな感じで新店舗の売り上げを予測するんだよ。もちろんこれは正しいモデルとは限らないので、その予測が正しい根拠もないけど」

「なるほどー、そういう使い方ができるのかー。ただきあ…… 統計ソフトを使えば、分析はできるんだけど……」

「うん」

「全然理屈がわからないんだよなー」

「どういうこと？」

「一応授業で習ったからね。統計ソフトを使って結果は出せるんだけど、いつも不安に思うんだよね。これはどういう計算をやってるんだろう。出てきた値はどういう意味なんだろう。本当に出てきた値は正しいのかって」

「つまりパソコンを使って計算はできるけど、なにをやっているのかよくわからない、ってこと？」花京院が確認した。

「うん、そういうこと」青葉は正直に自分の理解の程度を述べた。

「じゃあ出てきた結果の解釈はわかる？」

「《ここに出てきた数字が 0.05 よりも小さければ、5% の水準でこの係数が有意だ》とか、解釈のやり方だけは覚えてるよ。だけど、意味はわかってない」

「仮説検定の理屈は、けっこう込み入っているから理解するのは難しい。だから、よくわからないという感覚は健全だと思うよ」

「そっかー。わからなくて普通なのか。よかった……。でもさあ、私がよくわからないって正直に言うと、《パソコンやケータイやテレビを使うのに、その仕組みまで知ってる必要はない》って答える人もいるよ」

「うん。たしかによく聞く主張だね」

「データさえあれば、それを統計ソフトに流し込んで一応の分析結果を出して、それっぽい解釈を述べることができるでしょ。だから統計のユーザーとしては、それでいいのかなとも思うわけ」

「なるほど」

「花京院くんはどうなの？ 理屈がよくわからないまま、難しい方法を使うってことはない？」

「もちろんあるよ」

青葉には、その答えが意外だった。花京院ならすべての理屈を理解していると思っていたからだ。

「そういう場合、花京院くんはどうするの？ よくわからないまま使い続けるの？ それともあとで理屈をフォローするの？」

花京院はそこで少し考え込んだ。

「君の言っていることは、よくわかる。僕も以前、同じことを考えていたことがある。僕が選んだのは、そのあいだの道だよ」

「あいだの道？」

「すべての理屈を納得するまでは、既存のモデルや命題を使わない、という方針で勉強を続けてきたけど、そのやり方はすごく効率が悪いことに気がついたんだ。だからやり方を変えて、目的を達成するためなら《いまは詳細までわからないけど、この命題が成り立つ》ってことを認めるようにした」

「そうなんだ」

「結局、使う人間の目的次第だと思う。もし君の目的が、目の前のデータをただ分析することなら、ひたすら理屈抜きでパソコンに計算させればいいと思う。ただ……」

「ただ？」

「自分がどこを理解していないのかを覚えておいて、少しずつ理解することは必要だと思う。あとになってから《自分が理解せずにやっていたことの意味》がわかる日がきっと来るから」

「そんなものかな」

「結果的に自分の理解を深めるためなら、理解しないまま進んだり、とにかく慣れるってことも必要だと僕は考えてる。そうやって考えた方が、結局は効率がいい。それに……、必要以上にストイックになっても、楽しくない」

花京院は笑顔でそう言った。

9.2 記述統計としての OLS

「さて、と。僕が知っている範囲で回帰分析の理屈を解説しようか？」

「うん。お願い」

「現代の統計ソフトの多くは近似的な最尤法を使っている。だからそのアウトプットを理解するためには、漸近理論の導入が必要だけど、最初だからもっと簡単なところから始めよう。最小 2 乗法とか OLS って聞いたことある？」

「うーん、聞いたことある気はするなー」

「君がいま知っている知識から出発して漸近理論に到達するまで、たとえば、次のようなルートを辿る必要があると思う。

1. 記述統計としての**最小 2 乗法**（OLS）
2. 実験データの**古典的回帰**（誤差項だけが確率変数のモデル）
3. 非実験データの**条件付き期待値回帰**（誤差項と説明変数が確率変数のモデル）

これは経済学で教わる統計モデルの 1 つの例だよ。分野によって多少違いがあるけど、本質的な数学の理屈は同じだよ」

「けっこう遠い道のりだなー」

「まずは簡単なところから理解すればいいよ。復習がてら記述統計としての単回帰の最小 2 乗法から説明しよう[*1]。どんな内容か覚えてる？」

「えーっと、たしか $x-y$ 平面の上に点があって、その点をいい感じに通る線を探すんじゃなかったっけ」

「君はとにかく《いい感じ》が好きだね」

「便利なんだよ」

「ちゃんとした基準があるから、それを説明しよう。まずデータ (x, y) を x が 1 日の来店人数で、y がその日の売り上げと仮定する」

[*1] 確率モデルの文脈における最小 2 乗推定量の性質は、次章で解説します

x : 来店者数	y : 売り上げ（万円）
1	3
2	5
3	6
4	4

「ちょっと売上額が少なすぎない？ これだとお店がつぶれちゃうよ」
青葉が少し不満そうに言った。

「計算方法を確認するための架空のデータだから、このくらい小さな値でいいんだよ。理解するための数値例は、なるべく計算しやすい簡単な値を選ぶ。無駄に複雑な例は必要ない」

「OK」

「このデータを平面上にプロットしてみよう。4 つの点の座標を

$$(x_1, y_1) = (1, 3)$$
$$(x_2, y_2) = (2, 5)$$
$$(x_3, y_3) = (3, 6)$$
$$(x_4, y_4) = (4, 4)$$

とおく」

花京院は $x - y$ 平面の上に 4 つの点を描いた。

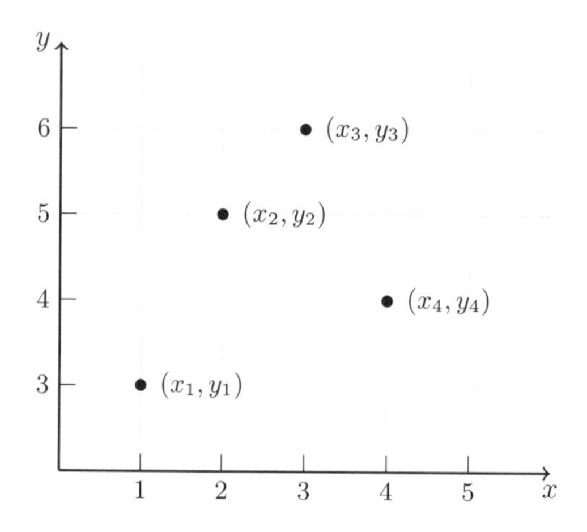

「この 4 つのデータを並べたことで、どんな傾向が読み取れるだろう」

「来店者数が増えると、売り上げも増えるんじゃない？ 4 人来たときの売り上げはちょっと低いけど」

「そうだね。x が増えると y も増える、という傾向がデータから読みとれるもっとも単純な関係だろう。この関係を表す直線を引きたい。たとえばこんなふうに」

花京院は線を追加した。

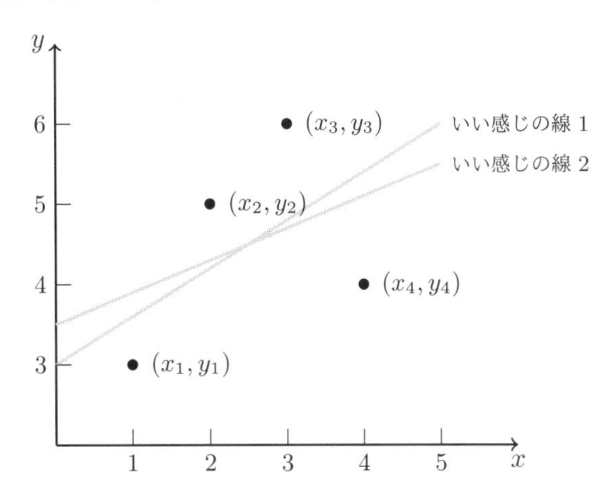

「いま、適当に《いい感じの線》を 2 本引いてみた。どちらも《x が増えると y も増える》という関係を表している。ではどちらの線が妥当だと言えるだろう？」

「うーん、ぱっと見たところ、どっちもいい感じに見えるね」

「どちらがよいかは近似の基準次第だ。そこで、基準の 1 つとして《残差の 2 乗和を最小化する》という考え方を導入する」

花京院は説明を続けた。

この 4 つの点をいい感じに通る直線として、$\hat{y}_i = a + bx_i$ を考え、この直線によってデータを近似する。この直線を回帰直線、a, b をパラメータと呼ぶよ。実際に観測した y_i と直線上の点 $\hat{y}_i$ は異なるので、《予測する》という意味で記号^（ハット）を使うよ。

$$\hat{y}_i = a + bx_i$$

予測値 $\hat{y}_i$ と観測値（データ）y_i との差を u_i で表す。これを**残差**と呼ぶ。

$$\begin{aligned} u_i &= y_i - \hat{y}_i \\ &= y_i - (a + bx_i) \end{aligned}$$

いま考えているデータの例だと $i = 1, 2, 3, 4$ の 4 つについて残差 u_1, u_2, u_3, u_4 がある。残差の大きさを図で直感的に表すと次のようになる。

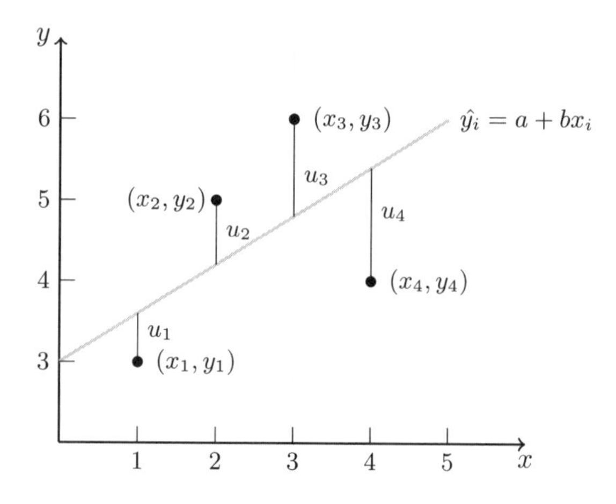

各残差をデータを使って具体的に書けば

$$\begin{aligned} u_1 &= y_1 - (a + bx_1) = 3 - (a + b \cdot 1) \\ u_2 &= y_2 - (a + bx_2) = 5 - (a + b \cdot 2) \\ u_3 &= y_3 - (a + bx_3) = 6 - (a + b \cdot 3) \\ u_4 &= y_4 - (a + bx_4) = 4 - (a + b \cdot 4) \end{aligned}$$

だよ。残差はプラス・マイナスどちらの場合もあるから、絶対値が小さいほどズレが小さい。だから残差の絶対値の総和がなるべく小さくなるような a, b を見つければいい。

ただし、絶対値だと計算が難しいので、計算が簡単な 2 乗の和を最小化する。つまり**残差 2 乗和**

$$u_1^2 + u_2^2 + u_3^2 + u_4^2$$

を最小化するような、a, b を見つけることにしよう。

残差 2 乗和を最小化する a, b を見つける方法なので《**最小 2 乗法**》と呼ぶんだよ。ordinary least squares を略して OLS とも言う。

まず残差 u_1 の 2 乗を計算してみると

$$\begin{aligned} u_1^2 &= \{3 - (a+b)\}^2 \\ &= 9 - 6(a+b) + (a+b)^2 \end{aligned}$$

となる。以下同様に計算すれば

$$\begin{aligned} u_2^2 &= 25 - 10(a+2b) + (a+2b)^2 \\ u_3^2 &= 36 - 12(a+3b) + (a+3b)^2 \\ u_4^2 &= 16 - 8(a+4b) + (a+4b)^2 \end{aligned}$$

だから、その総和は

$$\begin{aligned} u_1^2 + u_2^2 + u_3^2 + u_4^2 = 9 &- 6(a+b) + (a+b)^2 \\ + 25 &- 10(a+2b) + (a+2b)^2 \\ + 36 &- 12(a+3b) + (a+3b)^2 \\ + 16 &- 8(a+4b) + (a+4b)^2 \end{aligned}$$

だね。すごく長い式だけど、よくみると中身は単純で、a, b の 2 次式になっている。つまりデータである x_i, y_i を代入したあとの残差の 2 乗和は a, b だけの関数になっている。

残差 2 乗和が a, b の関数になっていることを強調して書けば、

$$u_1^2 + u_2^2 + u_3^2 + u_4^2 = f(a, b)$$

だよ。

さて、僕らの目的は、$f(a, b)$ を最小化するような a, b を求めることだった。a と b についてそれぞれ偏微分して、その偏導関数を 0 とおいて極値を求めよう。

9.3　微分と偏微分

「ちょっと待って。その《**偏微分**》ってなに？」青葉が質問した。

「1 変数関数の微分を多変数関数の微分に拡張したものだよ」

「いやいや、拡張する以前に普通の微分も忘れてるってば」

「微分は高校のときに習った？」

「一応習ったよ。でも計算のやり方くらいしか理解できなかった」

「じゃあ復習ってことで、簡単な微分の例から確認しておこう」

花京院は計算用紙を取り出すと、式を書き始めた。

分析の対象を $y = f(x)$ として、関数 $f(x)$ を具体的には

$$f(x) = x^2$$

と仮定しよう。

$x = 2$ から $x = 3$ まで増えるとき、関数 $f(x)$ が $f(2)$ から $f(3)$ までどのくらい増えるのかを考えてみよう。

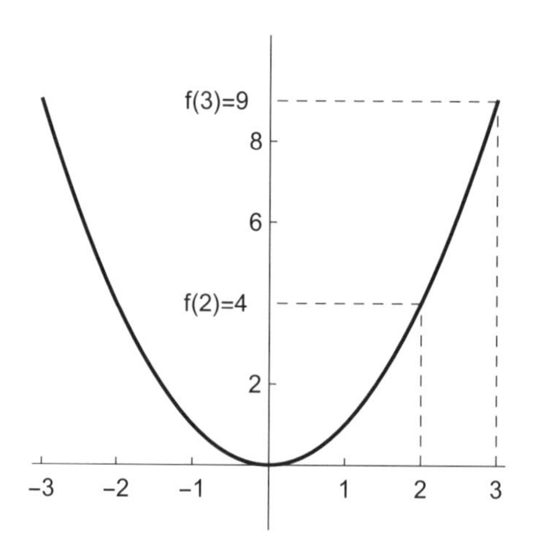

図 9.1　$f(x) = x^2$ のグラフ

縦方向の変化量を横方向の変化量で割れば、**平均変化率**がわかる。

$$f(x)\,\text{の平均変化率} = \frac{f(x)\,\text{の変化量}}{x\,\text{の変化量}}$$

つまり $f(x)$ の平均変化率は $f(x)$ の増分と x の増分の比だ。x が 2 から 3 に変化したときの $f(x)$ の平均変化率を計算してみよう。

$$\begin{aligned} f(x)\,\text{の平均変化率} &= \frac{f(3)-f(2)}{3-2} \\ &= \frac{3^2-2^2}{1} \\ &= 9-4=5 \end{aligned}$$

一般に、関数 $f(x)$ が、x から h だけ増えたときの平均変化率は次のようになる。

$$\begin{aligned} f(x)\,\text{の平均変化率} &= \frac{f(x+h)-f(x)}{(x+h)-(x)} \\ &= \frac{f(x+h)-f(x)}{h} \end{aligned}$$

このとき、h が 0 に近づいたときの平均変化率の極限が存在するなら、その極限

$$\lim_{h\to 0}\frac{f(x+h)-f(x)}{h}$$

を**導関数**と呼び、記号で

$$f'(x), y', \frac{df(x)}{dx}, \frac{dy}{dx}$$

などと書く。導関数を求めることを関数を**微分する**という。

微分の直感的な意味は、x がほんの少し動いた場合に、$f(x)$ がどれだけ動くのかを比の形で表すことだよ。

具体例で導関数を求めてみよう。

関数を $f(x)=x^2$ とおく。

$$\begin{aligned} \lim_{h\to 0}\frac{f(x+h)-f(x)}{h} &= \lim_{h\to 0}\frac{(x+h)^2-x^2}{h} \\ &= \lim_{h\to 0}\frac{(x^2+2xh+h^2)-x^2}{h} \end{aligned}$$

$$
\begin{aligned}
&= \lim_{h \to 0} \frac{2xh + h^2}{h} \\
&= \lim_{h \to 0} 2x + h \\
&= 2x
\end{aligned}
$$

つまり

$$
\frac{df(x)}{dx} = 2x
$$

だよ。

「おー、懐かしい。高校で習った記憶が蘇ってきたよ」

「それはよかった」

「私は微分の計算を、こんなふうに覚えてたよ」

青葉は自分が覚えていた計算方法を紙に書いた。

x^n を微分すると nx^{n-1} になる

「x^n の肩にのっている n を前に持ってきて、肩の n を 1 つ減らして $n-1$ にするんだよ」と青葉が説明した。

「x^n という関数の微分の計算方法としては、正しい。ただし、その方法は x^n という形にしか使えないよ」

「わかった」

「1 変数の関数の微分は、思い出したかな？」

「うん」

「では次に、偏微分の計算方法を確認しておこう。1 変数の微分を思い出していれば、簡単だよ」

---

2 変数関数 $f(a, b)$ を a だけの関数とみて微分したものを a に関する**偏導関数**と呼び、

$$
\frac{\partial f(a, b)}{\partial a}
$$

と書く[*2]。

[*2] 偏導関数内の記号 ∂ はラウンド・ディーやパーシャル・ディーなどと呼びます

逆に a を固定して b だけの関数とみて微分すると、b についての偏導関数となる。

$$\frac{\partial f(a,b)}{\partial b}$$

関数 $f(a,b)$ の偏導関数 $\frac{\partial f(a,b)}{\partial a}$ または $\frac{\partial f(a,b)}{\partial b}$ を求めることを**偏微分する**という。たとえば、

$$f(a,b) = a^2 + 2ab + b^2$$

を a で偏微分する場合は、関数 $f(a,b)$ を

$$f(a,b) = a^2 + \underbrace{2b}_{\text{定数}} a + \underbrace{b^2}_{\text{定数}}$$

のように、a 以外の変数を定数と見なす。その結果、a に関する偏導関数は

$$\frac{\partial f(a,b)}{\partial a} = 2a + 2b$$

となる。

「∂ っていう記号が出てくると難しそうだけど、計算自体は普通の微分と変わらないんだね」

「そうだよ」

「この ∂ っていう記号、《目》に見えない？」青葉は計算用紙に絵を描いた。

$$(\,\partial\ _{\varepsilon}\ \partial\,)$$

「なるほど。ちょっと君に似てるね」

「花京院くんの目には、私はこう見えてるんだね……。よくわかった……」

9.4 残差 2 乗和の最小化

「さて、話を元に戻すと、目的は残差の 2 乗和 $f(a,b)=u_1^2+u_2^2+u_3^2+u_4^2$ を最小化するような a,b を見つけることだった。$f(a,b)$ を最小化するような a,b がそもそも存在するかどうかを確かめてみよう」

「え？ 存在しないこともあるの」青葉が驚いたように言った。

「たとえば $f(a,b)=ab$ みたいな関数だったら、$a>0, b<0$ の範囲でいくらでも小さくなるから ab を最小化するような a,b は存在しない」

「そうなんだ」

残差 2 乗和は

$$
\begin{aligned}
u_1^2+u_2^2+u_3^2+u_4^2 &= 9-6(a+b)+(a+b)^2 \\
&\quad +25-10(a+2b)+(a+2b)^2 \\
&\quad +36-12(a+3b)+(a+3b)^2 \\
&\quad +16-8(a+4b)+(a+4b)^2 \\
&= f(a,b)
\end{aligned}
$$

だったから、a,b を独立変数とする 2 変数関数だ。水平方向に a,b の軸、垂直方向に $f(a,b)$ の軸をとって、この関数のグラフを描いてみよう。

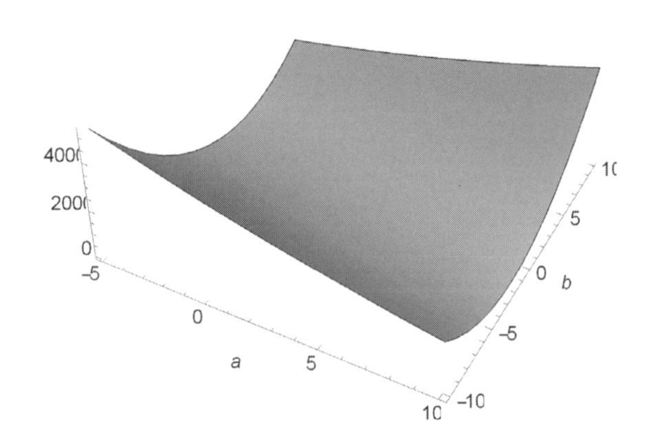

a–b 平面上のある点 (a_0,b_0) が 1 つ決まるたびに、垂直軸上の値

$f(a_0, b_0)$ が 1 つ決まる。同じように点 (a_1, b_1) に対して点 $f(a_1, b_1)$ が定まる。

点 $f(a, b)$ をすべてつなぐと、a–b 平面上に浮かぶ曲面になるっていうイメージだよ。これが 2 変数関数のグラフだ。

残差 2 乗和 $f(a, b)$ を最小化する a, b を探すことは、直感的に言えば、この曲面 $f(a, b)$ の一番低い部分の座標を探すことなんだよ。

「へー、残差 2 乗和のグラフってこうなってるんだ。この曲面に一番低い所なんてあるのかなあ？」

「目で見て探すだけだとわかりにくいけど、適当な条件のもとで $f(a, b)$ の極小値が存在することは証明できるから、いまは定理を認めて先に進もう[*3]」

「OK」

「まず $f(a, b)$ を a で偏微分すると

$$\begin{aligned}\frac{\partial f(a, b)}{\partial a} &= -6 + 2a + 2b \\ &\quad - 10 + 2a + 4b \\ &\quad - 12 + 2a + 6b \\ &\quad - 8 + 2a + 8b \\ &= -36 + 8a + 20b\end{aligned}$$

次に b で偏微分する。

$$\begin{aligned}\frac{\partial f(a, b)}{\partial b} &= -6 + 2a + 2b \\ &\quad - 20 + 4a + 8b \\ &\quad - 36 + 6a + 18b \\ &\quad - 32 + 8a + 32b \\ &= -94 + 20a + 60b\end{aligned}$$

[*3] 証明は、たとえば野田・宮岡 (1992) を参照してください

$f(a,b)$ が最小化している点では偏導関数は 0 に等しいので、それぞれ 0 とおく。すると

$$\begin{cases} \dfrac{\partial f(a,b)}{\partial a} & = -36 + 8a + 20b = 0 \\ \dfrac{\partial f(a,b)}{\partial b} & = -94 + 20a + 60b = 0 \end{cases}$$

これは a, b に関する連立方程式になっている。この連立方程式を満たす a, b を $\hat{a}, \hat{b}$ で表し、OLS 係数と呼ぶことにしよう。連立方程式を解いた結果をまとめると

$$\hat{a} = 3.5, \qquad \hat{b} = 0.4$$

となる。したがって、

$$\hat{y}_i = \hat{a} + \hat{b}x_i = 3.5 + 0.4x_i$$

が残差 2 乗和を最小化する直線であることがわかった。グラフで確認しておこう。これが最小 2 乗法の意味で《いい感じ》の直線だよ。

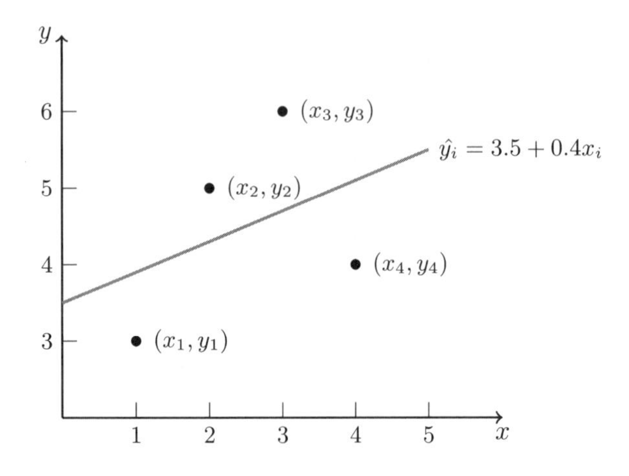

9.5　OLS 係数の一般式

「最小 2 乗法ってこれでいいの？」

「記述統計としての最小 2 乗法に関して言えば、原理の説明はこれで十分だよ」

「簡単じゃん。ほとんど足し算と掛け算だったよ」

「説明変数の x が 2 個以上に増えて

$$\hat{y}_i = a + b_1 x_{1i} + b_2 x_{2i}$$

になった場合でも、基本的には同じやり方で OLS を適用できる」

「えーっと、《**説明変数**》ってなんだっけ」

「**説明変数**はたとえば、《駅までの距離》や《店員数》や《売り場面積》など、売り上げに影響を及ぼす変数のことだよ。日常語だと要因とか条件って感じかな。売り上げを説明する変数だから、説明変数と呼ぶんだ。一方、《売り上げ》は説明される変数だから**被説明変数**と呼ぶ。これも分野によっていろいろ呼び方があるよ」

青葉は計算結果を見直した。

「なるほどー。花京院くんの説明はよくわかったんだけど、私が読んで挫折したテキストはこんな簡単な説明じゃなかった気がするんだよなー。なんか x_i とか y_i とか $\sum_{i=1}^{n}$ とかゴチャゴチャ出てきたような気がするんだけど」

「さっきの例では、残差にデータを代入してから計算したので簡単だったんだよ。通常の統計のテキストだと、もっと一般的に**残差 2 乗和**を定義する。たとえばこんな感じだ」

$$\sum_{i=1}^{n} u_i^2 = \sum_{i=1}^{n}(y_i - \hat{y}_i)^2 = \sum_{i=1}^{n}(y_i - (a + bx_i))^2$$

「あー、このなんだか、すごく難しく見える感じ。見覚えがあるよ」

「慣れれば、どうってことないんだけどね」

「慣れる気がしないよ」

「結局は足し算と掛け算でしかないから、見た目ほど難しくはないんだけどなあ。実際に計算をはじめてみたら、半分くらい難しさが減るんだよ。ところが計算をはじめないと

計算しない → 難しく見える → 難しく見えるから計算しない
→ 計算しないから理解できない

っていう、悪循環が生じてしまう」

「うーん、言われてみればそうかも……」

「とにかく解けなくてもいいから、試しに計算してみることが大切だよ」

「わかった」

「ちなみに一般化すると、最小 2 乗法によって計算した係数 $\hat{a}, \hat{b}$ はデータ $(x_i, y_i)\ i = 1, 2, \ldots, n$ を使って

$$\hat{a} = \bar{y} - \hat{b}\bar{x}$$

$$\hat{b} = \frac{\displaystyle\sum_{i=1}^{n}(x_i - \bar{x})(y_i - \bar{y})}{\displaystyle\sum_{i=1}^{n}(x_i - \bar{x})^2}$$

と書ける[*4]。ただし

$$\bar{x} = \frac{1}{n}\sum_{i=1}^{n} x_i, \quad \bar{y} = \frac{1}{n}\sum_{i=1}^{n} y_i$$

だよ」

「さっきの『わかった』は、撤回させてもらっていいかな」

「一見ややこしいけど、OLS 係数は被説明変数 y_i と説明変数 x_i だけを使って計算できる関数だから、どちらも一般的には

$$\hat{a} = x_i, y_i\text{の関数}$$

$$\hat{b} = x_i, y_i\text{の関数}$$

と表すことができる。計算の手順は、こうだよ。

- 残差 2 乗和 $\sum_{i=1}^{n} u_i^2$ をパラメータ a, b の関数 $f(a, b)$ とおく
- 残差 2 乗和 $f(a, b)$ を a, b で偏微分して、その偏導関数を 0 とおく
- 偏導関数の条件から、残差 2 乗和 $f(a, b)$ を最小化する $\hat{a}, \hat{b}$ をデータ (x_i, y_i) の関数として一般的に表現する

[*4] 一般的な OLS 係数の計算過程の詳細は、永田・棟近 (2001) や鹿野 (2015) を参照してください

この計算によって、具体的なデータに依存しない係数 $\hat{a}, \hat{b}$ の一般形がわかるんだ。この手順なら OLS 係数 $\hat{a}, \hat{b}$ がデータ (x_i, y_i) の関数になってることが想像できるはずだよ」

「実際にやってみると大変なんだろうな」

「手間はかかるけど難しくはないから、時間があるときにやってみるといいよ。けっこう楽しいから」

「そんな計算が楽しいのは、花京院くんだけだよ……」

9.6 2 次関数の OLS

「ところでさ」

「うん」

「データを代表するいい感じの直線を探してきたんだけど、直線じゃないとダメなのかな」青葉は、花京院が説明のために書いた計算式を読み返しながら聞いた。

「どういうこと？」

「たとえば、直線じゃなくて、曲線とかはダメなのかな」

「ああ、そういう意味か。もちろん直線じゃなくてもいいよ。たとえば直線 $\hat{y}_i = a + bx_i$ の代わりに、

$$\hat{y}_i = ax_i^2 + bx_i + c$$

という 2 次関数を考えて、残差 u_i を

$$\begin{aligned} u_i &= y_i - \hat{y}_i \\ &= y_i - (ax_i^2 + bx_i + c) \end{aligned}$$

と定義すればいい」

「へえ、そんなのでもいいんだ」

「直線はあくまで仮定だから、別の仮定を使って考えてもいいんだよ。データを予測する関数の形が違うだけで、残差 2 乗和 $\sum_{i=1}^{n} u_i^2$ を最小化するような係数 a, b, c を計算すること自体は同じだ。試しにやってみよう」

花京院は計算用紙に式を書くと、残差を求めた。

残差 u_i にデータ (x_i, y_i) を代入すると、こうなる。

$$
\begin{aligned}
u_i &= y_i - (ax_i^2 + bx_i + c) \\
u_1 &= 3 - (a \cdot 1^2 + b \cdot 1 + c) \\
u_2 &= 5 - (a \cdot 2^2 + b \cdot 2 + c) \\
u_3 &= 6 - (a \cdot 3^2 + b \cdot 3 + c) \\
u_4 &= 4 - (a \cdot 4^2 + b \cdot 4 + c)
\end{aligned}
$$

この残差の 2 乗和を $f(a, b, c)$ とおく。

$$f(a, b, c) = u_1^2 + u_2^2 + u_3^2 + u_4^2$$

そして残差 2 乗和 $f(a, b, c)$ を a, b, c で偏微分してそれぞれ 0 とおく。

$$
\begin{aligned}
\frac{\partial f(a, b, c)}{\partial a} &= 0 \\
\frac{\partial f(a, b, c)}{\partial b} &= 0 \\
\frac{\partial f(a, b, c)}{\partial c} &= 0
\end{aligned}
$$

すると未知数が 3 で条件式が 3 つの連立方程式になる。これを解くと、残差 2 乗和 $f(a, b, c)$ を最小化する係数 a, b, c が特定できる。

このデータの場合、計算の結果

$$
\begin{aligned}
a &= -1 \\
b &= \frac{27}{5} \\
c &= -\frac{3}{2}
\end{aligned}
$$

となる。

つまり OLS から導出された関数は

$$\hat{y}_i = -x_i^2 + \frac{27}{5}x_i - \frac{3}{2}$$

だよ。

グラフで確認しておこう。これがその曲線（2 次関数）だ。

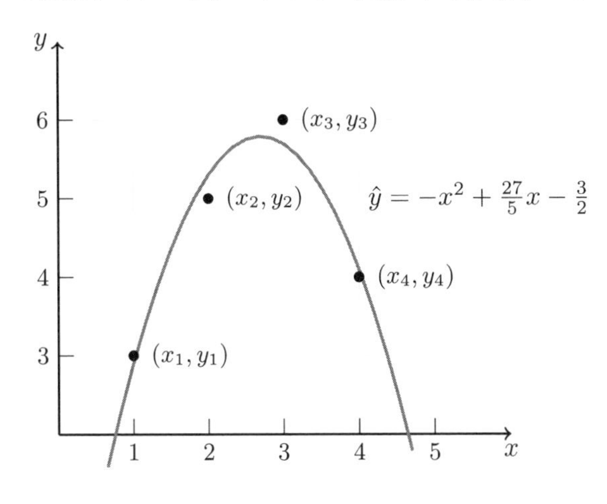

「おー、直線よりもいい感じにデータに近いじゃん」

「単純に残差 2 乗和だけを比較すれば、2 次関数のほうが小さくなる。

$$\hat{y}_i = a + bx_i \text{のとき} \qquad \sum_{i=1}^{n} u_i^2 = 4.2$$

$$\hat{y}_i = ax_i^2 + bx_i + c \text{ のとき} \qquad \sum_{i=1}^{n} u_i^2 = 0.2$$

OLS 係数を計算するといっても、x_i と y_i のあいだにどういう関数を仮定するかによって、結果は全然違うんだよ」

9.7　微分という伏線

青葉は、長年の疑問だった OLS の仕組みを少しだけ理解できたような気がした。

「どうかな？ OLS について、わかったかな？」

「そうだね。以前よりは」

すべてが理解できたわけではもちろんない。それでも以前よりは、理解度が増したような気がした。

「微分を使って、条件を満たす係数を導く部分は難しかったけど……、ちょっとおもしろいと思った」

「それはよかった」

「微分ってさあ。高校で習ったときは、こんなもの将来使うわけないじゃん！ って思ったけど……。こういう場面で使えるとは思わなかったな。なんかやっと伏線を回収した感じ」

「複占？」

「市場の複占じゃなくて、物語の伏線だよ。ほら、よくミステリーとかであるじゃん。物語の最初にちらっとヒントが出て、あとになって、あれはこういう意味だったってわかるやつ」

「ああ。あの伏線か」

「いまやっと私の人生で《微分》という伏線が回収された気がする」

「微分は他にもいろいろ使えるよ。以前、市場のモデルでナッシュ均衡を計算したけど、あそこで微分を使って利得関数の最大化問題を解くこともできた。利得関数がもっと複雑な場合は、微分が役に立つ」

「自分の人生で微分を使う場面なんてないって、ずっと思ってたよ」

「なにが役に立つかなんて、最初はわからないものだよ。時間が経ってから気づくもんだよ」

「そういうことをさあ、もっと早く教えてほしかったな」

「もっと早く？」

「だって、高校の先生は、微分が人間の行動の分析にも役立つなんて教えてくれなかったよ」

「いま知ったのなら、いまから学べばいいよ」

花京院は当然のように言った。

「いまから……」

「君はいま、微分の有用性に気づいたけど、学術的な知識ってそういうものじゃないかな。すぐに役立たなくても、いつか役に立つかも知れない。そして役に立つか立たないかは、そのときにならないとわからない。実際、僕もそうだった。知的関心の対象なんてコロコロ変わるもんだよ」

そのとき青葉は、花京院が理工学部から文学部に転部してきたことを思い出した。

彼には遅すぎたという後悔はなかったに違いない。

（でも、私はずっと数学を避けて生きてきたし……。それをいまさらなあ……）

青葉の頭の中では複雑な想いが、ぐるぐると渦巻いていた。

まとめ

Q 売上を予測するには？

A 回帰直線を仮定してデータから係数を推定します。その係数を使い、データを代入すると予測ができます。ただし予測が正しいのは、仮定したモデルが現実の近似として妥当なときにかぎります。

- n 個のデータ $(x_i, y_i), i = 1, 2, \ldots, n$ に対して、$\hat{y}_i = a + bx_i$ という直線で y_i を予測するとき、この直線を回帰直線、$y_i - \hat{y}_i$ を残差と呼びます。
- 残差の 2 乗和を最小化するような、回帰直線の係数 a, b を推定する方法を最小 2 乗法（OLS）と呼びます。
- データから記述統計量として OLS 係数を計算することができます。

練習問題

問題 9.1　難易度☆☆

次のようなデータ (x_i, y_i) があります（184 頁）。

$$(x_1, x_2, x_3, x_4) = (1, 2, 3, 4), \quad (y_1, y_2, y_3, y_4) = (3, 5, 6, 4)$$

このデータに対して、$y_i = a + bx_i + u_i$ という 1 次関数をあてはめ、残差 2 乗和 $\sum_{i=1}^{4} u_i^2$ を最小化する a, b の値を求めたところ、

$$a = 3.5, b = 0.4$$

となりました（194 頁）。一方、残差 2 乗和を最小化する OLS 係数 $\hat{a}, \hat{b}$ は

$$\hat{a} = \bar{y} - \hat{b}\bar{x}$$
$$\hat{b} = \frac{\sum_{i=1}^{n}(x_i - \bar{x})(y_i - \bar{y})}{\sum_{i=1}^{n}(x_i - \bar{x})^2}$$

という一般式で表すことができます（196 頁）。

この OLS 係数の一般式にデータを代入した結果が、最小 2 乗法の計算結果 $a = 3.5, b = 0.4$ と一致することを確かめてください。

問題 9.1　解答例

まず、$\bar{x}$ と $\bar{y}$ を計算します。

$$\bar{x} = \frac{1}{n}\sum x_i = \frac{1+2+3+4}{4} = 2.5$$
$$\bar{y} = \frac{1}{n}\sum y_i = \frac{3+5+6+4}{4} = 4.5$$

これを使って、$x_i - \bar{x}$ を計算すると

$x_1 - \bar{x}$	$x_2 - \bar{x}$	$x_3 - \bar{x}$	$x_4 - \bar{x}$
$1 - 2.5$	$2 - 2.5$	$3 - 2.5$	$4 - 2.5$
-1.5	-0.5	0.5	1.5

なので

$$\begin{aligned}\sum (x_i - \bar{x})^2 &= (-1.5)^2 + (-0.5)^2 + (0.5)^2 + (1.5)^2 \\ &= 2.25 + 0.25 + 0.25 + 2.25 = 5\end{aligned}$$

です。次に、$y_i - \bar{y}$ を計算すると

$y_1 - \bar{y}$	$y_2 - \bar{y}$	$y_3 - \bar{y}$	$y_4 - \bar{y}$
$3 - 4.5$	$5 - 4.5$	$6 - 4.5$	$4 - 4.5$
-1.5	0.5	1.5	-0.5

です。これらを使って $\hat{b}$ を計算します。

$$\begin{aligned}\hat{b} &= \frac{\sum (x_i - \bar{x})(y_i - \bar{y})}{\sum (x_i - \bar{x})^2} \\ &= \frac{(-1.5)(-1.5) + (-0.5)(0.5) + (0.5)(1.5) + (1.5)(-0.5)}{5} \\ &= \frac{2.25 - 0.25 + 0.75 - 0.75}{5} = \frac{2}{5} = 0.4\end{aligned}$$

これを $\hat{a}$ に代入すると、

$$\begin{aligned}\hat{a} &= y - \hat{b}x \\ &= 4.5 - 0.4 \times 2.5 = 4.5 - 1 = 3.5\end{aligned}$$

です。たしかに $\hat{a} = 3.5, \hat{b} = 0.4$ でした。

第 10 章

確率モデルでデータを分析するには？

第10章
確率モデルでデータを分析するには？

「その係数って統計的に有意なの？」

社内会議が終わりにさしかかったところで、一人の先輩社員が質問を発した。青葉の報告は、新店舗の売上を回帰直線によって予測する、という内容だった。

「データから OLS 係数を計算しただけなので、それは確認してません」質問に対して、青葉は正直に答えた。彼女はまだ仮説検定の理屈を、よく理解していない。学生の頃に授業で一とおりの説明を聞いたことはあるが、まったく理解できなかったからだ。

質問を発した社員は青葉の答えに、満足しなかった。

しかたなく彼女は、あとで確認しますと答えて報告を終えた。

（いまいちな報告だったなー……）

データ分析の結果を社内で報告する機会は、これまでに何度もあった。やれと言われれば一応やるが、青葉はいつも自信がなかった。

その理由を彼女自身はよく理解していた。

10.1　確率変数

駅前の喫茶店。

店内をのぞくと、コーヒーを片手に本を読む花京院の姿が見えたので、青葉は安心した。

青葉は向かいの席に座ると、社内会議で使った資料を取り出した。

「このあいだ教えてもらったおかげで OLS 係数の意味はわかったんだ

けどね、検定の理屈がよくわからないんだよ」

「あれは難しいからね。僕もまだよくわからないところがある」

「え、花京院くんでもわからないの？」

「《OLS 係数の検定》を説明するには、回帰分析に確率変数を明示的に導入しないといけない。確率変数って覚えてる？」

「確率変数……。大学の授業で聞いたことはあるけど、正確な意味は忘れちゃった」

「確率変数の具体例を考えてみよう。たとえば来店した消費者について考える。その消費者が商品を買うかどうかは事前にはわからない。店に来たけれど、気に入った商品が見つからないこともあるし、逆に目にとまった商品を衝動買いすることもあるだろう。つまり、消費者がどれだけ商品を購入するかは、不確実性がともなう現象だと見なせる」

「そうだね。私もときどき衝動的に服を買って、後悔することがあるよ」

「そこで、《買わない》や《買う》という行動を、数理モデルで表現するために確率を導入する。《買わない》や《買う》のように毎回の結果が偶然に支配されるような観測を**試行**といい、試行の結果起きる出来事を**事象**という。このとき集合

$$\Omega = \{\text{ 買わない}, \quad \text{買う }\}$$

を**標本空間**と呼ぶ。Ω はギリシア文字でオメガと読むよ。標本空間の要素にはそれぞれ確率が定まっている。たとえば《買わない》確率が 0.7 で、《買う》確率が 0.3 というふうに」

「ふむふむ、標本空間ね」

青葉がうなずく。

「次に標本空間 $\Omega = \{\text{ 買わない}, \quad \text{買う }\}$ の要素に、それぞれ数字の 0 と 1 を対応させる。

$$\text{買わない} \to 0 \qquad \text{買う} \to 1$$

このように、ある規則で標本空間 Ω の要素と数字を対応させるとき、この対応を**確率変数**（random variable）という。要素と対応する数字（0

や 1）を確率変数の**実現値**（realization）と呼ぶよ。《確率変数》は対応そのものを指し、《確率変数の実現値》は規則によって標本空間の要素と対応する数値のことを指すんだ」

「なんでわざわざ数字に対応させたの？」

「そうすると便利だからだよ。確率変数を導入すれば、標本空間をいちいち考えなくても確率を議論できるし、《1 日の購入者が 10 人以下の確率》といった計算も簡単にできる。以下、確率変数は大文字 X や Y で、その実現値は数字もしくは小文字の x や y で表すよ。これは重要なことなので強調しておくよ」

意味	記号
確率変数	Y（大文字）
確率変数 Y の実現値	y（小文字）

確率変数は標本空間 Ω のすべての要素に《数》を対応させる関数だ。関数（確率変数）に Y と名前をつけて、対応を図で示しておこう。

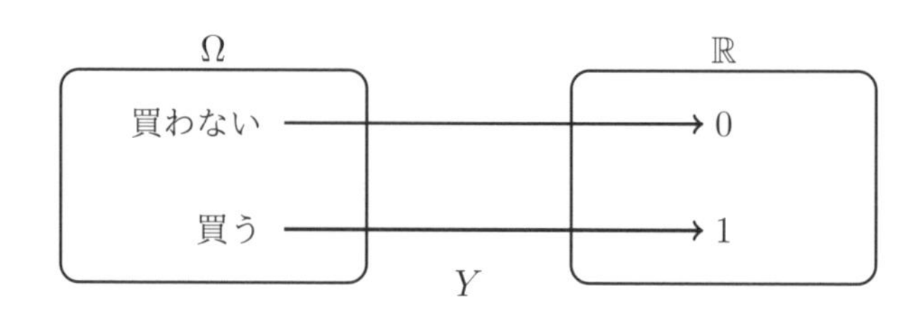

関数 Y は、標本空間 Ω の要素である《買わない》を入力すると《0》を出力し、別の要素である《買う》を入力すると《1》を出力する、Ω から実数の集合 ℝ への関数だよ。

標本空間 Ω の要素には確率が対応しているので、それを使って確率変数の実現値にも確率を対応させることができる。たとえば《買わない》という事象に確率 0.7、《買う》という事象に確率 0.3 を定義すると、確率変数 Y の実現値と確率の対応は次のようになる。

事象		実現値	確率
買わない	→	0	0.7
買う	→	1	0.3

この対応により、確率変数 Y の実現値が 0 になる確率は 0.7 で、実現値が 1 になる確率は 0.3 と定義できる。

このことを省略して

$$P(Y=0)=0.7$$
$$P(Y=1)=0.3$$

と書くよ。

このように確率変数 Y によって標本空間 Ω の要素と実現値の対応を定義すると、Y が 0 になる確率 $P(Y=0)$ や、1 になる確率 $P(Y=1)$ が定まるんだ。

「だんだん思い出してきたよ。《確率》と《確率変数》は違うんだね」

「そうだよ。日本語の場合どちらも《確率》という言葉が含まれるので混同しやすいけど、異なる概念だ。英語だと確率は probability で、確率変数は random variable だから、英語で覚えれば間違えない」

「いや、英語で覚えるのも難しいんですけど……」

10.2 確率モデルとしての線形回帰モデル

「先日までの話は、データを確率変数ではなく、定数であるかのように扱ってきた。でもこれからは、観察したデータを確率変数の実現値と見なし、データを生み出す未知の分布を仮の確率モデルを使って推測することを考える。このような方法を**統計的推測**という」

「ちょっとなに言ってるかわからない」

花京院は計算用紙を取り出すと式を書いた。

「これまでの話は、データ x_i と y_i の（確率的ではない）確定的な関係

を残差 u_i を使って

$$y_i = a + bx_i + u_i \quad i = 1, 2, \ldots, n$$

と表した。a, b については、残差 2 乗和を最小化するという基準で決めた。それが OLS 係数 $\hat{a}, \hat{b}$ だった」

「そうだったね」

「ここからは次のように考える。データ y_i が真の分布から生成されたけど、真の分布は未知なので、仮のモデルとして確率モデル

$$Y_i = a + bx_i + U_i \quad i = 1, 2, \ldots, n$$

を使って、真の分布を推測する。確率変数である誤差項 U_i を導入したモデルを線形回帰モデルと呼ぶことにしよう」

「小文字の y と u が大文字の Y と U に変わっただけじゃん。これまでの話となにが違うの？」

青葉は 2 つの式を見比べながら言った。

「誤差項 U_i が確率変数であると仮定して、観察したデータ y_i を確率変数 Y_i の実現値と考えるんだよ。単に記号が変わっただけじゃなくて、新しい考えを導入するために専用の記号を導入したんだ[*1]」

「まだピンとこないな」

「いままでは、残差 u_i を定数と見なしたけど、これを確率変数 U_i に置き換えるので、U_i を含む

$$a + bx_i + U_i$$

も確率変数として扱うんだよ」

「x_i はデータでしょ？ これは確率変数じゃなくていいの？」

「説明変数 x_i を《確率変数》と見なすか《定数》と見なすかは、モデルによって異なるんだよ。分析者が x_i の値を実験状況下でコントロー

[*1] 本章では、誤差項 U_i だけが確率変数で、説明変数 x_i が確率変数ではないもっとも単純な線形回帰モデルを考えます。説明変数 X_i を確率変数として仮定する回帰モデル（条件付き期待値の回帰モデル）については、たとえば Stock & Watson (2007); 鹿野 (2015) を参照してください

ルできる場合は定数と見なすモデルを使い、できない場合は確率変数と見なすモデルを使うんだ。x_i が定数だと考えるモデルは制約が強いけど簡単で理解しやすいから、ここでは定数だと仮定するよ。つまり

$$\underbrace{a + bx_i}_{\text{定数}} + \underbrace{U_i}_{\text{確率変数}}$$

という関係になっている」

「確率変数に定数を足してるんだね。うーん……、これ、よく考えたら意味がわからないな。確率変数って、標本空間の要素と実現値の対応のことでしょ。つまり関数だよね。関数と定数の足し算ってどういう意味なんだろ？」

「いい疑問だね。《確率変数》に《定数》を足すことの意味を具体的に考えてみよう。いま、コインの裏と表に 0 と 1 を対応させる確率変数を Y とおく」

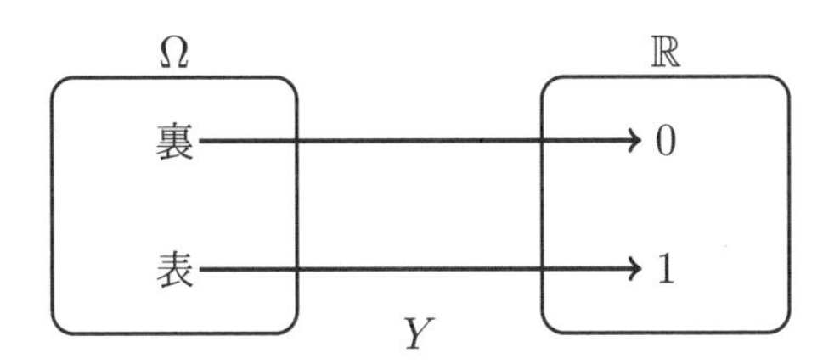

「君の疑問は

$$Y + 3$$

のような、

$$\text{確率変数} + \text{定数}$$

という式がなにを意味しているのか、と言い換えることができる」

「ふむふむ」

「Y の実現値 $\{0, 1\}$ にそれぞれ 3 を足すと

$$0 + 3 = 3$$
$$1 + 3 = 4$$

となる。したがって《$Y+3$》を 1 つの確率変数と見なせば、これはコインの裏と表を 3 と 4 に対応させる確率変数になっている。

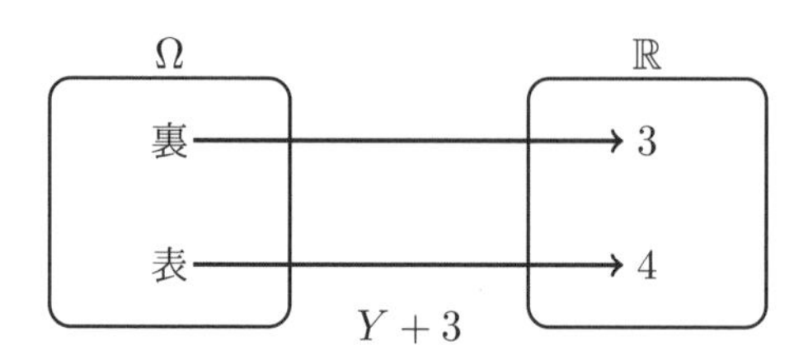

この新たに定義された確率変数《$Y+3$》は裏と表を $0,1$ に対応させる確率変数 Y とは違う。したがって、《$Y+3$》を新しい記号 Z を使って表せば

$$Z = Y + 3$$

という確率変数 Z として定義することができる。Y と Z の確率分布を比較してみよう」

	Y		Z	
実現値	0	1	3	4
確率	0.7	0.3	0.7	0.3

「確率変数 Y が 1 になる確率は 0.3 だから、変換後の Z が 4 になる確率も 0.3 だよ。Y の実現値に 3 を足すだけなので、確率は変わらない」

「ちょっとわかってきたよ。確率変数に定数を足すってことは、実現値に定数を足して、新しい確率変数を定義することなんだ」

「そういうこと。だから新しい線形回帰モデルの仮定

$$Y_i = a + bx_i + U_i$$

は、

- まず確率変数 U_i を仮定する
- 確率変数 U_i に定数 $a + bx_i$ を足す

- 新たに確率変数 $a + bx_i + U_i$ をつくる
- 新しくつくった確率変数 $a + bx_i + U_i$ に Y_i という名前をつける
- Y_i も確率変数である

という一連の操作を 1 つの式で表したものだといえる。これが確率モデルとしての線形回帰モデルだ」

「そういうことかー」

「まとめると、確率モデルとしての線形回帰モデルを新たに

$$\underbrace{Y_i}_{\text{確率変数}} = \underbrace{a + bx_i}_{\text{定数}} + \underbrace{U_i}_{\text{確率変数}}$$

と定義する。ただしこれは説明用にもっとも簡略化したモデルで、実用上は x_i が確率変数であると仮定するモデルや、U_i に関する仮定を緩めたモデルも使われる。自分の使うモデルがどのような仮定のもとで成立するのかを確認することが大切だよ」

「いろいろヴァリエーションがあるんだね。とりあえず一番シンプルなやつでお願い」

「了解」

10.3 線形回帰モデルの OLS 推定量

「観測したデータを確率変数の実現値として捉える、っていう考え方はわかったよ。でも、どうしてわざわざそんなことするの？ 確率を考えなくても OLS 係数は計算できたでしょ（第 9 章参照）」

「たしかに、OLS 係数を計算することだけが目的なら、わざわざ確率モデルを考える必要はない。あえて複雑なことをするには、それなりに嬉しいことがある」

「嬉しいこと？」

「確率モデルの場合、定数だった残差 u_i が誤差項 U_i という確率変数に置き換わったから、OLS 係数も《**OLS 推定量**》という確率変数に置き換わる。その結果、OLS 推定量の確率分布を理論的に特定できるんだよ」

「ちょっとなに言ってるかわからない」

「もう少し基本的なことから説明しよう。まず、確率変数には

《確率変数同士の和は確率変数である》

という性質がある。たとえば Y_1 と Y_2 が確率変数であるとき、

$$Y = Y_1 + Y_2$$

という和によって新しい変数 Y を定義すると、この Y も確率変数になる。たとえば Y_1 と Y_2 がサイコロなら、その和である Y は《2 つのサイコロの目を足した数を実現値とする確率変数》だよ。Y_1, Y_2, Y_3 が確率変数なら

$$\begin{aligned} Y &= Y_1 + Y_2 + Y_3 \\ &= \underbrace{(Y_1 + Y_2)}_{\text{確率変数}} + \underbrace{Y_3}_{\text{確率変数}} \end{aligned}$$

だから、3 つ足しても確率変数になる。このように、《2 つの確率変数を足すと 1 つの確率変数になる》という命題を繰り返し適用することで、3 個足しても 4 個足しても確率変数になることがわかる。一般に $Y_1, \ldots, Y_n$ が確率変数なら、n 個足して

$$Y = Y_1 + Y_2 + \cdots + Y_n$$

をつくっても、Y はやはり確率変数になる」

「なるほど。n 個足すには、《2 個足すこと》を繰り返せばいいんだね」

「そうだよ。この《確率変数同士を足しても、また確率変数になる》という性質に注意して、OLS 係数を見直してみよう。回帰直線 $y_i = a + bx_i + u_i$ の OLS 係数 $\hat{b}$ は

$$\hat{b} = \frac{\sum(x_i - \bar{x})(y_i - \bar{y})}{\sum(x_i - \bar{x})^2}$$

と表現することができた（196 頁）[*2]。このデータ y_i を確率変数 Y_i で置

[*2] 本章以降、記号 $\sum$ を $\sum_{i=1}^{n}$ を省略した表現として使います

き換える。すると、

$$\frac{\sum(x_i-\bar{x})(y_i-\bar{y})}{\sum(x_i-\bar{x})^2} \quad\to\quad \frac{\sum(x_i-\bar{x})(Y_i-\bar{Y})}{\sum(x_i-\bar{x})^2}$$

だから、右の式は確率変数 Y_i の和で表せる。

つまり右辺は、見た目は複雑だけど、確率変数 Y_i の和だから、全体として 1 つの確率変数になっていることがわかる。この和が確率変数であることを強調するために《**OLS 推定量**》と呼び、記号 $\hat{B}$ で表すことにしよう。

$$\text{OLS 推定量}\hat{B} = \underbrace{\frac{\sum(x_i-\bar{x})(Y_i-\bar{Y})}{\sum(x_i-\bar{x})^2}}_{\text{全体で 1 つの確率変数}}$$

確率変数である誤差項 U_i を仮定した線形回帰モデルの OLS 推定量 $\hat{B}$ は確率変数だ。一般に、確率変数である《**推定量**》の実現値を《**推定値**》と呼ぶ。《推定量》は確率変数の計算方法を表していて、《推定値》はその方法によって計算された具体的な数値を表しているんだよ」

「《推定量》と《推定値》の違いが、まだわからないな」

「もう少し簡単な例を示そう。n 個の確率変数 $X_1, X_2, \ldots, X_n$ を使って

$$\bar{X} = \frac{X_1 + X_2 + \cdots + X_n}{n}$$

という 1 つの確率変数 $\bar{X}$ をつくる。これは標本平均と呼ばれる推定量で、《確率変数 X_i を全部足して n で割る》という計算方法を抽象的に表している。この推定量は確率変数だ。一方で、データ（つまり、確率変数 $X_1, X_2, \ldots, X_n$ の実現値）$x_1, x_2, \ldots, x_n$ を使って計算した値

$$\bar{x} = \frac{x_1 + x_2 + \cdots + x_n}{n}$$

は標本平均値という推定値だ。こっちは確率変数そのものじゃなくて、その実現値を使って計算した具体的な値を表している。標本平均値は標本平均という確率変数の実現値だと見なせる。《推定量》は確率変数だか

らなんらかの確率分布を表していて、《推定値》は、その分布から実現した一つの値だ」

「ちょっとわかってきたよ。なかなか難しいなー」

「確率モデルとして線形回帰モデルを考える場合、OLS 推定量 $\hat{B}$ は確率変数なんだよ。だから OLS 係数 $\hat{b}$ は、OLS 推定量 $\hat{B}$ の実現値と見なせる」

「《推定値》と《推定量》って言葉としてよく似てるから、区別が難しいな」

「慣れてくれば文脈からわかるよ。慣れないうちは混同しないように、実現値の《推定値》は小文字で、確率変数の《推定量》は大文字で書くといいよ。実現値の演算

$$x_1 + x_2$$

と、確率変数の演算

$$X_1 + X_2$$

の違いに注意してね。確率変数同士の演算は背後に確率分布があるから、演算の結果、どんな分布にしたがうのかを考える必要があるんだよ」

「なるほど。確率変数の演算は確率分布とセットで考えるんだね」

10.4　OLS 推定量の分布

花京院は、新しい計算用紙を取り出すと説明を続けた。

いま確認したように、推定量 $\hat{B}$ は確率変数だから、なんらかの確率分布にしたがっている。その確率分布を実際に導出してみよう。

データ y_i $(i = 1, 2, \ldots, n)$ を生成する未知の分布を推測するための確率モデルとして

$$Y_i = a + bx_i + U_i$$

を仮定する。誤差 U_i が確率変数ならば、OLS 推定量 $\hat{B}$ も確率変数で

$$\hat{B} = \frac{\sum (x_i - \bar{x})(Y_i - \bar{Y})}{\sum (x_i - \bar{x})^2}$$

と表される。

この推定量 $\hat{B}$ の確率分布を特定するために、もう少し簡単な形に書き換えよう。まず推定量 $\hat{B}$ の分子を計算する。

$$
\begin{aligned}
&\sum_{i=1}^{n}(x_i-\bar{x})(Y_i-\bar{Y}) \\
&=\sum\{(x_i-\bar{x})Y_i-(x_i-\bar{x})\bar{Y}\} && \text{展開する} \\
&=\sum(x_i-\bar{x})Y_i-\sum(x_i-\bar{x})\bar{Y} && \text{総和を分ける} \\
&=\sum(x_i-\bar{x})Y_i-\bar{Y}\sum(x_i-\bar{x}) && \bar{Y}\ \text{を前に出す} \\
&=\sum(x_i-\bar{x})Y_i-\bar{Y}\cdot 0 && \textstyle\sum(x_i-\bar{x})=0\ \text{より} \\
&=\sum(x_i-\bar{x})Y_i \\
&=\sum(x_i-\bar{x})(a+bx_i+U_i) && Y_i=a+bx_i+U_i\ \text{を代入}
\end{aligned}
$$

これを展開すると

$$
\sum_{i=1}^{n}(x_i-\bar{x})a+\sum_{i=1}^{n}(x_i-\bar{x})bx_i+\sum_{i=1}^{n}(x_i-\bar{x})U_i
$$

となる。

まず第 1 項を計算すると

$$
\begin{aligned}
\sum_{i=1}^{n}(x_i-\bar{x})a &= a\sum_{i=1}^{n}(x_i-\bar{x}) \\
&= a\cdot 0 = 0
\end{aligned}
$$

だから、第 1 項は消える。

次に第 2 項を、あとで分母とキャンセルさせるために次のように変形する（練習問題参照）。

$$
\sum_{i=1}^{n}(x_i-\bar{x})bx_i = b\sum_{i=1}^{n}(x_i-\bar{x})^2
$$

だから推定量 $\hat{B}$ の分子は

$$
\begin{aligned}
&\sum(x_i - \bar{x})a + \sum(x_i - \bar{x})bx_i + \sum(x_i - \bar{x})U_i \\
&= 0 + b\sum(x_i - \bar{x})^2 + \sum(x_i - \bar{x})U_i \\
&= b\sum(x_i - \bar{x})^2 + \sum(x_i - \bar{x})U_i
\end{aligned}
$$

と表せる。

ゆえに推定量 $\hat{B}$ は

$$
\begin{aligned}
\hat{B} &= \frac{b\sum(x_i - \bar{x})^2 + \sum(x_i - \bar{x})U_i}{\sum(x_i - \bar{x})^2} && \text{分子を変形} \\
&= \frac{b\sum(x_i - \bar{x})^2}{\sum(x_i - \bar{x})^2} + \frac{\sum(x_i - \bar{x})U_i}{\sum(x_i - \bar{x})^2} && \text{和に分ける} \\
&= b + \frac{\sum(x_i - \bar{x})U_i}{\sum(x_i - \bar{x})^2} && \text{分母分子をキャンセル}
\end{aligned}
$$

と書ける。ここで定数部分を表すのに

$$
\sum_{i=1}^{n}(x_i - \bar{x})^2 = S_{xx}
$$

という記号を使おう。すると

$$
\hat{B} = b + \sum_{i=1}^{n} \frac{x_i - \bar{x}}{S_{xx}} U_i
$$

と書ける。説明変数 x_i は確率変数ではないと仮定していたから、確率変数 U_i の係数部分は結局、定数となる。そこをまとめて

$$
\frac{x_i - \bar{x}}{S_{xx}} = w_i
$$

とおけば

$$
\hat{B} = b + \sum_{i=1}^{n} w_i U_i = b + w_1 U_1 + w_2 U_2 + \cdots + w_n U_n
$$

とシンプルに書ける。つまり OLS 推定量 $\hat{B}$ は複雑に見えるけど、

w_i 倍した誤差項 U_i の和に定数 b を足した確率変数

であることがわかった。

だから U_i の分布がわかれば、OLS 推定量 $\hat{B}$ の分布もわかる。

青葉には、難しい計算だった。

「えーっと、OLS 推定量 $\hat{B}$ は、結局 U_i の和で表せるから、誤差項 U_i の分布がわかればいいってことね。じゃあ U_i の分布はどうやったらわかるの？」

「経験的にはわからないので、ここから先は誤差項の分布を仮定しよう」花京院が答えた。

「わからないのに仮定しちゃっていいの？」

「逆だよ。わからないからこそ、明示的に仮定するんだよ。そうしないとなにも論理的な帰結が導出できない」

「うーん、わからないものは仮定しちゃいけないと思ってた。でもさあ、それだと仮定だらけになるじゃん」

「それでいいんだよ。なにを仮定して、その結果なにを仮定から導いたのかを明確に示すことが大切だから。逆にわからないからといって、なにが仮定であるかを明確に示さずに、結果だけを事実であるかのように主張するのは不誠実だし混乱を招く」

「そうなんだ」

「もっとも基本的な線形回帰モデルで、よく使う仮定は

誤差項 $U_1, U_2, \ldots, U_n$ が独立に平均 0 で分散 σ^2 の正規分布にしたがう

だよ。記号で

$$U_i \sim N(0, \sigma^2) \quad i = 1, 2, \ldots, n$$

と書く。これは経験的な事実じゃなくて、あくまで仮定だよ」

「仮定だね。OK」

「さて、先ほど《確率変数同士を足すと確率変数になる》という話をしたけど、その特殊例として、《正規分布にしたがう確率変数同士を足すと、その結果も正規分布にしたがう》という命題が成立する。たとえば

誤差項 U_1 と U_2 が正規分布にしたがうなら、その和

$$U_1 + U_2$$

も正規分布にしたがう」

「へえー。そうなんだ」

「さらに U_1 に定数を足しても、結果は正規分布のままだ。

$$b + U_1 \text{は正規分布} \qquad (b \text{ は定数})$$

また、定数を掛けてから n 個足しても正規分布になる。

$$w_1U_1 + w_2U_2 + \cdots + w_nU_n \text{は正規分布} \qquad (w_1, w_2, \ldots w_n \text{は定数})$$

つまり各誤差項 U_i が正規分布にしたがうなら、

$$b + w_1U_1 + w_2U_2 + \cdots + w_nU_n$$

も正規分布にしたがうんだ。これを《**正規分布の再生性**》という[*3]」

「それと OLS 推定量 $\hat{B}$ の分布と、どういう関係があるの？」

「OLS 推定量 $\hat{B}$ は U_i の重み付きの和

$$\hat{B} = b + \sum_{i=1}^{n} w_iU_i = b + w_1U_1 + w_2U_2 + \cdots + w_nU_n$$

で表すことができた。だから誤差項 U_i が正規分布にしたがうなら、《正規分布の再生性》によって、OLS 推定量 $\hat{B}$ も正規分布にしたがうんだよ」

「なるほど。誤差項 U_i に正規分布を仮定すると、結果的に推定量 $\hat{B}$ の分布も正規分布になるのかー」

「それが一番単純な場合だよ」

[*3] 正規分布の再生性の証明は、たとえば小針 (1973: 117-123) を参照してください。誤差項 U_i に正規分布を仮定しない場合の OLS 推定量 $\hat{B}$ の分布の性質については、たとえば鹿野 (2015: 185-189) を参照してください

10.5 正規分布を足すことの意味

「《正規分布の再生性》がポイントだってことはわかるけど、正規分布同士を足すってことの意味がよくわからないな」

花京院の書いた式を確認しながら青葉が言った。

「どのあたりが？」

「たとえばすごく勉強ができる子供が集まったクラスと、できない子供が集まったクラスがあるとするでしょ？ それぞれのテスト得点が正規分布にしたがっているとき、2 つのクラスを 1 つにまとめると、全体の分布はこうなると思うんだよね」

青葉は自分が考える《正規分布の和》を計算用紙に描いた。

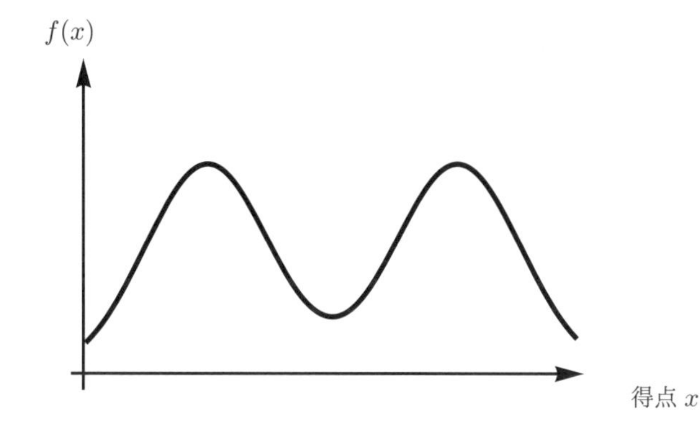

図 10.1 青葉の考える《正規分布の和》

「こんなふうに 2 つの山になったら、正規分布じゃないでしょ」

「なるほど、これはいい思考実験だ。一見そう思えるけど、じつは違うんだよ。君が考えた分布は《2 つの集団を 1 つの集団に合併したときの分布》で、《2 つの確率変数を足して 1 つの確率変数に合成したときの分布》とは違うんだよ。前者は確率密度関数を重みをつけて足した分布で、後者は確率密度関数を合成積で計算した分布だ」

「ちょっとなにに言ってるかわからない」

「実際にやってみせよう。2 つの確率変数 X_1, X_2 が独立に次の正規分布にしたがうと仮定する[*4]。

$$X_1 \sim N(1, 1^2) \qquad X_2 \sim N(5, 1^2)$$

2 つの集団の規模が同じなら、合併したときの確率密度関数はこうなる」

花京院はノート PC を使ってグラフを出力するコードを書いた。

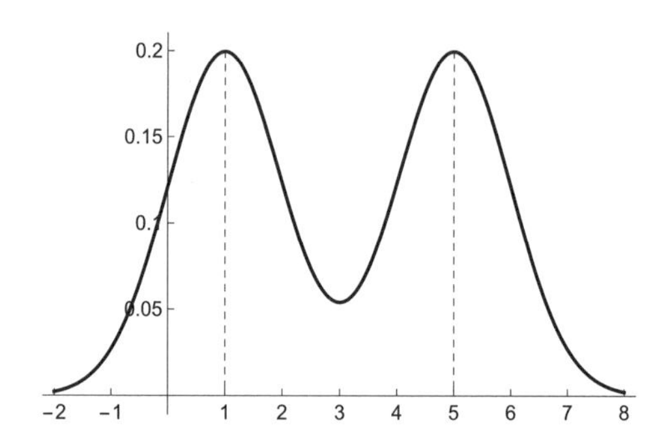

図 10.2　X_1 と X_2 の合併分布の確率密度関数。破線は合併前の平均の位置

「私が予想して描いた図と似てるね」

「この図は次の確率密度関数のグラフと一致する。

$$0.5 \times \frac{1}{\sqrt{2\pi}} \exp\left\{-\frac{(x-1)^2}{2}\right\} + 0.5 \times \frac{1}{\sqrt{2\pi}} \exp\left\{-\frac{(x-5)^2}{2}\right\}$$

X_1 と X_2 の 2 つの平均の位置が離れている場合、合併すると君が描いたように《ふたこぶ》の分布になるんだよ。

一方で、X_1 と X_2 を足してつくった確率変数 X

$$X = X_1 + X_2$$

の確率密度関数 $f(x)$ のグラフはこうだ」

[*4] 《確率変数 X_1 と X_2 が独立である》とは、同時確率密度関数 $p(x_1, x_2)$ について $p(x_1, x_2) = f(x_1)g(x_2)$ が成立することをいいます。たとえば X_1 と X_2 が 2 つのサイコロを表すとき、一方の出目は他方の出目に影響しないので、X_1 と X_2 は独立です

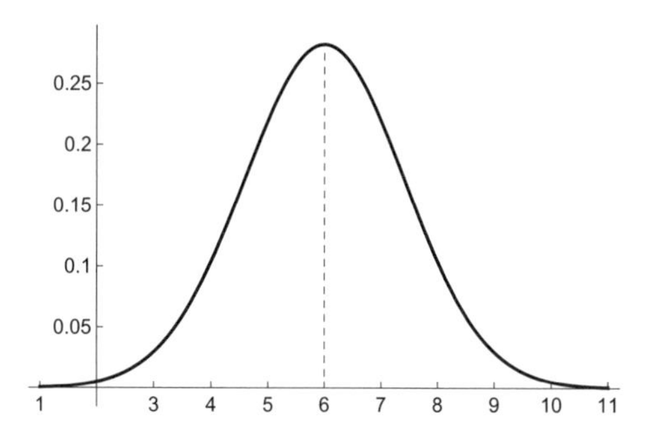

図 10.3　$X = X_1 + X_2$ の確率密度関数

「あ、これは山が 1 つだね」

「X_1 と X_2 が独立なとき $X = X_1 + X_2$ は

$$N(1+5, 1^2+1^2)$$

にしたがうんだよ[*5]」

「ようするに、計算のしかたが違うってこと？」

「そうだよ。《勉強ができるクラス》と《そうでないクラス》の合併分布は、こうやってつくる。

1. まず 2 つのクラスの子供たちを 1 つのクラスにまとめる
2. まとめた 1 つのクラスの得点の分布をつくる

一方で、確率変数の和の分布は、こうやってつくる。

1. それぞれのクラスから 1 人ずつランダムに学生を選ぶ
2. 選んだ 2 人の得点を合計して、記録する
3. 上記の操作を繰り返して合計得点の分布をつくる

合計得点の分布は、2 つの確率変数の和の分布に対応する。《2 つの集団を 1 つに合併すること》と、《確率変数を足すこと》が違う操作だってことが、はっきりしたと思う。この 2 つを区別することはとても重要だよ」

[*5] 確率変数の和の分布を求めるには合成積という計算を使います。計算の詳細は小針 (1973: 100-103, 117-123) を参照してください

「なるほどー。《合併すること》と《確率変数同士を足すこと》の違いがだんだんわかってきたよ」

「統計学では《確率変数同士を足して、新しい分布をつくる》という操作をよく使うんだ。この操作を利用して、OLS 推定量 $\hat{B}$ の分布の平均と分散を特定しておこう」

10.6　OLS 推定量の平均と分散

さっき言ったように、正規分布について次の命題が成立する。

10.1 命題 (正規分布の再生性)

各 X_i が独立に正規分布 $N(\mu_i, \sigma_i^2)$ にしたがうとき、

$$X = b + w_1X_1 + w_2X_2 + \cdots + w_nX_n$$

とおけば、X の分布は、正規分布

$$N\left(b + \sum_{i=1}^{n} w_i\mu_i, \sum_{i=1}^{n} w_i^2\sigma_i^2\right)$$

にしたがう。ただし b, w_i は定数。

この命題を OLS 推定量 $\hat{B}$（誤差項 U_i の重み付きの和）に適用しよう。命題より OLS 推定量

$$\hat{B} = b + w_1U_1 + w_2U_2 + \cdots + w_nU_n$$

は、正規分布

$$N\left(b + \sum_{i=1}^{n} w_i\mu_i, \sum_{i=1}^{n} w_i^2\sigma_i^2\right)$$

にしたがう。ここで仮定より、誤差項 U_i は正規分布 $N(0, \sigma^2)$ にしたがっているから、$\mu_i = 0$ となり、

$$b + \sum_{i=1}^{n} w_i\mu_i = b + \sum_{i=1}^{n} w_i \cdot 0 = b$$

なので $\hat{B}$ の平均は b となる。

また、分散 $\sum_{i=1}^{n} w_i^2\sigma^2$ は、次のように簡略化できる。

$$
\begin{aligned}
\sum_{i=1}^{n} w_i^2\sigma^2 = \sigma^2\sum_{i=1}^{n} w_i^2 &= \sigma^2\sum_{i=1}^{n}\left(\frac{x_i-\bar{x}}{S_{xx}}\right)^2 && \text{w_i の定義より} \\
&= \sigma^2\frac{1}{(S_{xx})^2}\sum_{i=1}^{n}(x_i-\bar{x})^2 && \text{定数 $(S_{xx})^2$ を総和の外に} \\
&= \sigma^2\frac{1}{(S_{xx})^2}S_{xx} = \frac{\sigma^2}{S_{xx}} && \text{S_{xx} の定義より}
\end{aligned}
$$

この表現を使えば、OLS 推定量 $\hat{B}$ の分布はより簡潔に

$$
\hat{B} \sim N\left(b, \frac{\sigma^2}{S_{xx}}\right)
$$

と書ける。

つまり OLS 推定量 $\hat{B}$ は平均が b で分散が $\frac{\sigma^2}{S_{xx}}$ の正規分布にしたがう。

このように、確率モデルとしての線形回帰モデルでは OLS 推定量 $\hat{B}$ の分布を理論上特定できる。この性質を利用すれば、線形回帰モデルの係数について仮説検定ができるよ。

青葉は、花京院がここまでに書いた数式を何度も見直した。

「うーん、やっぱり統計って難しいなあ。わかってないんじゃないかと思ってたけど……、いま、はっきりと自覚できたよ。自分 1 人で本を読んでたら、《わかってないこと》すら自覚できなかったと思う」

青葉はため息をついた。

「ゆっくり理解するといいよ。難しい話を理解するには時間がかかる」

「なるべく簡単に教えてほしい……」

「僕にできるのは、時間をかけて説明することだけだよ。難しい話というものは、そもそも簡単に説明できない。というより……、理解するのに時間がかかる話を《難しい話》というのかな」

花京院は自分自身に言い聞かせるように言った。

「すぐにわからなくてもいいのかー。たしかにこれは……、私には難しい。まずはどこがわからないのかを考えることにする……」

「クジみたいなもんだと考えればいいよ」

「クジ？」

「当たりが出ると理解できて、はずれが出ると理解できない」

「はずればっかり出るんだけど……」

「気長に引き続けるといいよ。何度も引けば、必ず当たりがでるから。1 回や 2 回であきらめないことが大切だよ」

「そんなものかなー」

まとめ

Q 回帰分析って確率モデルなの？

A 誤差項 U_i が確率変数であると仮定した線形回帰モデル

$$Y_i = a + bx_i + U_i$$

は、確率モデルの1つです。

- 観察したデータを確率変数の実現値と見なし、データを生み出す未知の分布を確率モデルを使って推測することを統計的推測といいます。
- 正規分布にしたがう確率変数同士を足すと、足した結果も正規分布にしたがう確率変数になります。これを再生性といいます。
- 誤差項 U_i の分布として正規分布 $N(0, \sigma^2)$ を仮定すると、正規分布の再生性により OLS 推定量 $\hat{B}$ も正規分布にしたがいます。
- 説明変数 X_i と誤差項 U_i の両方が確率変数であると仮定したモデルや、誤差項の分散や分布に関する仮定を緩めた一般的なモデルを考えることもできます。線形回帰モデル（統計モデル）を使うときは、そのモデルがどんな仮定に基づくのかを確かめることが大切です。

練習問題

問題 10.1　難易度☆☆☆

$$\sum_{i=1}^{n}(x_i - \bar{x})bx_i = b\sum_{i=1}^{n}(x_i - \bar{x})^2$$

を示してください。

ヒント: 左辺を展開して右辺を導くのは難しいので、右辺を展開して左辺を導いてみましょう。

解答例 10.1

係数 b を省略した

$$\sum_{i=1}^{n}(x_i-\bar{x})x_i=\sum_{i=1}^{n}(x_i-\bar{x})^2$$

を先に示します。右辺を展開すると左辺と等しくなることを示します。

$$\begin{aligned}
\sum(x_i-\bar{x})^2 &= \sum(x_i^2-2x_i\bar{x}+\bar{x}^2) && \text{展開します}\\
&= \sum x_i^2-2\sum x_i\bar{x}+\sum\bar{x}^2 && \text{和を分けます}\\
&= \sum x_i^2-2\bar{x}\sum x_i+\sum\bar{x}^2 && \text{定数 }\bar{x}\text{ を前に出す}\\
&= \sum x_i^2-2\bar{x}(n\bar{x})+\sum\bar{x}^2 && \textstyle\sum x_i=n\bar{x}\text{ より}\\
&= \sum x_i^2-2n\bar{x}^2+n\bar{x}^2 && \text{和を計算する}\\
&= \sum x_i^2-n\bar{x}^2 && \text{2 項と 3 項を 1 つにまとめる}\\
&= \sum x_i^2-n\bar{x}\bar{x} && \text{2 乗を積に置き換える}\\
&= \sum x_i^2-\sum x_i\bar{x} && \textstyle n\bar{x}=\sum x_i\text{ より (29 頁)}\\
&= \sum(x_ix_i-x_i\bar{x}) && \text{1 つの総和にまとめる}\\
&= \sum(x_i-\bar{x})x_i
\end{aligned}$$

これにより

$$\sum_{i=1}^{n}(x_i-\bar{x})x_i=\sum_{i=1}^{n}(x_i-\bar{x})^2$$

が示されました。ゆえに省略していた定数 b を戻せば

$$\sum_{i=1}^{n}(x_i-\bar{x})bx_i=b\sum_{i=1}^{n}(x_i-\bar{x})x_i=b\sum_{i=1}^{n}(x_i-\bar{x})^2$$

です。

第11章

仮説検定って
どうやるの？

第 11 章

仮説検定ってどうやるの？

駅前の喫茶店は，いつものように空いている。

店長はカウンターの奥で居眠りをしている。

花京院と青葉は、引き続き統計モデルについて話しこんでいた。

「準備が整ったので、仮説検定の話に進もう。線形回帰モデルの仮定のもとで、データから OLS 推定値を計算したところ、次のような結果を得たとする。

$$\hat{y} = \hat{a} + \hat{b}x$$
$$1\text{ 日の売り上げ（万円）} = 5 + 1.2 \times \text{店員数}$$

つまり店員数 x の係数 b の推定値 $\hat{b}$ が 1.2 だから、店員が 1 人増える度に、その店の売り上げが 1.2 万円増えるという意味だ」

「ふむふむ」

「でも、この $\hat{b} = 1.2$ という数値は OLS 推定量（確率変数）の実現値だから、データを観測する度に違う値をとる可能性がある。今回たまたま店員数の係数が 1.2 だったけど、違うデータで計算すると $\hat{b} = -0.2$ になるかもしれない」

「それだと店員が増えると売り上げが下がるっていう逆の意味になるね」

「だから b がプラスなのかマイナスなのかをデータから検討したい。これが仮説検定の動機だ」

「なるほど、どうやるの？」

11.1 仮定のもとでの珍しいこと

「議論の出発点として

> 観察データから計算した b の推定値が $\hat{b} = 1.2$ だった。だから $b > 0$ と判断しよう。

という考え方はどうだろう」

「うーん、さすがにそれだと大ざっぱすぎるんじゃないかな」青葉は首をかしげた。

「どこがダメか説明できる？」

「だって特定の条件のもとでなら、OLS 推定量 $\hat{B}$ は正規分布にしたがうのに、その情報を全然使ってないじゃん」

「そうだね。推定値 $\hat{b}$ が推定量 $\hat{B}$ の実現値だとすると、確率変数 $\hat{B}$ のばらつきを考慮せずに、その平均である b の位置を判断するのは、慎重さに欠ける。でも推定量 $\hat{B}$ の分布のパラメータである平均 b と分散 $\frac{\sigma^2}{S_{xx}}$ は、わからない。そこで《わからないことは仮定する》という原則にしたがい、なにを推測できるのか考えてみよう」

「OK」

「単純化のために、推定量 $\hat{B}$ の分布のパラメータのうち、分散

$$\frac{\sigma^2}{S_{xx}} = 0.25$$

はわかっているけど、平均 b だけがわからない状況を考えよう。このとき未知のパラメータ b が

$$b = 0$$

だと仮定する。すると推定量 $\hat{B}$ は正規分布 $N(0, 0.25)$ にしたがう。この正規分布の確率密度関数 $f(x)$ は、次のような形をしている」

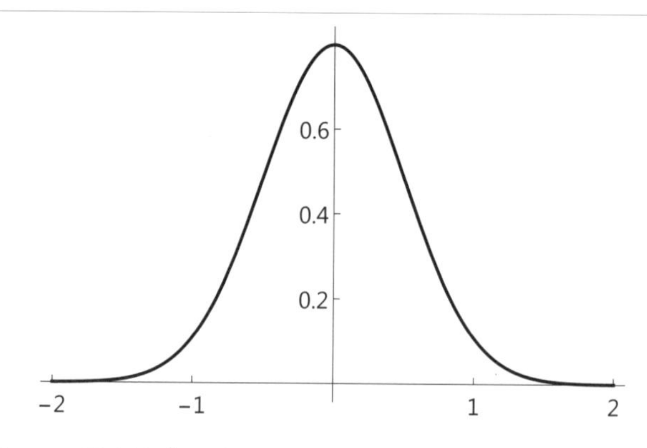

図 11.1　推定量 $\hat{B}$ の確率密度関数のグラフ。正規分布 $N(0, 0.25)$

「平均 $b = 0$ が正しいなら、0 から離れた実現値は滅多に観測しないはずだ。そこで $b = 0$ が正しいときに、確率 0.05 でしか起こらない区間として、

$$D = \{x \mid x \leq -0.98 \text{ あるいは } x \geq 0.98\}$$

を定義する。次の図は $\hat{B}$ の実現値が区間 D に入る確率

$$P(\hat{B} \leq -0.98 \text{ あるいは } \hat{B} \geq 0.98) = P(\hat{B} \leq -0.98) + P(\hat{B} \geq 0.98) = 0.05$$

を表している」

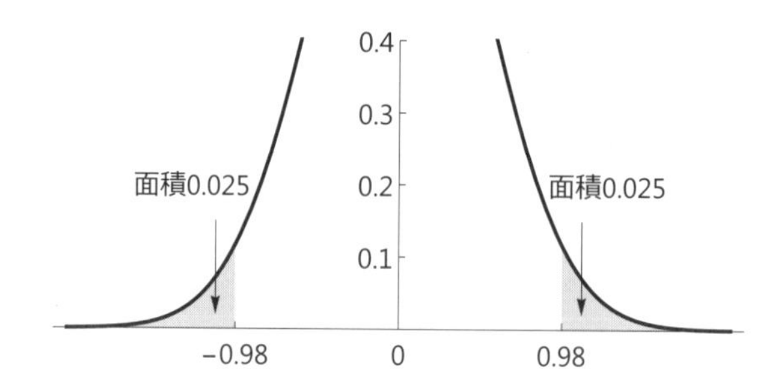

図 11.2　推定量 $\hat{B}$ の実現値が区間 D に入る確率

「両端のグレーの部分の面積（確率）0.025 を足すと、0.025+0.025=0.05 になるよ。データから計算した OLS 推定量の実現値 $\hat{b} = 1.2$ がこの区

間 D に入るかどうかを確認してみよう。

$$1.2 \in D = \{x \mid x \leq -0.98 \text{ あるいは } x \geq 0.98\}$$

だから、たしかに区間 D に入る」

「$\hat{b} = 1.2$ は、この辺だよね」青葉は確率密度関数のグラフに線を追加した。

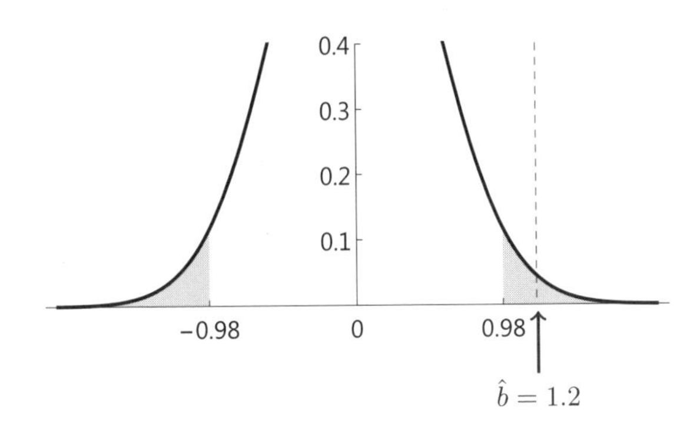

図 11.3　推定量 $\hat{B}$ の分布 $N(0, 0.25)$ と実現値 $\hat{b} = 1.2$ の位置

「このことから、$b = 0$ を仮定すると、推定量 $\hat{B}$ の実現値 1.2 は小さな確率 0.05 でしか起こらない珍しい範囲に入ることがわかる」

「珍しい範囲っていうのが、区間 D だね」

「ここからなにが言えるだろう？」

「なにと言われても、……。珍しいことがたまたま起こったんじゃないの？」

「そのとおり。確率 0.05 は小さな値なので、珍しいことが起きたと考えられる。そしてこのような珍しいことが起きた理由として、$\hat{b} = 1.2$ という統計量を計算するまでの仮定が疑わしいのではないかと考える。というのも、推定量の分布を特定したり、OLS 推定量を計算するために、現実に成立するかどうかわからない仮定をたくさん使ってきたからだ」

「まあたしかにそうだね」

「その数ある仮定の中でも、特に $b = 0$ という仮定が疑わしいと、$\hat{b} = 1.2 \in D$ という結果から判断する。これが OLS 推定量の仮説検定の考え方だ」

「え？ いまのが仮説検定なの？」

「厳密な定式化にはもう少し細々とした定義が必要だけど、アイデアの本質はいま説明したことだよ」

「こういうふうに考えるのか……。なんかすごく面倒くさい」

「いまの説明では、小さな確率 0.05 で生じる区間として $D = \{x \mid x \leq -0.98$ あるいは $x \geq 0.98\}$ を考えたけど、事前に $b > 0$ という予想を立てたときは、珍しいことが起こる範囲として

$$D = \{x \mid x \geq 0.82\}$$

という区間を定義してもいい」

「片っぽだけでいいの？」

「$b > 0$ を予想しているから、マイナスの方向に実現値が生じた場合は $b = 0$ を否定する根拠には使わないと決めるんだよ。図にするとこうだよ」

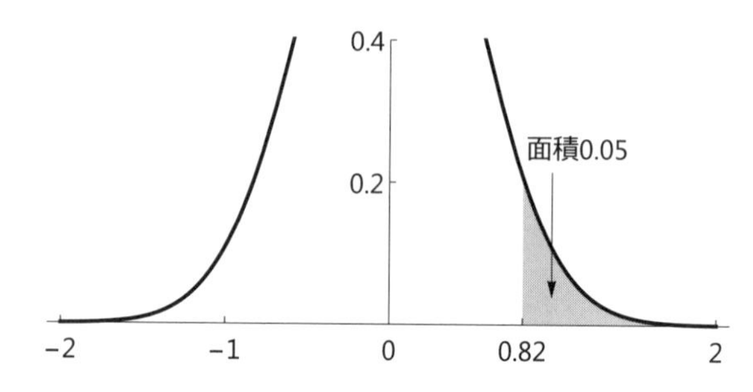

図 11.4　推定量 $\hat{B}$ の分布 $N(0, 0.25)$ と確率 $P(\hat{B} \geq 0.82) = 0.05$

「なるほど。$\hat{b} = 1.2$ は区間 $D = \{x \mid x \geq 0.82\}$ に入ってるね」

「この場合の手続きをまとめるとこうなる。

1. $b = 0$ を仮定したら確率 0.05 で生じるような推定量 $\hat{B}$ の実現値の区間 $D = \{x \mid x \geq 0.82\}$ を、$b = 0$ が疑わしい場合には $b > 0$ だという想定のもとであらかじめ決める。
2. 仮定のもとでデータから計算した推定値が、設定した区間 D に入

るかどうか確認する。

3. 推定値が設定した区間 D に入ったので、$b=0$ の仮定が疑わしいと判断する。そして $b>0$ が正しいだろうと推測する。
4. ただし、$b=0$ が正しく、珍しいことが起きた可能性もある。

ちなみに珍しいことを表現する確率は 0.05 以外に、0.01 や 0.1 や 0.001 などの、キリのいい数値がよく使われる。どれを使ってもいいけど、設定した確率によって区間 D の範囲が変わるから注意してね[*1]」

「うーん、ややこしいなー」

「そうだね。ややこしいし、かなり恣意的な手続きでもある」

「恣意的？」

「だって、$b=0$ 以外にも

- $Y_i = a + bx_i + U_i$
- $U_i \sim N(0, \sigma^2)$
- $U_1, U_2, \ldots, U_n$ は独立

という多くの条件を仮定している。どうして $1.2 \in D$ という結果から $b=0$ だけが怪しいと考えるのだろう？ $Y_i = a + bx_i + U_i$ の仮定だって怪しいし、$U_i \sim N(0, \sigma^2)$ の仮定も怪しい」

「たしかに、言われてみればそうだね」

「仮説検定を理解するのは難しいんだよ」

11.2 未知パラメータの代用品

「さて、ここまでの話は単純化のために《推定量 $\hat{B}$ の分散 σ^2/S_{xx} がわかっている》という強い仮定をおいたけど、実際の分析では σ^2 はわからない」

「ってことは、さらにややこしくなるの？」

---

*1 $b=0$ という仮定を帰無仮説、$b>0$ のことを対立仮説、$b=0$ という仮定のもとでの珍しさを表す確率 0.05 や 0.01 を有意水準、その確率に対応する区間 D を棄却域と呼びます。0.01 の有意水準を基準として $b=0$ という仮定が怪しいと判断することを、有意水準 0.01 で帰無仮説を棄却する、といいます

青葉の眉間にしわがよった。

「ややこしくはなるけど、ここからがおもしろいところでもある。σ^2 の代用品として、ある推定量を使い、$\hat{B}$ の分布を別の分布に置き換えるんだよ」

「代用品を使って、分布を置き換える……？」

「まずは OLS 推定量 $\hat{B}$ を標準化する」

花京院は計算用紙に式を書いた。

一般に、正規分布にしたがう確率変数 X の平均が μ で分散が σ^2 であるとき、つまり

$$X \sim N(\mu, \sigma^2)$$

であるとき、X を平均 μ と標準偏差 σ で標準化した

$$\frac{X-\mu}{\sigma}$$

は平均 0、分散 1 の標準正規分布にしたがうことが知られている。

$$\frac{X-\mu}{\sigma} \sim N(0,1)$$

標準偏差は $\text{標準偏差} = \sqrt{\text{分散}}$ と定義するよ。

この正規分布の性質によって、OLS 推定量 $\hat{B}$ を、その平均 b と標準偏差 $\sqrt{\frac{\sigma^2}{S_{xx}}}$ で標準化した確率変数

$$\frac{\hat{B}-\text{平均}}{\text{標準偏差}} = \frac{\hat{B}-b}{\sqrt{\frac{\sigma^2}{S_{xx}}}}$$

は標準正規分布にしたがうことがわかる。

$$\frac{\hat{B}-b}{\sqrt{\frac{\sigma^2}{S_{xx}}}} \sim N(0,1)$$

「ここまではいいかな？」

「えーと、正規分布を標準化すると、それもまた正規分布になるんだね。正直いって理由はわからないけど、そんな性質があるってことは聞いた覚えがあるよ」

「今度時間があったら説明するよ（288 頁参照）。いまはこの性質が成立することにして進めよう。ここで未知の σ^2 の代用品として、

$$\hat{S}^2 = \frac{1}{n-2}\sum_{i=1}^{n}\hat{U}_i^2$$

という確率変数 $\hat{S}^2$ を定義する。ここで $\hat{U}_i$ は

$$\hat{U}_i = Y_i - (\hat{A} + \hat{B}x_i) \quad \hat{A}, \hat{B} \text{は} a, b \text{の OLS 推定量}$$

という確率変数だよ」

「どうしてこれが σ^2 の代用品になるの？」青葉が聞いた。

「この $\hat{S}^2$ を誤差項の分散 σ^2 の代用品として使い、

$$T = \frac{\hat{B} - b}{\sqrt{\frac{\hat{S}^2}{S_{xx}}}}$$

という確率変数を新たにつくると、その確率密度関数を特定できるからだよ*2。こうやってつくった分布を《t **分布**》という」

「ちょっとなに言ってるかわからない」

「t 分布をどうやってつくるのか、その流れを説明しよう。簡単に言うと、t 分布は標準正規分布と χ^2 分布からつくる確率分布だよ」

11.3　t 分布のつくり方

「確率変数同士を足すと、確率変数になるっていう話はしたよね？」

「うん。それは覚えてる」

---

t 分布を導出するまでの流れはこうだよ。

*2 推定量 $\hat{S}^2$ の期待値（平均）は分散 σ^2 に一致します。期待値については 257 頁も参照してください

まず n 個の独立な標準正規分布を 2 乗してから足すと、パラメータ n の χ^2 分布になる。つまり $X \sim N(0,1)$ であるとき、

$$Y = X_1^2 + X_2^2 + \cdots + X_n^2$$

という確率変数 Y をつくると、この Y はある特定の確率分布にしたがう。計算の結果だけを書くと、Y の確率密度関数は

$$f(y) = \begin{cases} \dfrac{1}{2^{\frac{n}{2}}\Gamma\left(\frac{n}{2}\right)} y^{\frac{n-2}{2}} e^{-y/2}, & y > 0 \text{のとき} \\ 0, & y \leq 0 \text{のとき} \end{cases}$$

となる。ここで $\Gamma(a)$ はガンマ関数と呼ばれる

$$\Gamma(a) = \int_0^\infty x^{a-1} e^{-x} dx \quad (a > 0)$$

という関数だよ。

この確率密度関数を持つ Y の分布を《**自由度 n の χ^2 分布**》と呼び，記号で

$$Y \sim \chi^2(n)$$

と書くんだ。χ^2 の読み方は《カイ 2 乗》だよ。

次に、標準正規分布 X と自由度 n の χ^2 分布 Y の比をとって、新しい確率変数 T をつくる。

$$T = \frac{X}{\sqrt{Y/n}}$$

X と Y が独立なら、この確率変数 T も特定の分布にしたがう。

計算の結果だけを書くと、T の確率密度関数は

$$f(t) = \frac{\Gamma\left(\frac{n+1}{2}\right)}{\Gamma\left(\frac{n}{2}\right)\sqrt{\pi n}} \left(1 + \frac{t^2}{n}\right)^{-\frac{n+1}{2}} \quad (n \geq 1)$$

となる。この確率密度関数を持つ T の分布を《**自由度 n の t 分布**》と呼び、記号で

$$T \sim t(n)$$

と書く。

t 分布をつくるまでの流れを図にしておこう。

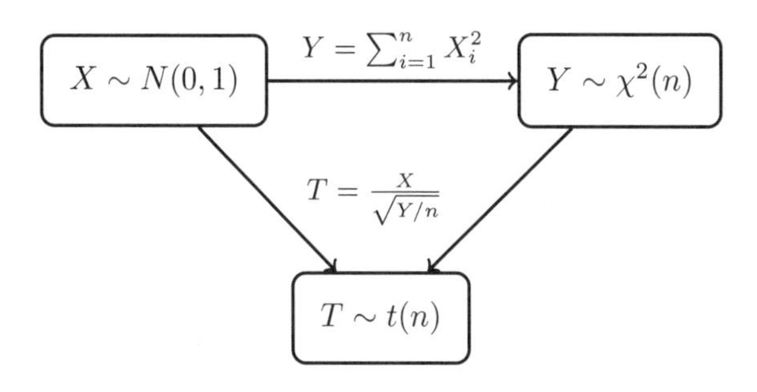

図 11.5　正規分布、χ^2 分布、t 分布の関係

矢印でつないだ部分が確率変数同士の関係を表しているんだよ。たとえば X から Y への矢印は、X を使って、

$$Y = \sum_{i=1}^{n} X_i^2$$

と定義すると、Y の分布が $\chi^2(n)$ にしたがうことを表している。

T へと向かう 2 つの矢印は、X と Y を使って

$$T = \frac{X}{\sqrt{Y/n}}$$

と定義すると、T の分布が $t(n)$ にしたがうことを表している。

青葉は、花京院の描いた図を見直した。

「よくわかんないけど、矢印の上や横に書いた式が、確率変数の合成の方法を表しているんだね」

「そうだよ。合成積や変数変換定理という方法を使うと確率変数同士の合成ができる。そうやって導出した分布が χ^2 分布や t 分布なんだよ」

「つまり裏でややこしい計算が必要なわけね」

「おもしろいから、再現してみようか？　ちょっと時間かかるけど」

「いや、遠慮しとく」

「一度自分で計算してみるといいよ、楽しいから[*3]」

「そんな計算が楽しいのは、花京院くんだけだよ……」

花京院は説明を続けた。

OLS 推定量 $\hat{B}$ の分布に話を戻そう。いま示した t 分布導出の流れを、適用するんだよ。まず $\hat{B}$ を標準化した確率変数に Z と名前をつける。

$$Z = \frac{\hat{B} - b}{\sqrt{\frac{\sigma^2}{S_{xx}}}} \sim N(0,1)$$

次に誤差項の分散 σ^2 を確率変数 $\hat{S}^2$ に置き換えて、新たに確率変数 T をつくる。

$$T = \frac{\hat{B} - b}{\sqrt{\frac{\hat{S}^2}{S_{xx}}}}$$

この $\hat{S}^2$ について、次が成り立つ。

$$\frac{(n-2)\hat{S}^2}{\sigma^2} \sim \chi^2(n-2)$$

そして T を次のように変形する。

$$\begin{aligned}
T &= \frac{\hat{B} - b}{\sqrt{\frac{\hat{S}^2}{S_{xx}}}} && T \text{ の定義より} \\
&= \frac{\hat{B} - b}{\sqrt{\frac{\hat{S}^2}{S_{xx}}}} \frac{\frac{1}{\sqrt{\frac{\sigma^2}{S_{xx}}}}}{\frac{1}{\sqrt{\frac{\sigma^2}{S_{xx}}}}} && \text{分母分子に同じ値を掛ける} \\
&= \frac{Z}{\sqrt{\frac{\hat{S}^2}{\sigma^2}}} = \frac{Z}{\sqrt{\frac{(n-2)\hat{S}^2}{\sigma^2(n-2)}}} \\
&= \frac{Z}{\sqrt{\frac{Y}{n-2}}} && Y = (n-2)\hat{S}^2/\sigma^2 \text{ とおく}
\end{aligned}$$

[*3] χ^2 分布および t 分布の確率密度関数の導出は、小針 (1973: 170–183) や河野 (1999: 117–119) を参照してください

最後の式は、t 分布を導出する合成方法に一致する。

つまり $Y=(n-2)\hat{S}^2/\sigma^2$ が自由度 $n-2$ の χ^2 分布にしたがうので、確率変数 T は自由度 $n-2$ の t 分布にしたがうことがわかる。

この確率変数 T の分布を使い、$b=0$ という仮定のもとで T が小さな確率で実現する区間を定義する。そして推定値から計算した T の実現値がその区間に入るかどうかを確認する。これが回帰係数の検定だよ。

未知のパラメータ σ^2 を含む OLS 推定量 $\hat{B}$ の分布からスタートして、σ^2 を含まない計算可能な t 分布に至るまでの流れを図にしてみよう。

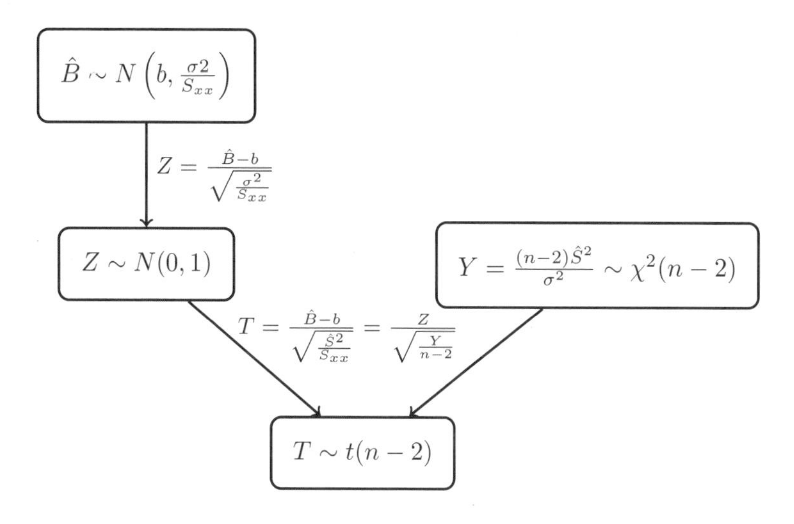

図 11.6　正規分布（OLS 推定量）、χ^2 分布、t 分布の関係

「うわー。さっきよりややこしいなー」

「とりあえずは分布と分布の関係だけを把握すればいいよ」

「まあ図を見れば、なんとなく関係だけはわかるんだけど、分布を合成する方法はわからないよ」

「この詳細をフォローするには、少なくとも次の 3 つの命題

- $X_i \sim N(0,1)$ ならば $Y=\sum X_i^2 \sim \chi^2(n)$

- $Y = \frac{(n-2)\hat{S}^2}{\sigma^2}$ ならば $Y \sim \chi^2(n-2)$
- $Z \sim N(0,1)$ かつ $Y \sim \chi^2(n)$ ならば $\frac{Z}{\sqrt{\frac{Y}{n}}} \sim t(n)$

の理解が必要だ。すべての命題をいますぐにフォローするのは難しいから、少しずつ進めていけばいいよ」

「とても理解できる気がしない……」

「難しいから、少しずつ時間をかけて確かめればいいと思うよ」

「統計を使う人って、こんなややこしい話をほんとにちゃんと理解してるのかな？」

「完璧に理解しているユーザーはごく一部だと思うよ。そういう僕自身にもわからないところがたくさんあるから、人のことはいえないけど」

「花京院くんがわからないなら、私がわからなくても当然だね。なんか安心した」

「いや、安心しちゃダメでしょ……」

11.4　検定結果の解釈で注意すること

「さて、これで回帰係数の検定の大まかな理屈は説明したけど、検定結果の解釈について注意すべき点を確認しておこう」

「注意？」

「いままでの話は大前提として

$$Y_i = a + bx_i + U_i$$

という恣意的な確率モデルを仮定していた。だから OLS 係数に関する検定結果は、この確率モデルがデータを生み出す未知の分布と一致する場合には、現実でも正しいことが期待できる」

「じゃあ、このモデルが未知の分布とズレてる場合は？」

「検定の結果が現実の世界で正しい保証はない」

「だったら、OLS 係数を検定しても、《店員数が増えるほど売り上げが増す》なんて言えないじゃん」

「そりゃあ、言えない場合もあるよ」花京院は当然のように言った。

「えー！？　それじゃ困るんだけど」予想外の言葉に青葉は驚いた。

「どうして？」

「だって、それを知りたくてデータを分析するんでしょ」

「残念ながら非実験データに適用した回帰分析からは、そこまで強い結論を引き出せない場合がある。

$$
\begin{aligned}
&\text{検定の結果 } b=0 \text{ という仮定を疑わしいと判断できる} \\
&\Longrightarrow \text{現実の世界で、} b>0 \text{ か } b<0 \text{ である}
\end{aligned}
$$

が正しいとは限らないんだよ」

青葉は、花京院が説明した内容をじっと考えた。はじめは意味がわからなかった。

「あれ？ なんか私、勘違いしてたかも」

青葉は、花京院が言っていることの意味をだんだんと理解してきた。

「仮説検定の際に計算する確率は、仮定した数学モデルの条件がすべて正しい場合に、モデルとデータの矛盾の程度を表している。検定結果を都合よく解釈して、自分の考えた仮説が《データ分析によって支持された》と主張するのは問題がある。そもそも仮説検定がやってることは

$$
\begin{aligned}
&\text{実現値 } t \in D \Rightarrow \text{仮定 } b=0 \text{ が疑わしいと判断} \\
&\text{実現値 } t \notin D \Rightarrow \text{仮定 } b=0 \text{ を疑うには証拠不十分}
\end{aligned}
$$

だから、

$$
\begin{aligned}
&\text{実現値 } t \in D \Rightarrow b=0 \text{ が正しくない} \\
&\text{実現値 } t \notin D \Rightarrow b=0 \text{ が正しい}
\end{aligned}
$$

とまで主張するのは言い過ぎなんだよ」

「うーん、そうなのか……」

「注意を促すために、ちょっと実験をしてみよう」

花京院は、テーブルの上に置いたノート PC で計算用のコードを書いた。

11.5 乱数への回帰

「まず、説明変数が 10 個ある線形回帰モデル

$$
\begin{aligned}
Y_i &= b_0 + b_1 x_{i1} + b_2 x_{i2} + \cdots + b_{10} x_{i10} + U_i \\
U_i &\sim N(0, \sigma^2) \\
i &= 1, 2, \ldots, 1000
\end{aligned}
$$

を仮定するよ。x_{ik} は個人 i の k 番目の説明変数という意味だよ。見た目は少し複雑だけど、これまで考えてきた線形回帰モデルの説明変数を増やしただけだよ」

「えーっと、説明変数が 10 個で、サンプルサイズが 1000 だね」

「次の表は、このモデルを使って、あるデータを分析した結果の一例だよ。この結果からどんなことがわかると思う？」

画面を見せながら花京院が聞いた。

```
Coefficients:
             Estimate   Std. Error  t value  Pr(>|t|)
(Intercept)  0.039540   0.032572   1.214   0.22506
x1          -0.012290   0.032305  -0.380   0.70371
x2           0.007116   0.032003   0.222   0.82408
x3          -0.074281   0.032362  -2.295   0.02192 *
x4           0.004555   0.033245   0.137   0.89105
x5          -0.027386   0.031637  -0.866   0.38691
x6          -0.041899   0.033368  -1.256   0.20953
x7          -0.001831   0.033453  -0.055   0.95636
x8           0.038835   0.033084   1.174   0.24074
x9           0.086303   0.032441   2.660   0.00793 **
x10          0.041049   0.032903   1.248   0.21248
---
Signif.codes: 0 '***' 0.001 '**' 0.01 '*' 0.05 '.' 0.1 ' ' 1

Residual standard error: 1.023 on 989 degrees of freedom
Multiple R-squared:  0.01781,Adjusted R-squared:  0.007883
F-statistic: 1.794 on 10 and 989 DF,  p-value: 0.05757
```

青葉は出力結果をじっと眺めた。

「えーっと、x_9 の係数が 0 だっていう仮定は疑わしいね。推定値が正だから x_9 は正の効果を持っているように見えるよ。ほかには……、x_3 の係数が 0 だっていう仮定も怪しいかな。推定値の符号から考えて、x_3 は負の効果を持ってるんじゃないかな」

「うん。いまのが典型的な回帰分析の結果の解釈だね。この分析に使ったデータを、どういうふうにつくったのかを見せよう」

花京院はノート PC の画面を青葉に向けた。

```
x1 = rnorm(n)
x2 = rnorm(n)
.
.
.
x10 = rnorm(n)
Y   = rnorm(n)
```

青葉はコードの実行結果を頭の中で想像した。

「たしか rnorm( ) は正規分布にしたがう乱数を発生させる関数だよね。Y も乱数ってことは、もしかしてこのデータ……。全部ただの乱数？」

「そうだよ。すべて個別に発生させた正規乱数だから、被説明変数 Y と説明変数 $x_{i1}, x_{i2}, \ldots, x_{i10}$ のあいだには何の関係もない。これは、なにも関係がない変数のあいだに無理に線形回帰モデルを仮定して分析した結果だよ」

「あれ？ ってことは……」

「データの生成プロセスを考えると、すべての説明変数の係数は 0 のはずだ。この場合、$b_i \neq 0$ という予想は、そもそも間違っている。当然ながら、この検定結果は被説明変数に対する説明変数の因果的効果を示しているわけじゃない」

「ははあ、なるほど。これがさっき言った、『検定結果から変数の効果を主張する推論が正しくない』ことの例だね。たしかにこの場合、係数が 0 だっていう仮定を疑っても、意味がないよ」

「ところが統計モデルの仮定を理解していないと、《ある変数に $*$ がついたから、その変数に効果がある》という飛躍した推論を正しいと考えてしまう。データに基づく仮説検定は、見た目がもっともらしくて騙される人が多いので注意が必要だ。もし、さっきの分析で Y が幸福感で、

- x_9 が家族と過ごす時間

- x_3 が勤務時間の長さ

だとしたらどうだろう。どんな解釈を考えたくなる？」

「えーっと収入を表す x_9 の係数が正で、勤務時間を表す x_3 の係数が負だから、

- 家族と過ごす時間が長いほど幸福感が増す
- 勤務時間が長くなるほど幸福感が低下する

って解釈すると思うよ」

「でも回帰分析の結果から因果的な関係を主張するには、さまざまな強い仮定をおく必要があるんだよ」

「うーん、そうなのかー。とりあえず * がつけばいいと思ってたよ」

「線形回帰モデルだけに限っても、他にもまだ注意すべき点があるよ」

「え？ 他にもあるの？」

青葉は自分の統計学の理解に対する自信が崩れていくのを感じた。

いままで自分が理解していたと思っていた話はなんだったのか？

自分が正しいと思って読んできた教科書や論文はなんだったのか？

そもそも、花京院が言っていることは本当に正しいのか？

「なんか、不安になってきた」

「それでいいんだと思うよ。最終的に理解の責任を負うのは自分だから」

青葉はなにが正しいのか、わからなくなってきた。

まとめ

Q 仮説検定ってどうやるの？

A 線形回帰モデルの係数の検定では、仮定した数学モデルにデータをあてはめて推定量の実現値を計算し、モデルの仮定と観察したデータが矛盾する程度を確認します。そして仮定のもとで珍しいことが起こった場合には、仮定が怪しいと判断します。

- 回帰分析の係数の検定の考え方はおおよそ次のとおりです。まず OLS 推定量 $\hat{B}$ の分布を使って、ある仮定（たとえば $\hat{B}$ の平均 b が 0）のもとで小さな確率（たとえば 0.05 や 0.01）で生じる実現値の区間 D を定めます。次にデータから計算した推定値 $\hat{b}$（推定量 $\hat{B}$ の実現値）が、区間 D に入っていれば、仮定（$b = 0$）が怪しいと判断します。
- 誤差項の分散が未知な場合は、その推定量を代用として使います。その場合、検定統計量の分布は正規分布ではなく t 分布にしたがいます。
- 観察データに対する線形回帰モデルの検定の結果、説明変数 x の係数 b が 0 であるという仮定が疑わしい場合でも、現実には変数 x が被説明変数 Y に影響を持たない場合があります。

第12章

観測できない要因の影響を予想するには？

第12章
観測できない要因の影響を予想するには？

「候補地 B がよさそうって話はわかるんだけど、その近くって、○○の店舗があるよね。その影響はどう考えるの？」

先輩社員からの質問は、またしても青葉が予想していないものだった。

社内会議では前回に引き続き、新店舗の出店場所について議論していた。

「今回分析したデータには、他社店舗の情報が入っていないので、わかりません」

データの範囲内のことなら、なんとか答えることはできたが、データが存在しない変数の影響についてはどう考えたらいいのか、青葉にはわからなかった。

「うーん、でも影響あるはずだよね」

他者店舗の存在は、たしかに自社店舗の売り上げに影響するはずだった。以前、ライバル企業の生産量や価格の影響をゲーム理論のモデルで分析したことを、彼女は思い出した。

「すいません、いますぐにはわからないのであとで調べてから報告します」

彼女はそう言うと、会議での報告を終えた。

12.1　ライバル店の影響

会社帰りの駅前の喫茶店。

席に着いた青葉はさっそく話を切り出した。

「競合店の影響は考慮しなくていいのかって聞かれて、うまく答えられなくてさ……。そんなのわかるわけないじゃん」

「なるほど」向かいに座った花京院は、手元の論文を眺めながら耳だけは彼女の話に集中している。だんだんと興味が出てきたのか、花京院は読みかけの論文を鞄の中にしまった。

「《回帰モデルに観測されない変数がある場合、その影響をどう考えればいいか》という問題として考えてみよう。競合店の他にも影響する要因はありそうだね。たとえば、季節・天気・平日 or 祝日の違い・地域の人口密度・宣伝のタイミングなどなど」

花京院はノート PC を取り出した。

「めちゃめちゃあるじゃん。でも、そんなの全部考えるのは無理だよ」

「具体的な例で《観察しなかった要因による推定量のバイアス》を示そう」

「え、そんなことわかるの？」

花京院は、テーブルの上に置いたノート PC を開くと、統計ソフトを起動した。

そしていくつかのコードを入力すると、その結果を青葉に見せた。

それは、あるデータを回帰モデルで分析した結果だった。

```
Coefficients:
             Estimate Std. Error t value Pr(>|t|)
(Intercept)  0.01762    0.04688   0.376    0.707
x           -1.09787    0.04627 -23.727   <2e-16 ***
---

Residual standard error: 1.481 on 998 degrees of freedom
Multiple R-squared: 0.3607,Adjusted R-squared: 0.36
F-statistic: 563 on 1 and 998 DF,  p-value: < 2.2e-16
```

「これは架空の店舗売り上げのデータ（$n = 1000$）を分析した結果だよ。被説明変数は店舗の売上額、説明変数 x は店員数だとしよう。結果から後付けで解釈するのはダメなんだけど、ここからどんなことが推測できると思う？」

「えーっと、x の係数の推定値がマイナスで、係数が 0 っていう仮説を 0.001 の有意水準で棄却できるから、この回帰モデルが正しいとすれば《店員数が増えるほど売り上げが減る》って予想できるんじゃないかな」

「仮に予想が正しいとして、どうして店員数が増えるほど売り上げが減るんだと思う？」

「わかんないけど、あれじゃないかな。店員が多すぎて店に入りづらいとか。私、服を買うときは黙って一人で選びたい派なんだ」

「なるほど。では次の分析結果を見てほしい。説明変数として、店の近くにあるライバル店の売上額 z を追加したものだよ。変数を追加しただけで他の条件は変わっていない。さっきとなにが違うだろう？」

```
Coefficients:
             Estimate Std. Error t value Pr(>|t|)
(Intercept)  0.03011    0.02998   1.004    0.316
x            0.49095    0.05123   9.583   <2e-16 ***
z           -1.98150    0.05215 -37.993   <2e-16 ***
---

Residual standard error: 0.9469 on 997 degrees of freedom
Multiple R-squared: 0.7388,Adjusted R-squared: 0.7383
F-statistic: 1410 on 2 and 997 DF,  p-value: < 2.2e-16
```

「えーっと、この結果だと、x と z の係数の検定結果が両方とも有意だね。推定値の符号から考えて、売り上げに対する店員数 x の影響はプラスで、ライバル店の売上額 z の影響はマイナスだと予想できるよ。まあこっちの結果のほうが自然な気がする」

「なにか変わった点はないかな？」

「えーっと、店員数 x の係数の推定値がマイナスからプラスに変わったね。どうして変わったんだろう？」

「回帰モデルに本来含まれるべき変数がなんらかの理由で含まれないとき、OLS 推定量にはバイアスが生じるんだよ。これを《**欠落変数バイ**

アス》という。つまり《店員数》だけを使った最初の分析結果には偏りがあるんだ。この架空例のデータは、正しくは x が正で z が負の影響を持つように生成したから、最初の分析結果は、明らかに間違いだといえる」

花京院は分析に使ったデータをつくるための R コードを青葉に見せた。

```
1  library(MASS) #2次元正規分布用ライブラリ
2  
3  # 欠落変数バイアスを確認するための関数
4  # 引数  n:サンプルサイズ, sd:誤差項の標準偏差,
5  #       r:x と z の相関,
6  #       b1:x の真の係数, b2:z の真の係数
7  
8  omitted<-function(n,sd,r,b1,b2){
9     mu  <- c(0,0) #平均ベクトルの定義
10    cov <- matrix(c(1, r, r, 1), 2, 2)#分散共分散行列
              の定義
11    exv  <- mvrnorm(n, mu, cov)#説明変数用数n 個を生成
12    u   <- rnorm(n, mean = 0, sd)#誤差項の生成
13    y   <- b1*exv[,1] + b2*exv[,2] + u
14    #真の回帰モデルによるデータの生成
15    data1<-data.frame(x=exv[,1],z=exv[,2],y)
16    out1<-lm(y~x,  data=data1)  #z が欠落した回帰
17    out2<-lm(y~x+z,  data=data1)  #正しい回帰
18    print(summary(out1))#結果の出力
19    print(summary(out2))#結果の出力
20    print(cor(exv[,1],exv[,2]))#相関係数確認
21 }
22 
23 omitted(1000,1,0.8,0.5,-2)
24 # 関数omitted(n,sd,r,b1,b2)の実行
```

「ちょっとなにやってるか、わからない」

「これはね、売り上げ y_i のデータを

$$Y_i = 0.5X_i - 2Z_i + U_i$$
$$U_i \sim N(0,1) \qquad i = 1, 2, \ldots, 1000$$

というモデルからつくって、OLS で分析したんだよ。ただし説明変数 X と Z のあいだには 0.8 の相関があると仮定している」

「なるほどー。こうやって自分でデータをつくって分析すれば、正しい結果かどうかをチェックできるんだ」

「統計モデルの性質を確かめるために、自分でデータをつくって、分析するという作業はとても有効だよ。正解がわからないデータを分析しても、うまくいっているかどうか理解できないからね」

「たしかにそうだね」

「注意すべきところは、最初の分析結果では、x の係数の検定結果が《有意だった》ことだね。この分析結果は意図的に僕がつくったものだけど、同じような現象は実際のデータ分析においても起こる可能性がある。以前にも言ったことがあるけれど

> 検定の結果が有意だからといって、ただちにそこから変数の効果を主張できない

これはとても重要なことだ。推測統計はさまざまな数学的な仮定の上に成り立っている。だから検定の結果が信用できるのは、あくまで検定のための数学的仮定が満たされている場合に限る」

「つい、$*$ がつけば、それで OK と思っちゃうんだよ」

「有意性を示す $*$ と、モデルそのものの妥当性は別だから注意が必要だよ。《欠落変数バイアス》は説明変数の関数として明示的に表すことができるから、それを計算してみよう」

「へえー。そんな計算できるの？」

「明示的な仮定に基づけば、論理的に導出できる。実際にやってみよう」

12.2　欠落変数による推定量のバイアス

いまデータ Y_i が説明変数 x_i と z_i を用いた回帰モデル

$$Y_i = a + b_1 x_i + b_2 z_i + U_i \qquad i = 1, 2, \ldots, n$$

で生成されると仮定する。単純化のために誤差項 U_i は確率変数だけど、x_i と z_i は確率変数ではないと仮定するよ。

そして、本来は必要な z_i が観測できなかったしよう。そこで観測できた x_i だけを使って、次の回帰モデルを構成する。

$$Y_i = a + bx_i + V_i \qquad i = 1, 2, \ldots, n$$

ここで V_i は間違ったモデルの誤差項だよ。正しいモデルの誤差項 U_i と区別するために、記号 V_i を使っている。この回帰モデルは、本来必要な説明変数 z_i が欠けているので、《**過小定式化**》と呼ばれる。

このモデルを使って、パラメータ b を OLS 推定してみよう。

過小定式化のもとで計算した OLS 推定量を $\hat{B}$ で表す。具体的に書くと、

$$\hat{B} = \frac{\sum(x_i - \bar{x})(Y_i - \bar{Y})}{\sum(x_i - \bar{x})^2}$$

となる。この結果は、これまでに考えてきた単回帰モデルの OLS 推定量と同じだね。

この推定量 $\hat{B}$ が、真のモデル

$$Y_i = a + b_1 x_i + b_2 z_i + U_i$$

の x_i の係数 b_1 を正しく推定できているかどうかを確かめてみよう。

もしパラメータ b の推定量 $\hat{B}$ の平均が b_1 に一致するなら、$\hat{B}$ の期待値 $E[\hat{B}]$ について

$$E[\hat{B}] = b_1$$

が成立する。

「その $E[\hat{B}]$ ってなんだっけ？」

「$E[\quad]$ は確率変数の**期待値**を表す記号で、分布の平均を表している。定義は

$$E[X] = \int_{-\infty}^{\infty} x \cdot f(x)dx \qquad f(x) \text{ は確率密度関数}$$

だよ」

「期待値って、ようするに平均のことだね」

「そうだよ。推定量の期待値が、推定したいパラメータと一致するとき、その推定量を**不偏推定量**と呼ぶ。たとえば、推定量 $\hat{B}$ で回帰モデル

$y_i = a + b_1 x_i + b_2 z_i + U_i$ の b_1 を推定したい場合に、

$$E[\hat{B}] = b_1$$

なら、推定量 $\hat{B}$ はパラメータ b_1 の不偏推定量だ」

「OK」

推定量 $\hat{B}$ がパラメータ b_1 にたいして不偏推定量になっているかどうか、期待値を計算して確かめてみよう。式を簡単にするために、おなじみの

$$\sum_{i=1}^{n}(x_i - \bar{x})^2 = S_{xx}$$

という記号を使うよ。

$$\begin{aligned}
E[\hat{B}] &= E\left[\frac{\sum(x_i - \bar{x})(Y_i - \bar{Y})}{S_{xx}}\right] && \text{分母を記号 } S_{xx} \text{ で表す} \\
&= \frac{1}{S_{xx}} E\left[\sum(x_i - \bar{x})(Y_i - \bar{Y})\right] && \text{定数 } S_{xx} \text{ を期待値の外に出す} \\
&= \frac{1}{S_{xx}} E\left[\sum(x_i - \bar{x})Y_i - \bar{Y}\sum(x_i - \bar{x})\right] && \text{展開して和を分ける} \\
&= \frac{1}{S_{xx}} E\left[\sum(x_i - \bar{x})Y_i - \bar{Y}\cdot 0\right] && \sum(x_i - \bar{x}) = 0 \text{ より} \\
&= \frac{1}{S_{xx}} E\left[\sum(x_i - \bar{x})Y_i\right] && (1)
\end{aligned}$$

ところで、実際のデータ Y_i が

$$Y_i = a + b_1 x_i + b_2 z_i + U_i$$

から生成されたとすれば、この Y_i を代入した期待値 $E[\hat{B}]$ がデータから計算した推定量の期待値となる。Y_i を代入後の計算結果だけを示すと、推定量 $\hat{B}$ の期待値は、

$$E[\hat{B}] = b_1 + b_2 \frac{S_{xz}}{S_{xx}}$$

となる（計算は章末の補足を参照）。ここで S_{xz} は

$$S_{xz} = \sum_{i=1}^{n}(x_i - \bar{x})(z_i - \bar{z})$$

だよ。この結果から、過小定式化モデルから得た推定量 $\hat{B}$ の期待値 $E[\hat{B}]$ は、真のパラメータ b_1 から

$$b_2 \frac{S_{xz}}{S_{xx}}$$

だけズレていることがわかる。このズレ

$$E[\hat{B}] - b_1 = b_2 \frac{S_{xz}}{S_{xx}}$$

が**欠落変数バイアス**だ。

以上が欠落変数バイアスの一般式だよ。観測できない変数が他の説明変数と相関を持つ場合に、推定値が偏ることがわかった。説明変数が増えると少し複雑になるけど、基本的な考え方は同じだよ[*1]。

先ほどの具体例を使って確認してみよう。

$$\underbrace{Y_i}_{\text{売り上げ}} = a + b_1 \underbrace{x_i}_{\text{店員数}} + b_2 \underbrace{z_i}_{\substack{\text{他社店}\\\text{売上額}}} + U_i$$

本来はこのような関係で売り上げが決まると仮定する。変数 z は自社店の近くにある他社店の売上額としよう。このとき、z を含まないデータで店員数 x の係数 b_1 を推定したとする。

先ほどの計算が示すように、推定量の平均にはバイアス $b_2 \frac{S_{xz}}{S_{xx}}$ が余分にプラスされている。近くにある他社店の売上額 z が大きいほど、自社店の売り上げは減るはずだから $b_2 < 0$ と考えられる。

また、近くにある他社店の売り上げ z が大きいほど、対抗するために店員数 x を増やすと仮定すると、$S_{xz} > 0$ だから、バイアスは結局

$$b_2 \frac{S_{xz}}{S_{xx}} < 0$$

となる[*2]。つまり欠落変数バイアスによって店員数の効果は過小推定されることになり、本当なら店員数が多いほど売り上げが伸びるという関

[*1] 説明変数が m 個ある場合のバイアスは Theil (1957) を参照してください

[*2] $S_{xz} = 0$ の場合、z の欠落によるバイアスはゼロです

係があるにもかかわらず、その効果を小さく見積もってしまう可能性がある。

「他社店の売り上げ z が大きいほど、自社店の店員数 x が増えると仮定したら、$S_{xz} > 0$ になるのはどうして？」

「S_{xz} はデータの相関係数の符号を表しているからだよ。x と z の相関係数 r_{xz} の定義は

$$r_{xz} = \frac{\sum_{i=1}^{n}(x_i - \bar{x})(z_i - \bar{z})}{\sqrt{\sum_{i=1}^{n}(x_i - \bar{x})^2}\sqrt{\sum_{i=1}^{n}(z_i - \bar{z})^2}}$$

だ。このとき分母は必ず正なので、相関係数の符号は分子の

$$\sum_{i=1}^{n}(x_i - \bar{x})(z_i - \bar{z}) = S_{xz}$$

の符号だけで決まる。だから x が増えるほど z も増えるという関係があるとき、$S_{xz} > 0$ となる」

「なるほどー。じゃあやっぱり、《近くにある他社店舗の売上額》っていうデータは、自社店舗の売り上げの予測に必要なんだね」

「影響があるとすれば、無視できないね」

12.3　逆方向の影響がある場合

「ちなみにこのモデルは、他にも問題が隠されている。それは経営判断として、売り上げに応じて、店員数を増減させていた場合だ。この場合もやはり推定値にバイアスが生じる。これもバイアスの一種で、内生性バイアスと呼ばれている」

「どういうバイアスなの？」

「回帰モデルを使うとき、分析者は暗黙のうちに、

$$(\text{説明変数})\ x \longrightarrow y\ (\text{被説明変数})$$

という方向の影響関係を仮定していることが多い。ところが

$$(\text{説明変数})\ x \longleftarrow y\ (\text{被説明変数})$$

という具合に、逆方向の影響が現実に存在すると、推定量にバイアスが生じる。いまの例だと、

$$\text{(説明変数) 店員数} \longrightarrow \text{売り上げ (被説明変数)}$$

という影響だけを仮定しているのに、実際には

$$\text{(説明変数) 店員数} \longleftarrow \text{売り上げ (被説明変数)}$$

という逆方向の影響があるかもしれない、という可能性だ。これが事実なら、推定値の計算にバイアスが生じる」

「そうなのかー。これも知らなかったな」

「逆方向の因果によって、推定がうまくいかない例って、たくさんあるんだよ。たとえば幸福感と健康の関係を考える。このとき分析者が

$$\text{(説明変数) 幸福感} \longrightarrow \text{健康の度合い (被説明変数)}$$

という関係を想定して、幸福感の係数を推定したとしよう。幸福感の高い人のほうが、免疫力が増加して病気になりにくく、健康の度合いが高い、という予想を表している。ところが実際には

$$\text{(説明変数) 幸福感} \longleftarrow \text{健康の度合い (被説明変数)}$$

という逆方向の影響もあるかもしれない。つまり肉体的に健康であれば、不安もなく、幸福感が高まるという関係だ。このように被説明変数から説明変数への影響が考えられるとき、単なる回帰モデルで分析すると、推定結果に偏りが生じてしまう」

「うーん、回帰モデルってなかなか使いどころが難しいんだなあ」

「実験によって条件を統制していない観察データを使う場合には、推定量になんらかの偏りが生じていると考えたほうが安全だよ。被説明変数 Y_i に影響するすべての変数を観測することは不可能だし、そもそも、なにが影響しているのかを特定することが難しいからね。それに加えて、仮定した統計モデルの関数型が正しくない可能性がある」

「関数型って？」

「理論上、データを生成するモデルを

$$Y_i = a + b_1 x_{i1} + b_2 x_{i2} + \cdots + b_m x_{im} + U_i$$

と仮定したけど、これが現実の世界で成り立つ保証なんてどこにもない」

「まあ、たしかにそうだね」

12.4　バイアスのパターン

花京院と青葉が喫茶店で話し込んでいると、ヒスイが 1 人で店内に入ってきた。彼女はぐるりと店内を見回して 2 人を発見すると、軽く手をあげて挨拶した。

「花京院さん。今日は私のゼミ論文の相談にのってくれる約束でしたけど」

ヒスイが表情を変えないまま、2 人の顔を見下ろす。なにを考えているのかわからないが、あまり機嫌はよくはなさそうだ。

「ああ、もうそんな時間か。ゴメンね。ちょうどいま終わるところだよ」花京院が店内の時計で時間を確認すると、ヒスイに椅子をすすめながら説明した。

ヒスイは席に座ると、花京院たちが書き散らかした計算用紙を手にとった。

「過小定式化の欠落変数バイアスですね」

式を見ただけで、なにを議論していたのか、彼女にはすぐにわかったようだ。計算用紙の最後には、先ほど花京院が計算したバイアスの式が書かれている。

$$E[\hat{B}] = b_1 + b_2 \frac{S_{xz}}{S_{xx}}$$

「このバイアスの符号って欠落した変数 z の係数と、(x, z) の共分散の符号に依存してますね」

「ちょっとなに言ってるか……、もが」

「もが？」ヒスイが青葉の目をのぞき込んだ。

「…… なんでもないの。つい、癖で」青葉は、ヒスイから視線をそらした。

ヒスイは計算用紙に式を書きながら、青葉に説明を補足した。

「推定量のバイアスは

$$b_2 \frac{S_{xz}}{S_{xx}}$$

の部分です。分母の S_{xx} は

$$S_{xx} = \sum_{i=1}^{n} (x_i - \bar{x})^2$$

という定義から、非負です。ということは、欠落した変数 z の係数である b_2 と S_{xz} の符号によって、バイアスの正負が決まります。つまりこの条件下での組み合わせは

	$S_{xz} > 0$	$S_{xz} < 0$
$b_2 > 0$	$+$	$-$
$b_2 < 0$	$-$	$+$

の 4 とおりしかありません。ですからモデルに含めるべきだった変数がなにかわかれば、バイアスの方向もおおよそ予想がつきます」

「なるほど」青葉はようやくヒスイの考えを理解した。

「いろいろと観察できなかった要因を考えてみると、おもしろいよ。たとえば売り上げ y を店員数 x に回帰して、店舗面積 z が欠落していた場合はどうかな？」花京院が質問した。

青葉は図を描きながら考えた。

「えーっと、店舗面積を z とすれば、店員数 x との関係は……。店が大きくなるほど店員数は増えるから、x, z の相関は正だね。つまり $S_{xz} > 0$。売り上げに対する店舗面積 z の影響は、店が大きいほど売り上げも大きいはずだから、これも正だね。つまり $b_2 > 0$ だ。こんなイメージだよ。

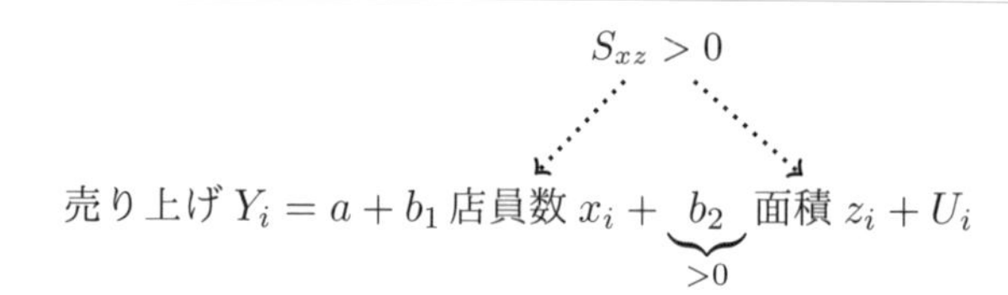

このとき $b_2 S_{xz} > 0$ だからバイアスの符号は正だね。つまり店員数の効果 b_1 は、欠落変数バイアスによって実際よりも大きめに推定されるはずだよ」

「そうだね」花京院がうなずく。

「じゃあ、もし売り上げを店員数で予測して、駐車場の有無のデータが欠落していた場合はどうでしょうか？」

今度はヒスイが問題を出した。

「えーっと、駐車場がある場合を 1、ない場合を 0 とコードした変数を z とおくよ。店員数 x との関係はどうなってるんだろ？ 駐車場があるような店舗ってことは郊外店だから店員数は少ないのかな……。ってことは $S_{xz} < 0$ だね。売り上げに対する駐車場 z の影響はプラスと考えられるから $b_2 > 0$ だ。ってことは、こんなイメージだね。

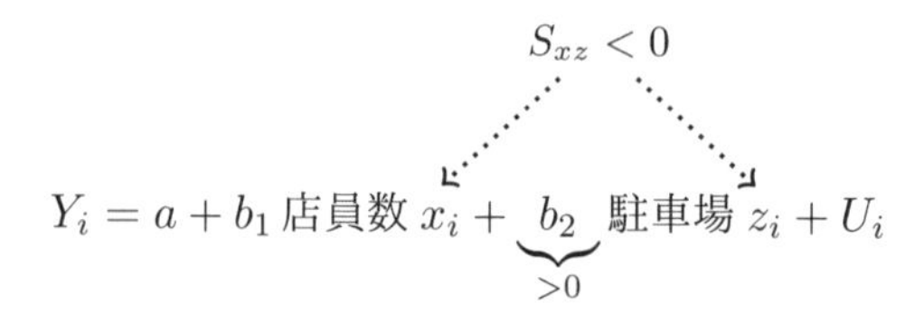

このとき $b_2 S_{xz} < 0$ だからバイアスの符号は負だよ。つまり店員数の効果 b_1 は、欠落変数バイアスによって今度は小さめに推定されるはず」

青葉は数式の上下に記号を書き込みながら考えた。

こうして式を書きながら確認すると、先ほどヒスイが示した 4 つのパターンの意味がよく理解できた。

「でも、これ……。バイアスの符号しかわからないよ」青葉がつぶやいた。

「それはどういう意味かな？」花京院が聞いた。

「z が観測できないときには、b_2 も S_{xz} も値はわからないでしょ。ってことはバイアスの正確な値はわからないんじゃないかなって」

「なるほど。いい疑問だ。ヒスイさんはどう思う？」

「そうですね。それでも十分だと思います」

「え、どうして？」

青葉はヒスイの答えを聞いて、意外に思った。

「そもそもパラメータの正確な値など、わからないからです。でも推定した値が、現在入手できるデータから考えて、どの方向にズレているかがわかれば、それだけでも情報の価値があると思います」

「そっかー。たしかにそうかも」

「それに欠落変数が 1 つとは限りません。たとえば売り上げの例だと、店舗がある地域の人口密度もデータに入れておくべきですね。人口密度は売り上げに影響するし、駐車場の有無とも関連しているはずです。つまり欠落している変数は 1 つじゃなくて 2 つ以上存在している可能性もあります」ヒスイが説明をつけくわえた。

「うーん、2 つ以上かー。そういう場合はどうやって考えたらいいんだろう」

青葉は頭を抱えた。

「そういう場合は、すべての欠落変数の影響を考慮して、トータルのバイアスを計算しないといけない」花京院が補足した。

「どうやって計算したらいいのかわからない……」

「行列を使えば、一般的な欠落変数バイアスを代数的に表すことができるよ」

「パネルデータがあれば固定効果モデルを使うという方法もありますね」ヒスイがつけ加えた。

12.5 固定効果モデル

「もし青葉さんが、各店舗の売り上げを複数期間で観察したデータを持っているとします。x が説明変数で、y が売り上げですよ。

	店舗 1	店舗 2	$\cdots$	店舗 n
時点 1	$(x_1^{(1)}, y_1^{(1)})$	$(x_2^{(1)}, y_2^{(1)})$	$\cdots$	$(x_n^{(1)}, y_n^{(1)})$
時点 2	$(x_1^{(2)}, y_1^{(2)})$	$(x_2^{(2)}, y_2^{(2)})$	$\cdots$	$(x_n^{(2)}, y_n^{(2)})$
$\vdots$	$\vdots$	$\vdots$	$\vdots$	$\vdots$
時点 T	$(x_1^{(T)}, y_1^{(T)})$	$(x_2^{(T)}, y_2^{(T)})$	$\cdots$	$(x_n^{(T)}, y_n^{(T)})$
時系列平均	$(\bar{x}_1, \bar{y}_1)$	$(\bar{x}_2, \bar{y}_2)$	$\cdots$	$(\bar{x}_n, \bar{y}_n)$

これをパネルデータと言います。たとえば $y_i^{(1)}$ は店舗 i の時点 1 の売り上げ、$y_i^{(2)}$ は店舗 i の時点 2 の売り上げです。このデータを使って

$$Y_i^{(t)} = \beta_0 + \beta_1 X_i^{(t)} + \alpha_i + U_i^{(t)} \qquad \text{(A)}$$
$$i = 1, 2, \ldots, n, \quad t = 1, 2, \ldots, T$$

という線形回帰モデルを考えます」

「ちょっとなに言ってるかわからな……いです」

「たとえば 10 店舗の売上げを 3 期間観察したら、式 (A) は $n \times T = 10 \times 3$ 個の式を表している。$U_i^{(t)}$ は誤差項で、α_i は観察不可能な店舗 i の性質を表している[*3]」花京院が説明を補足した。

ヒスイは式を書きながら説明を続けた。

「α_i は観察できないので、(A) 式の代わりに

$$Y_i^{(t)} = \beta_0 + \beta_1 X_i^{(t)} + V_i^{(t)} \qquad \text{(A')}$$
$$i = 1, 2, \ldots, n, \quad t = 1, 2, \ldots, T$$

を使って β_1 を推定すると、α_i と $X_i^{(t)}$ のあいだに相関があるとき、推定量にバイアスが生じます。そこでこのバイアスを除去する方法を考えます。まず店舗 i の変数の時点 t に関する平均を次のように定義します。

$$\frac{1}{T}\sum_{t=1}^{T} Y_i^{(t)} = \bar{Y}_i, \quad \frac{1}{T}\sum_{t=1}^{T} X_i^{(t)} = \bar{X}_i, \quad \frac{1}{T}\sum_{t=1}^{T} U_i^{(t)} = \bar{U}_i$$

[*3] ここでは、誤差項 $U_i^{(t)}$ も説明変数 $X_i^{(t)}$ も確率変数であると仮定します

また β_0, β_1 は店舗や時間が変わっても同じ、α_i は店舗ごとに違うけど、時点による変化はないと仮定します。ですからこの3つは時間に関して平均をとっても変わりません。

$$\frac{1}{T}\sum_{t=1}^{T}\beta_0 = \frac{1}{T} \times T\beta_0 = \beta_0$$
$$\frac{1}{T}\sum_{t=1}^{T}\beta_1 = \frac{1}{T} \times T\beta_1 = \beta_1$$
$$\frac{1}{T}\sum_{t=1}^{T}\alpha_i = \frac{1}{T} \times T\alpha_i = \alpha_i$$

また、$\beta_1 X_i^{(t)}$ の時間に関する平均は、β_1 が定数なので

$$\frac{1}{T}\sum_{t=1}^{T}\beta_1 X_i^{(t)} = \beta_1 \frac{1}{T}\sum_{t=1}^{T} X_i^{(t)} = \beta_1 \bar{X}_i$$

です。このことから、式 (A) 全体を時点 t に関して平均をとると

$$\bar{Y}_i = \beta_0 + \beta_1 \bar{X}_i + \alpha_i + \bar{U}_i \tag{B}$$

です。式 (A) から、時間に関する平均 (B) を引くと

$$Y_i^{(t)} - \bar{Y}_i = \beta_0 - \beta_0 + \beta_1 X_i^{(t)} - \beta_1 \bar{X}_i + \alpha_i - \alpha_i + U_i^{(t)} - \bar{U}_i$$
$$Y_i^{(t)} - \bar{Y}_i = \beta_1 (X_i^{(t)} - \bar{X}_i) + U_i^{(t)} - \bar{U}_i \tag{C}$$

となるので、観察不可能な店舗 i の情報 α_i が消えます。したがって式 (C) の係数 β_1 の OLS 推定量を計算すれば、α_i に起因するバイアスを除去できます。この α_i は売り上げに対する店舗固有の効果を表しており、個別効果と呼ばれます。$X_i^{(t)}$ と α_i に相関があるとき、式 (C) を固定効果モデルと呼びます[*4]」

「わざわざ α_i を仮定してから、消しちゃうってヘンな感じ」

[*4] 固定効果モデルでは、次の仮定がよく使われます。

$$E[U_i^{(t)}] = 0 \quad \text{誤差項の期待値は } 0$$

「直感的に言えば、式 (C) のように、時間に関する平均を引くことで、観察できない要因 α_i の影響を取り除いたうえで、説明変数 $X_i^{(t)}$ の係数 β_1 の推定量を計算できるんだよ」と花京院が答えた。

「つまり条件さえ満たせば、本来はあるはずの欠落変数バイアスの影響を考えなくて済むということです」

「へえー、便利じゃん。データの取り方を工夫すれば、こんなことができるんだね」

「ただし、いま説明したモデルは観察不可能な要因が時点間で不変と仮定している。だから《近くにあるライバル店の売り上げ》のような時間で変化する要因の影響は、取り除くことができない」

「なるほどー」

12.6　未知の世界

「花京院さん、そろそろ私の論文の話を聞いてほしいのですが」ヒスイがバッグからノートと PC を取り出した。

「ああ、ゴメン。そうだったね。続きはまた今度にしよう」

2 人の話を聞いて、青葉はまだまだ自分には知らない世界がある、と思った。

なにかを理解すると、今度はその新たに理解した概念に付随して新たな疑問がわいてくる。

それはいつまで経っても終わらない作業だ。

青葉にとって統計学の正しい理解は、ゴールの見えない遠い道のりだった。

ただ、ゆっくりでも進んでいけば、いつかは理解できるようになるのかもしれない。

そんなふうに彼女は感じた。

$i \neq j, t \neq s$ ならば $E[U_i^{(t)} U_j^{(s)}] = 0$　異なる誤差項間の相関はない

$E[\alpha_i X_i^{(t)}] \neq 0$　X_i と α_i は相関する

「あの……」

「なんでしょう」ヒスイが目を細めて青葉を見つめた。

「もし、よかったら私もヒスイさんの論文の話を聞かせてもらっていいかな」

ヒスイは、青葉の意外な言葉に少し戸惑いを見せた。しかしすぐに、笑顔で答えた。

「もちろんです。興味を持ってくれてありがとうございます」

ヒスイは書きかけの論文のコピーを青葉にさしだした。

花京院は満足げな表情で、テーブルの上のコーヒーに手をのばした。

まとめ

Q 観測できない要因って分析結果に影響するの？

A 本来は必要な説明変数が欠落した場合、線形回帰モデルの OLS 推定量にはバイアスが生じます。

- 欠落変数によるバイアスによって、本来は正（負）の値である係数の推定値が負（正）の値として計算されることがあります。
- 欠落変数によるバイアスによって、仮説検定に必要な仮定が満たされない場合があります。
- バイアスの大きさは未知ですが、欠落変数と回帰モデルに含まれる説明変数との相関や被説明変数との相関を仮定すれば、バイアスの符号を予想できます。
- パネルデータに固定効果モデルを適用すると、モデルの仮定を満たす場合には、時間不変で観察不可能な要因の影響を除去できます。

258 頁の計算の補足

欠落変数があるとき、推定量 $\hat{B}$ の期待値が

$$E[\hat{B}] = b_1 + b_2 \frac{S_{xz}}{S_{xx}}$$

であることを示します。以下では、確率変数の期待値について

$$a \text{ が定数なら } E[aX] = aE[X], \qquad E[X+Y] = E[X] + E[Y]$$

が成り立つことを使います。

$$\begin{aligned} E[\hat{B}] &= \frac{1}{S_{xx}} E\left[\sum (x_i - \bar{x}) Y_i\right] && \text{258 頁の (1) 式より} \\ &= \frac{1}{S_{xx}} E\left[\sum x_i Y_i - \sum \bar{x} Y_i\right] && \text{展開して和を分ける} \\ &= \frac{1}{S_{xx}} \left(E\left[\sum x_i Y_i\right] - E\left[\sum \bar{x} Y_i\right] \right) && \text{期待値を分ける} \end{aligned} \tag{2}$$

ここで $E\left[\sum x_i Y_i\right]$ の Y_i に $a + b_1 x_i + b_2 z_i + U_i$ を代入すると

$$\begin{aligned} & E\left[\sum_{i=1}^{n} x_i Y_i\right] \\ &= E\left[\sum x_i (a + b_1 x_i + b_2 z_i + U_i)\right] && Y_i \text{ に代入} \\ &= E\left[\sum x_i a + \sum x_i b_1 x_i + \sum x_i b_2 z_i + \sum x_i U_i\right] \\ & && \text{和を分ける} \\ &= E\left[\sum x_i a\right] + E\left[\sum x_i b_1 x_i\right] + E\left[\sum x_i b_2 z_i\right] + E\left[\sum x_i U_i\right] \\ & && \text{期待値を分ける} \\ &= \sum x_i a + \sum x_i b_1 x_i + \sum x_i b_2 z_i + 0 && \text{期待値を計算する} \\ &= an\bar{x} + b_1 \sum x_i^2 + b_2 \sum x_i z_i && \text{定数を前に出す} \end{aligned} \tag{3}$$

ここで $E\left[\sum x_i U_i\right] = 0$ を使いました（練習問題参照)。

次に、$E\left[\sum \bar{x} Y_i\right]$ の Y_i に $a + b_1 x_i + b_2 z_i + U_i$ を代入すると

$$\begin{aligned} & E\left[\sum_{i=1}^{n} \bar{x} Y_i\right] \\ &= \bar{x} E\left[\sum (a + b_1 x_i + b_2 z_i + U_i)\right] \end{aligned}$$

$$
\begin{aligned}
&= \bar{x}E\left[\sum a + \sum b_1 x_i + \sum b_2 z_i + \sum U_i\right] \\
&= \bar{x}E\left[\sum a\right] + \bar{x}E\left[\sum b_1 x_i\right] + \bar{x}E\left[\sum b_2 z_i\right] + \bar{x}E\left[\sum U_i\right] \\
&= \bar{x}na + \bar{x}b_1 \sum x_i + \bar{x}b_2 \sum z_i + \bar{x}\underbrace{E\left[U_1\right]}_{0} + \bar{x}\underbrace{E\left[U_2\right]}_{0} + \cdots + \bar{x}\underbrace{E\left[U_n\right]}_{0} \\
&= \bar{x}na + \bar{x}b_1 n\bar{x} + \bar{x}b_2 n\bar{z} + \bar{x}\cdot 0 + \bar{x}\cdot 0 + \cdots + \bar{x}\cdot 0 \\
&= \bar{x}na + b_1 n\bar{x}^2 + \bar{x}b_2 n\bar{z} \qquad (4)
\end{aligned}
$$

$\left(E\left[\sum x_i Y_i\right] - E\left[\sum \bar{x} Y_i\right]\right) = (3)$ 式 $-$ (4) 式 を計算すると

$$
\begin{aligned}
&an\bar{x} + b_1 \sum x_i^2 + b_2 \sum x_i z_i - (\bar{x}na + b_1 n\bar{x}^2 + \bar{x}b_2 n\bar{z}) \\
&= b_1 \sum x_i^2 + b_2 \sum x_i z_i - b_1 n\bar{x}^2 - \bar{x}b_2 n\bar{z} \\
&= b_1 \left(\sum x_i^2 - n\bar{x}^2\right) + b_2 \left(\sum x_i z_i - n\bar{x}\bar{z}\right) \\
&= b_1 \left(\sum x_i^2 - \sum \bar{x}^2\right) + b_2 \left(\sum x_i z_i - \sum \bar{x}\bar{z}\right) \qquad (5)
\end{aligned}
$$

です。ここで S_{xz} という記号が

$$
S_{xz} = \sum_{i=1}^{n}(x_i - \bar{x})(z_i - \bar{z}) = \sum_{i=1}^{n} x_i z_i - \sum_{i=1}^{n} \bar{x}\bar{z}
$$

と表せることを利用します（練習問題参照）。すると

$$
\begin{aligned}
E[\hat{B}] &= \frac{1}{S_{xx}}\left(E\left[\sum x_i Y_i\right] - E\left[\sum \bar{x} Y_i\right]\right) && \text{(2) 式より} \\
&= \frac{1}{S_{xx}}\left(b_1\left(\sum x_i^2 - \sum \bar{x}^2\right) + b_2\left(\sum x_i z_i - \sum \bar{x}\bar{z}\right)\right) && \text{(5) 式より} \\
&= \frac{1}{S_{xx}}(b_1 S_{xx} + b_2 S_{xz}) \\
&= b_1 \frac{S_{xx}}{S_{xx}} + b_2 \frac{S_{xz}}{S_{xx}} = b_1 + b_2 \frac{S_{xz}}{S_{xx}}
\end{aligned}
$$

です。以上の計算により、

$$
E[\hat{B}] = b_1 + b_2 \frac{S_{xz}}{S_{xx}}
$$

が示されました。

練習問題

問題 12.1　難易度☆☆

$$S_{xz} = \sum_{i=1}^{n} x_i z_i - \sum_{i=1}^{n} \bar{x}\bar{z}$$

を示してください。

問題 12.2　難易度☆☆

すべての i について、$E[U_i] = 0$ のとき

$$E\left[\sum_{i=1}^{n} x_i U_i\right] = 0$$

を示してください。ただし x_i は定数とします。

問題 12.1 の解答例

$$
\begin{aligned}
S_{xz} &= \sum (x_i - \bar{x})(z_i - \bar{z}) && \text{定義より} \\
&= \sum \left((x_i - \bar{x}) z_i - (x_i - \bar{x}) \bar{z} \right) && \text{展開する} \\
&= \sum (x_i - \bar{x}) z_i - \bar{z} \sum (x_i - \bar{x}) && \text{和を分ける} \\
&= \sum (x_i - \bar{x}) z_i && \textstyle\sum (x_i - \bar{x}) = 0 \text{ を使う} \\
&= \sum x_i z_i - \bar{x} \sum z_i && \text{和を分けて定数 } \bar{x} \text{ を出す} \\
&= \sum x_i z_i - \bar{x} n \bar{z} && n\bar{z} = \textstyle\sum z_i \text{ より} \\
&= \sum x_i z_i - \sum \bar{x} \bar{z} && \textstyle\sum \bar{x}\bar{z} = n\bar{x}\bar{z} \text{ より}
\end{aligned}
$$

問題 12.2 の解答例

$$
\begin{aligned}
E\left[\sum x_i U_i\right] &= E\left[x_1 U_1 + x_2 U_2 + \cdots + x_n U_n\right] && \text{和を分ける} \\
&= E\left[x_1 U_1\right] + E\left[x_2 U_2\right] + \cdots + E\left[x_n U_n\right] && \text{期待値を分ける} \\
&= x_1 E\left[U_1\right] + x_2 E\left[U_2\right] + \cdots + x_n E\left[U_n\right] && \text{定数を外に} \\
&= x_1 \cdot 0 + x_2 \cdot 0 + \cdots + x_n \cdot 0 \\
&= 0
\end{aligned}
$$

第13章

アプリの利用者数を予測するには？

第13章
アプリの利用者数を予測するには？

「花京院くん、このアプリ知ってる？」青葉はスマートフォンの画面を見せながら、彼に質問した。

画面には、アパレルメーカーの会員アプリが表示されている。花京院はチラリと画面を見ると、知らないなと答えた。

「君の会社でつくっている会員用のアプリみたいだね……。最近はどの会社もこういうサービスを提供しているようだ」

「将来的にこのアプリを使って、どんな商品がいつどこで購入されたのかをデータとして集めたいんだって。だから会社としてはこのアプリをなるべく多くの人に使ってほしいわけ。それでね、今後の利用者数を予測したいなって話になったんだけど……。どうやって予測すればいいかわかる？」

「まずはデータを見ないと、なんともいえないな」

「えーっとね、アプリのサービスを始めてから現在までの総利用者数の 1 週間ごとの変化はこうなっているよ」青葉は総利用者数の推移を PC で表示してみせた。

「なるほど……。おもしろいデータだね。この様子から、どんなことが読み取れると思う？」花京院が質問した。

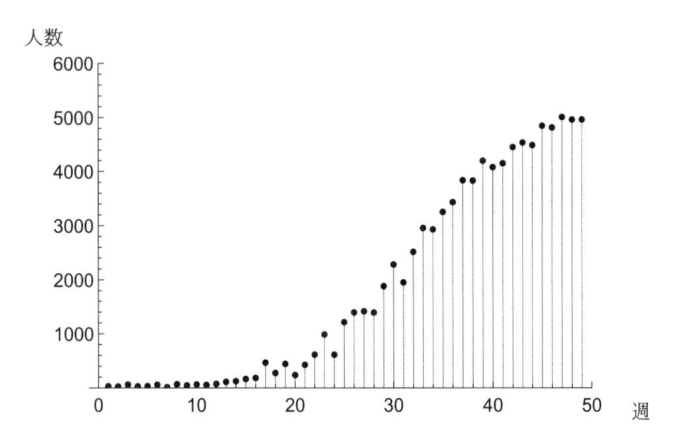

図 13.1　総利用者数の推移。横軸の単位は 1 週間

「時間と共に増えてるけど……。よくみると、総利用者数と時間の関係は直線的じゃないね。最初の方はあんまり変化がないけど、途中からぐっと増えてるみたい」

「うん、いいところに気づいた。単純に

$$\text{利用人数} = a + b\,\text{時間}$$

という 1 次関数の関係ではないことが予想できる」

「時間と利用者数の関係をどうモデル化したらいいのかな」

「そうだね。たとえば**微分方程式**なんかどうだろう」

「微分方程式？ …… うーん、聞いたことないな。ただの微分と違うの？」

「《微分》と《微分方程式》は、違うよ。既知の関数から導関数を求める操作を《微分する》といい、導関数から未知の関数を求める操作を《微分方程式》を解くというんだ」

「よくわかんないな。じつは微分もあんまりわかってないんだよね」

13.1　微分と微分方程式

花京院は、計算用紙をテーブルの上に置くと、説明を始めた。

「いま、ある関数 $f(x)$ の導関数だけがわかっていると仮定しよう。たとえば

$$\frac{df(x)}{dx} = 2x$$

という関係だけが、先にわかっている。このとき、微分する前の関数 $f(x)$ はなにか？ という問題を考える」

「えーっと、微分すると $2x$ になるような関数だね。ってことは微分を逆にすればいいのか。うーんと、微分の逆って何だっけ？」

青葉は懸命に考えた。

「えーっと、たしかあの、へにょってやつ」

「へにょ？」

「$\int$ だよ[*1]。なんだっけこれ。あ、そうだ。積分だよ。積分 $\int 2xdx$ は、微分したとき $2x$ になるような、もとの関数を表すんじゃなかったっけ？」

「うん。積分が微分の逆演算であるこを定理として認めてしまえば、そのとおりだよ。たとえば関数 x^2 を x で微分すると、導関数は $2x$ になる。このとき x^2 を $2x$ の**原始関数**という。x^2+3 も x^2-5 も微分すると $2x$ だから、微分して消える定数項 C と原始関数をあわせて不定積分

$$\int 2xdx = x^2 + C$$

で表す。積分には、関数の面積っていう意味があったけど、計算するときにこの関係を使うんだ」

「あー。ちょっと思い出してきたかも。じゃあ、《微分方程式》って積分を使って計算するの？」

「簡単な微分方程式は積分を使って解くことが多いね。ある関数について、その独立変数や導関数を含む方程式のことを**《微分方程式》**って言うんだ。たとえば t が時間で、n がアプリ利用者数なら、変数 n は変数 t に応じて変化する。このとき n に対して t を独立変数という。だから

$$\frac{dn}{dt} = 2t, \qquad \frac{dn}{dt} = n, \qquad \frac{d^2n}{dt^2} = \frac{dn}{dt} + n$$

*1 記号 $\int$ は、《へにょ》ではなく、インテグラルと呼びます

などは、すべて微分方程式だよ。ようするに導関数はわかっているのに、もとの関数がわからないような方程式のことだよ」

「でもさあ、もとの関数がわからないのに、導関数だけわかるってどういうこと？」

青葉は導関数だけが先に与えられる状況を、うまく想像できなかった。

「たとえば、利用者数 n が時間 t と共に変化するなら、n は t の関数なので、$n = f(t)$ と表すことができる。関数 f がわからなくても、$t + 1$ 時点と t 時点の利用者数 n がわかっていれば、差をとることで平均変化率を計算できる。時間間隔が短くなれば、この平均変化率を導関数と見なせる」

「ちょっとなに言ってるかわからない」

「じゃあ具体例を示そう。ある短い時間区間を h とおく。この時間区間 h におけるアプリの新規利用者数が、総利用者数 n に比例すると仮定する。

$$\text{新規利用者数} = knh$$

ただし、k はなんらかの定数とする」

「この k はどういう意味なの？」

「k は増加の程度を表すパラメータだよ。たとえば現在のアプリ利用者数が $n = 1000$ で、$h = 1$ 日 とする。1 日の新規利用者が全体の 3% いるとすれば、$k = 0.03$ だ。つまり 1 日の新規利用者数は

$$\text{（1 日の）新規利用者数} = knh = 0.03 \times 1000 \times 1 = 30$$

となる。この数値は時間区間 h が短くなれば、小さくなる。たとえば h として 1 日ではなく 0.5 日を考えれば、半日のあいだの新規利用者数だから、半分の 15 人となる」

「ふむふむ」

「一般に、時間区間 h で変化した人数を $f(t+h) - f(t)$ とおけば、

$$\text{区間 } h \text{ 内で変化した人数} = \text{区間 } h \text{ 内の新規利用者数}$$

となる。これを式で明示的に書き直すと

$$f(t+h) - f(t) = knh$$

$$\frac{f(t+h) - f(t)}{h} = kn \qquad \text{両辺 } h \text{ で割る}$$

ここで h を 0 に近づけたときの極限を両辺でとる。

$$\lim_{h \to 0} \frac{f(t+h) - f(t)}{h} = \lim_{h \to 0} kn$$

$$\frac{dn}{dt} = kn$$

つまり t の関数である n の瞬間的な変化率は

$$\frac{dn}{dt} = kn \qquad (k \text{ は定数})$$

と表すことができる。これは $n = f(t)$ という関数 f は明示的にはわかっていないけど、その導関数だけが先に特定される例だ。このように、理論的な仮定から、導関数 dn/dt を定義することができる。これが微分方程式の一例だよ」

「なるほど、これが微分方程式のつくりかたなんだ」

「実際に、簡単な微分方程式を解いてみよう」花京院は新しい計算用紙を取り出した。

---

n が利用者数で t を時間とおく。このとき n の瞬間的な変化率は、その時点の n に比例すると仮定する。

$$\frac{dn}{dt} = kn \qquad (k \text{ は定数})$$

このとき $k > 0$ なら

$$\frac{dn}{dt} = kn > 0$$

だから、n は時間 t の増加と共に、増加することがわかる。この微分方程式を積分を使って解くと、こうなる。

$$\frac{dn}{dt} = kn$$

$$\frac{1}{n}\frac{dn}{dt} = k \qquad \text{両辺 } n \text{ で割る}$$

$$
\begin{aligned}
\int \frac{1}{n}\frac{dn}{dt}dt &= \int kdt && \text{両辺 } t \text{ で積分する} \\
\int \frac{1}{n}dn &= kt + C_0 && \text{置換積分法（後述）を使う} \\
\log n + C_1 &= kt + C_0 && (\log n)' = 1/n \text{ を使う} \\
\log n &= kt + C && \text{積分定数をまとめる} \\
n &= e^{kt+C} && \text{指数に書き直す} \\
n &= e^C e^{kt} && \text{指数を分ける} \\
n &= Ae^{kt} && e^C = A \text{ とまとめる}
\end{aligned}
$$

初期条件として「$t = 0$ のとき $n = n_0$」と仮定すれば、この定数 A は

$$
\begin{aligned}
n_0 &= Ae^{c\cdot 0} && t = 0, n = n_0 \text{ を代入} \\
A &= n_0
\end{aligned}
$$

だと特定できる。この定数 $A = n_0$ を代入すると

$$n = n_0 e^{kt}$$

となる。これが微分方程式から導出した関数だよ。

この関数に基づく将来予測は、定数 k の符号に依存している。もし $k > 0$ ならだんだんと増え方が大きくなる。

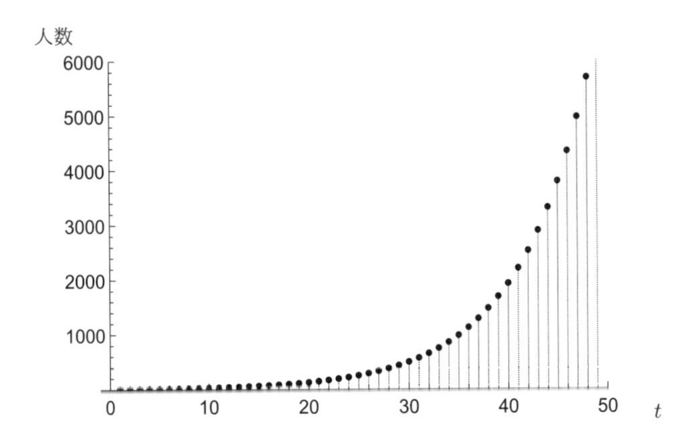

図 13.2　$n_0 e^{kt}$ のグラフ。$n_0 = 10, k = 0.135$ の場合

$k > 0$ なら総利用者数 n は指数関数的に増加する様子がグラフからわかる。

ちなみに、いま解いたようなシンプルな微分方程式を《**変数分離形**》という。

$$\frac{dy}{dx} = f(x)g(y)$$

この場合は、一般解が

$$\int \frac{1}{g(y)}dy = \int f(x)dx$$

という形になる。

「難しかったけど、微分方程式を解くってことはイメージできたよ。まあ計算としては積分が中心っぽいね」

「うん。これは単純な場合だから、置換積分法だけで解ける」

「その《**置換積分法**》がよくわからないんだけど」

「積分するときに便利な計算法だよ。確率を計算するときにもよく使う」

13.2 置換積分法

「私、微分積分あたりから、記憶が曖昧なのよね。たぶん、その頃から数学の授業についていけなくなったんだと思う」

「置換積分法は、積分の計算を簡単にするために使うんだよ。たとえば

$$\int_0^1 2x(2x-3)^4 dx$$

という定積分を考えているとしよう。この定積分は、図で描くと次のようなグラフと x 軸とのあいだの図形の面積（グレーで色をつけた部分）を求める操作に一致する。積分記号 $\int$ の上下に書いた数字 0 と 1 は積分する範囲を表しているよ」

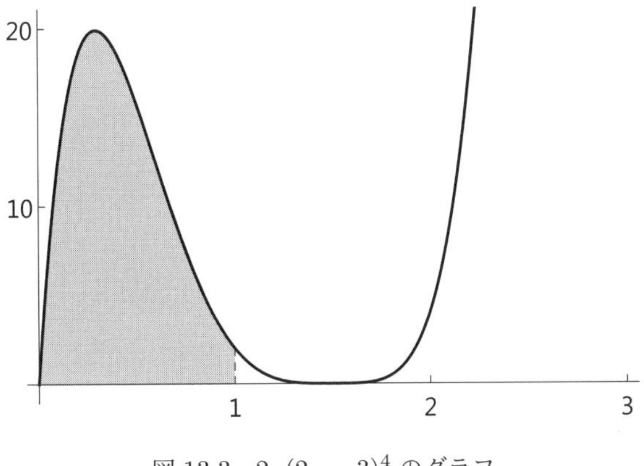

図 13.3　$2x(2x-3)^4$ のグラフ

「ふむふむ。積分は面積だったね」

「次に、別の関数のグラフも見てほしい」花京院は違う形のグラフをもう一つ描いた。

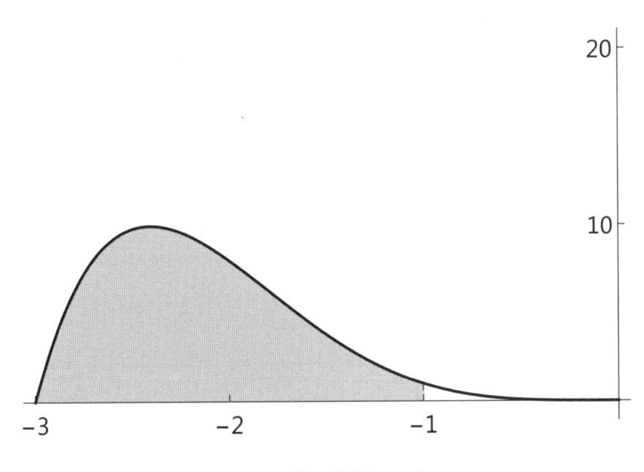

図 13.4　別の関数のグラフ

「うん。違うグラフだね」

「この 2 つのグラフで、グレーで色をつけた部分の面積を比べてほしい。どっちが大きいと思う？」

「うーん、どっちかな。1 つめのほうが背が高いけど、2 つめのほうが横幅は広いね。でも、まあ 2 つめのほうがちょっと大きい気がするよ」

「じつはこの 2 つ、同じなんだよ」

「え、そうなの？ 形が違うのに？」

「2 つめのグラフのグレーの部分の面積を積分で表すと

$$\int_{-3}^{-1} \frac{1}{2}(t+3)t^4 dt$$

となる。《置換積分法》という定理が主張していることは、先に並べた 2 つの異なるグラフ、図 13.3 と図 13.4 内のグレーの部分の面積が、《ぴったりと一致する》という事実なんだ」

「ほんとに？ 全然形が違うじゃん」

「積分を計算すると、ちゃんと一致するんだよ」

$$\int_{0}^{1} 2x(2x-3)^4 dx = \int_{-3}^{-1} \frac{1}{2}(t+3)t^4 dt = \frac{179}{15}$$

「へえー、不思議」

「この例が示すように、《ある条件下で関数を別の関数に変換しても面積が一致すること》を保証してくれる定理が置換積分法なんだよ。だから置換積分法を使うと、計算しやすい関数に変換できるんだ」

「ほほー。計算が簡単になるなら、便利な定理じゃん」

以下、一般的な命題として置換積分法を示そう。

13.1 命題 (置換積分法)

関数 $f(x)$ が区間 $[a, b]$ で連続であり $x = g(t)$ が連続な導関数 $dx/dt = g'(t)$ を持ち、t の値 α, β に対して $g(\alpha) = a, g(\beta) = b$ ならば

$$\int_{a}^{b} f(x)dx = \int_{\alpha}^{\beta} f(g(t))g'(t)dt$$

が成り立つ。

証明はこうだよ。

$f(x)$ の原始関数を $F(x)$ とおけば, $F'(x) = f(x)$ だから、合成関数の微分により

$$\frac{d}{dt}F(g(t)) = \frac{dF(x)}{dx}\frac{dx}{dt} = f(x)g'(t) = f(g(t))g'(t)$$

これを区間 $[\alpha, \beta]$ で積分すると

$$\begin{aligned}\int_{\alpha}^{\beta} f(g(x))g'(t)dt &= [F(g(t))]_{\alpha}^{\beta} \\ &= F(g(\beta)) - F(g(\alpha)) = F(b) - F(a) \\ &= \int_{a}^{b} f(x)dx\end{aligned}$$

「証明がよくわかんない。っていうか、これがわかるんなら最初から苦労しないよ」

「少し抽象的すぎたかな。さっき使った具体例で確認しよう。まず

$$\int_{0}^{1} 2x(2x-3)^4 dx$$

という定積分を考える。これを直接展開して計算すると面倒なので、置換積分法を使う。

$$t = 2x - 3$$

となるように、

$$x = g(t) = \frac{t+3}{2}$$

とおく。$g(t)$ を t で微分すると

$$g'(t) = \frac{1}{2}$$

となる。$t = 2x - 3$ という関係から、

$$x = 0 \quad \text{のとき}\ t = -3$$
$$x = 1 \quad \text{のとき}\ t = -1$$

なので x が 0 から 1 まで動くと t は -3 から -1 まで動く。だから

$$\begin{aligned}\int_0^1 2x(2x-3)^4dx &= \int_{-3}^{-1} 2\left(\frac{t+3}{2}\right)(t)^4 g'(t)dt && \text{置換積分法を適用}\\ &= \int_{-3}^{-1}(t+3)t^4\frac{1}{2}dt && g'(t)=\frac{1}{2}\ \text{を代入}\\ &= \frac{1}{2}\int_{-3}^{-1}(t+3)t^4dt && \frac{1}{2}\ \text{を積分の外に出す}\end{aligned}$$

変換した後の関数のグラフが図 13.4 だよ。

あとは $(t+3)t^4$ の定積分を計算すればいい。

$$\begin{aligned}\frac{1}{2}\int_{-3}^{-1}(t+3)t^4dt &= \frac{1}{2}\int_{-3}^{-1} t^5+3t^4dt && \text{展開する}\\ &= \frac{1}{2}\int_{-3}^{-1} t^5dt + \frac{1}{2}\int_{-3}^{-1} 3t^4dt && \text{和を分ける}\\ &= \frac{1}{2}\left[\frac{t^6}{6}\right]_{-3}^{-1} + \frac{3}{2}\left[\frac{t^5}{5}\right]_{-3}^{-1}\\ &= \frac{1}{2}\left(\frac{1-729}{6}\right) + \frac{3}{2}\left(\frac{-1+243}{5}\right)\\ &= \frac{179}{15}\end{aligned}$$

となる。どうかな？」

「いやー。今度は具体的だけど計算が難しかったよ」

「よく見ると計算自体は単純だから、ゆっくりとフォローするといいよ」

青葉はもう一度、一般的な証明を見直した。具体的な関数の例と見比べながら証明の過程を追うと、さっきよりは理解が進む気がした。

「なんとなく計算のやり方がわかってきたよ。変換するときに導関数がおまけにくっついてくる点と、積分の範囲が変わる点に注意すればいいんだね」

「そうだね。そこに注意すれば計算自体は単純だよ」

花京院は新しい計算用紙をテーブルの上に置いた。

13.3 確率変数と置換積分法

この《置換積分法》は、《確率変数》の変換にも使えるんだよ。たとえば確率変数 X が平均 1、分散 4 の正規分布にしたがっていると仮定しよう。

$$X \sim N(1,4)$$

X の確率密度関数は

$$f(x) = \frac{1}{\sqrt{2\pi 4}} \exp\left\{-\frac{(x-1)^2}{2\cdot 4}\right\}$$

だよ。

いま、この確率変数 X が 3 から 5 のあいだで実現する確率 $P(3 < X < 5)$ を考える。この確率は、確率密度関数 $f(x)$ を 3 から 5 の範囲で積分した値に等しい。次の図は積分の様子を表している。

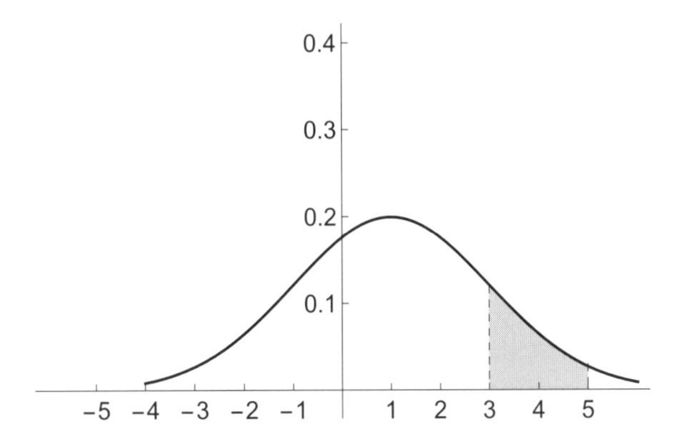

図 13.5　正規分布 $N(1,4)$ の確率 $P(3 < X < 5)$.

この確率を計算してみると

$$\int_3^5 \frac{1}{\sqrt{2\pi 4}} \exp\left\{-\frac{(x-1)^2}{2\cdot 4}\right\} = 0.135905$$

だから、だいたい 0.136 だ。

この確率変数 X を平均 1 と標準偏差 2（分散 4 の正の平方根）で標準化してみよう。

$$Z = \frac{X - \mu}{\sigma} = \frac{X - 1}{2}$$

X を変換して新たにつくった確率変数 Z は標準正規分布にしたがう。この性質は仮説検定を説明したときに使ったことがあるね（238 頁参照）。

この標準化を置換積分の観点から確認してみよう。

$$z = \frac{x - 1}{2} \iff x = 2z + 1$$

という変換を考えるので、

$$\frac{dx}{dz} = 2$$

だよ。また X が 3 から 5 まで動くとき、$Z = (X - 1)/2$ は 1 から 2 まで動く。ゆえに置換積分法により、

$$\begin{aligned}
P(3 < X < 5) &= \int_3^5 \frac{1}{\sqrt{2\pi 4}} \exp\left\{-\frac{(x-1)^2}{2 \cdot 4}\right\} dx \\
&= \int_1^2 \frac{1}{\sqrt{2\pi 4}} \exp\left\{-\frac{(2z+1-1)^2}{2 \cdot 4}\right\} \frac{dx}{dz} dz \\
&= \int_1^2 \frac{1}{\sqrt{2\pi 4}} \exp\left\{-\frac{4z^2}{2 \cdot 4}\right\} \cdot 2\, dz \\
&= \int_1^2 \frac{1}{\sqrt{2\pi}} \exp\left\{-\frac{z^2}{2}\right\} dz
\end{aligned}$$

が成立する。最後は $\sqrt{2\pi 4}$ の中の 4 と、後ろの 2 が打ち消しあったよ。

式変形の最後に現れた関数

$$\frac{1}{\sqrt{2\pi}} \exp\left\{-\frac{z^2}{2}\right\}$$

をみると、これは平均 0 で標準偏差 1 の正規分布の確率密度関数に一致している。つまり確率変数 Z の分布は標準正規分布 $N(0, 1)$ だから

$$\int_1^2 \frac{1}{\sqrt{2\pi}} \exp\left\{-\frac{z^2}{2}\right\} dz = P(1 < Z < 2)$$

となる。

最初と最後の式をつなぐと

$$P(3 < X < 5) = P(1 < Z < 2)$$

であることが示された。

$$X \sim N(1, 4) \text{ のとき } Z = \frac{X - 1}{2} \text{ ならば } Z \sim N(0, 1)$$

次の図は、標準正規分布 Z の確率密度関数を 1 から 2 の範囲で積分した様子を表している。

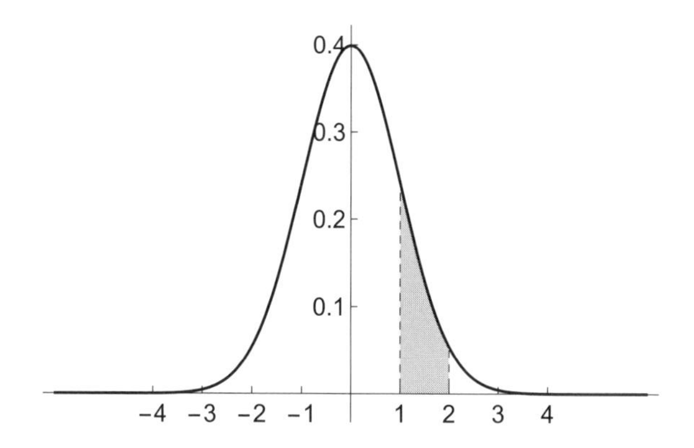

図 13.6　標準正規分布 $N(0,1)$ の確率 $P(1 < Z < 2)$.

「なるほど。図 13.5 と図 13.6 を比べてみると見た目は違うけど、グレーで色づけした部分の面積は同じなんだね」

「そうだよ。同じ面積（確率）になることを置換積分法が保証している」

13.4　正規分布の標準化

「いま示した例を、一般化しておこう。まず確率変数 X が平均 μ, 分散 σ^2 の正規分布にしたがうと仮定する。記号ではこれを、

$$X \sim N(\mu, \sigma^2)$$

のように書くんだったね」

花京院は新しい計算用紙を取り出した。

確率変数 X の確率密度関数 $f(x)$ を具体的に書くと

$$f(x) = \frac{1}{\sqrt{2\pi\sigma^2}} \exp\left\{-\frac{(x-\mu)^2}{2\sigma^2}\right\}$$

だよ。だからこの確率変数 X がある点 c より小さい範囲で実現する確率は

$$P(X < c) = \int_{-\infty}^{c} \frac{1}{\sqrt{2\pi\sigma^2}} \exp\left\{-\frac{(x-\mu)^2}{2\sigma^2}\right\} dx$$

と書ける。記号 $P(X < c)$ は《確率変数 X の実現値が c より小さい確率》を表している。いま

$$Y = aX + b \quad (a \neq 0)$$

という変換を考えて、Y の分布がどうなっているかを知りたい。

Y の確率密度関数を計算によって示すには、積分の置換積分を使う。

$$y = ax + b \iff x = \frac{y-b}{a}$$

という変換を考えるので、

$$\frac{dx}{dy} = \frac{1}{a}$$

である。また x が $-\infty$ から c まで動くとき、$y = ax + b$ は $-\infty$ から $ac + b$ まで動く。ゆえに置換積分法により、

$$\begin{aligned}
P(X < c) &= \int_{-\infty}^{c} \frac{1}{\sqrt{2\pi\sigma^2}} \exp\left\{-\frac{(x-\mu)^2}{2\sigma^2}\right\} dx \\
&= \int_{-\infty}^{ac+b} \frac{1}{\sqrt{2\pi\sigma^2}} \exp\left\{-\frac{(\frac{y-b}{a}-\mu)^2}{2\sigma^2}\right\} \frac{dx}{dy} dy \\
&= \int_{-\infty}^{ac+b} \frac{1}{\sqrt{2\pi\sigma^2}} \exp\left\{-\frac{\frac{1}{a^2}(y-b-a\mu)^2}{2\sigma^2}\right\} \frac{1}{a} dy \\
&= \int_{-\infty}^{ac+b} \frac{1}{\sqrt{2\pi a^2\sigma^2}} \exp\left\{-\frac{(y-(a\mu+b))^2}{2a^2\sigma^2}\right\} dy
\end{aligned}$$

$$= P(Y < ac + b)$$

最後の Y の確率密度関数をみれば、

$$Y \sim N(a\mu + b, a^2\sigma^2)$$

であることがわかる。

つまり正規分布 $N(\mu, \sigma^2)$ にしたがう X を $Y = aX + b$ と変換すれば Y の分布は $N(a\mu + b, a^2\sigma^2)$ へと変わる。

だから、正規分布の標準化

$$z = \frac{x - \mu}{\sigma} = \frac{1}{\sigma}x - \frac{\mu}{\sigma} \quad を \quad z = ax + b$$

という変換だと見なせば、

$$a = \frac{1}{\sigma}, \quad b = -\frac{\mu}{\sigma}$$

だから

$$Z \sim N(a\mu + b, a^2\sigma^2)$$

の中の a, b を μ, σ を使って表せば

$$a\mu + b = \frac{1}{\sigma}\mu - \frac{\mu}{\sigma} = 0$$
$$a^2\sigma^2 = \frac{1}{\sigma^2}\sigma^2 = 1$$

となる。たしかに $N(a\mu + b, a^2\sigma^2)$ が $N(0, 1)$ と一致している。つまり標準化は、1 次変換 $z = ax + b$ の特殊例というわけ。

「なるほど、ようやく《置換積分法》と《確率変数の変換》がつながったよ。確率ってほんとに確率密度関数の面積なんだね」

青葉は感心したように言った。

「ほんとにって、どういう意味？」

「確率を積分で定義するって話は聞いてたけど、いまやっとしっくりきた。正規分布を標準化したら標準正規分布 $N(0, 1)$ になるって話と、変

換後も確率が一致するって話が、積分の図を見たおかげで、つながったんだと思う」

「それはよかった」

13.5 利用者数の微分方程式

「さて、積分についての復習はだいたい終わったから、微分方程式に話を戻すよ」

「OK」

「さっきまので話を振り返ると、条件

$$\frac{dn}{dt} = kn \qquad (k \text{ は定数})$$

から未知の関数 $n = f(t)$ を求めると

$$n = n_0 e^{kt}$$

となることがわかった。この関数がモデルとして正しいとすると、$k > 0$ ならどんどんユーザー数が増加するはずだ。ところがデータを見てみると ……」

花京院はユーザー数の推移を、計算結果の横に並べた。

「データを見ると、はじめのうちは指数的に増加していくけど、だんだんと増加量が小さくなっている。つまりこのモデルでは、データに対する当てはまりが悪そうだ。そこで、データの生成プロセスを考えて、他の関数型を導出してみよう」

「生成プロセスを考えるって、どういうこと？」

「先ほどのモデルの問題点は、アプリの利用者数に上限を考えていないところだと予想できる。実際にはアプリをインストールする端末を持っていない人や、絶対に君の会社の商品を買わない人が存在するので、なんらかの上限が存在するはずだ。それを仮定に反映するんだよ。こんな感じかな。

1. アプリの利用者数 n は時間 t の関数である
2. 利用者数には上限がある。これを n^* とおく

3. 新規利用の発生は現在の利用者数 n だけでなく、使っていない人の割合 $1-n/n^*$ にも比例する
4. 初期条件として $t=0$ のとき $n=n_0$ とおく

上限 n^* を設定したところが、これまでと違うよ」

「うーん、3 つめの仮定の意味がよくわからないな」

花京院は計算用紙に式を書きながら説明した。

たとえば利用者の上限 n^* が 100 人で現在の利用者 n が 10 人だとしよう。するとまだ利用していない人の割合は

$$1-\frac{n}{n^*}=1-\frac{10}{100}=\frac{9}{10}$$

だ。現在利用している人が、単位時間内にランダムに 1 人の他者と出会ったときにその相手が未利用者である確率は、およそ 9/10 だと考えられる。このとき未利用者が確率 $k=1/10$ で新規利用を始めると仮定すると、新規利用者が単位時間内に発生する確率は

$$k\times\left(1-\frac{n}{n^*}\right)=\frac{1}{10}\times\frac{9}{10}$$

となる。利用者 1 人につき、この確率で新規利用者を増やすとしよう。ランダムな接触のもとでの新規利用者数の期待値 $E[X]$ は

$$\begin{aligned}E[X]&=1\times\left(\frac{1}{10}\times\frac{9}{10}\right)+0\times\left(1-\frac{1}{10}\times\frac{9}{10}\right)\\&=\frac{1}{10}\times\frac{9}{10}\end{aligned}$$

となる。つまり利用者 1 人は単位時間内に平均的に $\frac{1}{10}\times\frac{9}{10}$ 人の新規利用者を生み出す。利用者が 10 人いるので全体では

$$\underbrace{E[X]+E[X]+\cdots+E[X]}_{10\text{ 人}}=10\times\frac{1}{10}\times\frac{9}{10}$$

となる。これを一般式で表すと

$$10\times\frac{1}{10}\times\frac{9}{10}=nk\left(1-\frac{n}{n^*}\right)$$

だよ。さらに時間幅 h では

$$hnk\left(1-\frac{n}{n^*}\right)$$

人増える。時間幅 h における平均変化率は

$$\begin{aligned}\frac{f(t+h)-f(t)}{h} &= \frac{hnk\left(1-\frac{n}{n^*}\right)}{h}\\ &= nk\left(1-\frac{n}{n^*}\right)\end{aligned}$$

だ。h を 0 に近づけて極限をとると

$$\begin{aligned}\lim_{h\to 0}\frac{f(t+h)-f(t)}{h} &= \lim_{h\to 0} nk\left(1-\frac{n}{n^*}\right)\\ \frac{dn}{dt} &= nk\left(1-\frac{n}{n^*}\right)\end{aligned}$$

となる。これが《新規利用者の発生は現在の利用者数 n だけでなく、使っていない人の割合に依存する》という意味だよ。

以下では、アプリを使っていない人の割合を**未充足率**と呼ぶことにして、《利用者数 × 未充足率》、つまり

$$n\left(1-\frac{n}{n^*}\right)$$

のグラフを確認してみよう。上限を $n^*=50$ とおくよ。

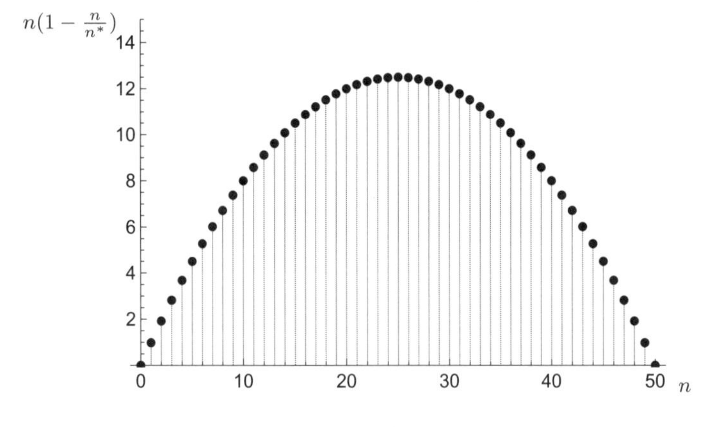

図 13.7　$n(1-\frac{n}{n^*})$ のグラフ。$n^*=50$ の場合。

このグラフから《利用者の増え方 dn/dt》が、その瞬間の《利用者数 n》と、《未充足率 $1-\frac{n}{n^*}$》の積に比例するとき、変化率 dn/dt は、利用者数 n が上限 n^* の半分の場合に最大となり、$n=0$ と $n=n^*$ の場合に 0 になることがわかる。

ようするに、利用者が少ないときは新規利用者が急激に増えて、利用者が増えてくると増加のしかたがゆるやかになるんだ。

これが微分方程式

$$\frac{dn}{dt} = nk\left(1 - \frac{n}{n^*}\right) \tag{1}$$

の直感的な意味だよ。

「なるほどー。こんなふうに表現できるんだ。でもこれ、どうやって解くの？」

「一緒に解いてみよう。以下、$k>0$ を仮定するよ。この微分方程式も、先ほど解いたものと同じ《**変数分離形**》だ。

$$\begin{aligned}
\frac{dn}{dt} &= nk\left(1 - \frac{n}{n^*}\right) && \text{(1) より} \\
\frac{dn}{dt} &= k\left(\frac{n(n^*-n)}{n^*}\right) && \text{分母をそろえる} \\
\frac{n^*}{n(n^*-n)}\frac{dn}{dt} &= k && \text{両辺に } \frac{n^*}{n(n^*-n)} \text{ を掛ける} \\
\int \frac{n^*}{n(n^*-n)}\frac{dn}{dt}dt &= \int kdt && \text{両辺を } t \text{ で積分する} \\
\int \frac{n^*}{n(n^*-n)}dn &= \int kdt && \text{置換積分法を適用}
\end{aligned}$$

ここまではいいかな？」

「ちょっと待って。最後のところはどうして？」

「置換積分法で

$$\int f(n)dn = \int f(g(t))\frac{dn}{dt}dt$$

が成り立つところを逆にして、右辺から左辺に変形したんだよ」

「あ、そういうことか」

じゃあ、続きを始めるよ。

左辺の被積分関数を分数の和に分解してみよう。

$$
\begin{aligned}
\frac{n^*}{n(n^*-n)} &= \frac{a}{n} + \frac{b}{n^*-n} && \text{分子を } a, b \text{ とおく} \\
n^* &= a(n^*-n) + bn && \text{分母をはらう} \\
0 \cdot n + n^* &= (b-a)n + an^* && n, n^* \text{ の恒等式で表す}
\end{aligned}
$$

この恒等式を満たすのは $(b-a)=0$、$n^*=an^*$ なので、これを解いて $a=1$、$b=1$ を得る。よって

$$
\frac{n^*}{n(n^*-n)} = \frac{1}{n} + \frac{1}{n^*-n}
$$

と分解できるから、これを使って

$$
\begin{aligned}
\int \left(\frac{1}{n} + \frac{1}{n^*-n} \right) dn &= \int k\,dt \\
\int \frac{1}{n} dn + \int \frac{1}{n^*-n} dn &= \int k\,dt \\
\log n - \log(n^*-n) &= kt + C && \text{積分定数をまとめる} \\
\log \frac{n}{n^*-n} &= kt + C
\end{aligned}
$$

ここで $t=0$ のとき $n=n_0$ という初期条件を使って積分定数 C を特定しよう。$t=0$ と $n=n_0$ を代入すると

$$
\log \frac{n_0}{n^*-n_0} = k \cdot 0 + C = C.
$$

よって積分定数は $C = \log \frac{n_0}{n^*-n_0}$ であることがわかる。これを代入すると

$$
\begin{aligned}
\log \frac{n}{n^*-n} &= kt + \log \frac{n_0}{n^*-n_0} && \text{積分定数を代入} \\
\log \frac{n}{n^*-n} &= \log e^{kt} + \log \frac{n_0}{n^*-n_0} = \log \frac{n_0 e^{kt}}{n^*-n_0}
\end{aligned}
$$

$$\frac{n}{n^* - n} = \frac{n_0 e^{kt}}{n^* - n_0}$$

$$n = \frac{n^* n_0}{(n^* - n_0)e^{-kt} + n_0} \quad n \text{ について整理}$$

となる。単純な仮定から出発して、使用者数 n を時間 t の関数として表現できた。

「なるほどー。こうやって関数の形を決めるのかー」

「微分方程式を解いて導出した関数

$$n = \frac{n^* n_0}{(n^* - n_0)e^{-kt} + n_0}$$

のグラフを描いてみよう[*2]。先ほどの指数関数的に増加するグラフと比較すると、時間の経過と共に増えるという特徴は同じだけど、その増え方が違うことがわかる」

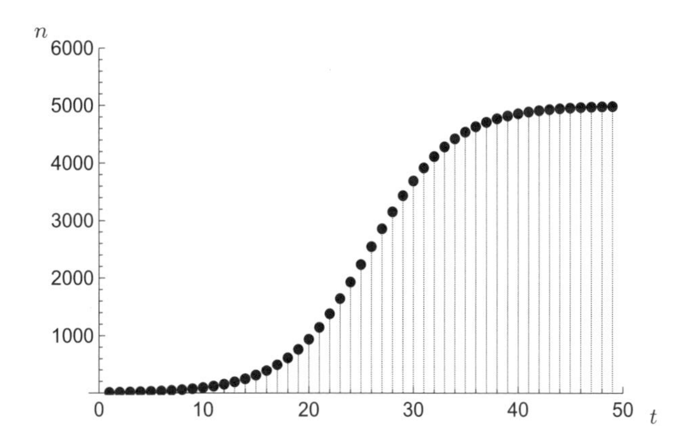

図 13.8　$n = \frac{n^* n_0}{(n^* - n_0)e^{-kt} + n_0}$ のグラフ。$n_0 = 10, k = 0.25, n^* = 5000$

「へえー。たしかに最初のほうは増加が急だけど、増え方がだんだんとゆるやかになるね」

[*2] t に関して連続な関数ですが、グラフは離散的な時点ごとの値をプロットしています

「最初の微分方程式とは想定しているメカニズムが違うからだよ。そしてデータの傾向と比較してみると、利用者数に上限のあるモデルのほうが、あてはまりがよさそうに見える」

「そうだね。このパラメータ $k = 0.25$ とか上限 $n^* = 5000$ はどうやって決めたの？」

「上限はデータから考えた。k の値は適当に決めたよ。k をデータから推定することもできる」

「こういう微分方程式のモデルに、データをあてはめることって、できるの？」

「微分方程式を解いた結果の関数を、回帰モデルに変換するには、たとえば時点 t_i の総利用者数 N_i について

$$N_i = \frac{n^* n_0}{(n^* - n_0)e^{-kt_i} + n_0} + U_i$$

という確率モデルを考えればいい。U_i は誤差項だよ」

「わざわざ誤差項を足しちゃうわけ？」

「観測誤差や、微分方程式モデルに含まれなかった要因をひっくるめて誤差項 U_i と考えるんだ。そうすれば確率モデルと見なせる。U_i が確率変数だから、左辺の N_i も確率変数だよ。

右辺の確率変数は U_i だけで、その他は定数と見なすことができる。定数部分を μ とおき、誤差項 U_i が平均 0、分散 σ^2 の正規分布にしたがうと仮定すれば、

$$N_i = \mu + U_i, \quad U_i \sim N(0, \sigma^2)$$

だよ。N_i の分布は $N(0, \sigma^2)$ に定数 μ を足した分布だから、正規分布の性質より、

$$N_i \sim N(\mu, \sigma^2)$$

となる。μ の部分を明示的に書けば

$$N_i \sim N\left(\frac{n^* n_0}{(n^* - n_0)e^{-kt_i} + n_0}, \sigma^2\right)$$

だよ。この仮定は時点 t_i でのアプリ使用者数 N_i（確率変数）を

$$\text{平均}：\frac{n^* n_0}{(n^* - n_0)e^{-kt_i} + n_0}\text{、分散}：\sigma^2$$

の正規分布でモデル化したことを表している。つまり平均パラメータが微分方程式モデルで決まる確率モデルだ」

「これまで考えてきた回帰モデルとは平均の部分が違うね」

「説明変数と被説明変数の関係が複雑で、OLS 推定量を直接計算するのが少し面倒なので推定には別の方法を使う。初期条件である n_0 や上限 n^* は所与の値として仮定すればいいから、この場合データから推定するパラメータは k だ。たとえばベイズ統計の枠組みでパラメータ k の事後分布を MCMC で計算すると、それを利用して N_i の予測分布を計算できるんだよ」

「ちょっとなに言ってるかわからない」

「直感的に言えば、微分方程式モデルのような普及プロセスを表現した数理モデルをベースにした確率モデルをつくって、データを生成する未知の分布を推測できるってことだよ」

「微分方程式みたいな数理モデルと、前に教えてくれた統計的推測がつながるんだね。こんなところがつながるなんて、知らなかったな」

「君が高校で定積分を最初に習ったときは、関数のグラフの面積を求める以外に使い道はないと思ったんじゃないかな。でも実際には、積分で確率の計算もできるし、確率変数の合成もできるし、微分方程式を解くこともできる。そんなふうに、いままでに知っていた方法が、別の概念や理論と関連することが、あるとき突然わかるんだ。これが数理モデルの楽しいところだよ」

「知らない道を歩いてたら、《あ、この道ここにつながるんだ》って気づくみたいな感じ？」

「そうだね。頭の中で全体の地図がつながる感じだよ」

「テトリスで長い棒がピタッとはまる感じ？」

「あれ嬉しいよね」

「なるほどー。積分なんて一生使わないだろうなーっていままで思ってたけど、今日の話を聞いて、じつはいろいろ使えそうなことがわかったよ」

「じゃあ、またひとつ回収できたね」

「え？」

「《微分》に引き続き、君の人生で《積分》という伏線を回収できた」

花京院は楽しそうに笑った。

「たしかに、そうかも。なにが役に立つかなんてわからないもんだね。もしかしたら、他にもつながる世界があるのかも」

青葉は微分方程式という、新しい方法を知った。

それにより、単なる計算法にすぎなかった積分が別の世界とつながった。

彼女は頭の隙間になにかがピタッとはまるのを感じた。

まとめ

Q　アプリの利用者数を予測するには？

A　ある時点での瞬間的な変化から、利用者数を時間の関数として表現し、将来の利用者数を予測します。ある瞬間の変化から、その変化を生み出す未知の関数を導出する方法として、微分方程式を利用できます。

- 導関数を含む方程式を微分方程式と呼び、微分方程式から積分などを利用して未知関数を特定することを《微分方程式を解く》といいます。
- 置換積分法の定理を使うと、積分の計算が簡単になる場合があります。
- 確率密度関数を積分すると確率が計算できます。
- 確率変数を変換した場合の確率計算に、置換積分法を応用できます。

第14章

広告で販売数を増やすには？

第 14 章

広告で販売数を増やすには？

「ぜーったい、じわじわ盛り上げるほうがいいんですって」

「いやいや、広告ってものは、一定量を定期的に流すもんだよ」

朝から続く社内会議で、青葉は先輩社員と新商品の宣伝方法について議論していた。

青葉が主張する意見は、《じわじわタイプ》だ。これは最初のうちは広告量が少ないが、時間と共にその量が増加していく手法で、SNS などで自然発生的に見られる口コミがその代表である。

一方で、先輩社員が主張しているのは、《一定タイプ》だった。これは宣伝期間の最初から終わりまで、一定量の広告を流し続ける手法である。

この二つの広告方法の優劣について、2 人は朝からずっと平行線の議論を続けているのだった。

先輩社員の言い分はこうだ。広告というものは、それを見る人と見ない人がいる。だから一定期間一定量の広告を流せば、それを見る人の割合は平均的には一定に保たれるはずだ。そして広告というものは、何度も目にするほど記憶に残る。だから平均的により多くの人の記憶に残るよう宣伝するには、一定量の広告を流し続けるのがいいのだ、と。

青葉は、その主張もなんとなく正しいような気がした。一方で過去の経験から、自分の考えも捨てがたい気がする。

「わかりました。それじゃあこの件、数理モデルで決着をつけましょう」

「数理モデル？　なにそれ？」

「えーっと、ちょっと 2、3 日考える時間をもらえますか」

青葉になにか具体的なアイデアがあるわけではなかった。ただし自分の経験や直感だけで《じわじわタイプ》の広告がいい、と主張してもしかたがないと思ったのだ。

青葉はまず、関連するデータを集めるところから仕事を開始した。

しかし取りかかってみるとすぐに、彼女はこの問題の難しさを理解した。そもそも広告がある場合とない場合で、どの程度売上の増加を見込めるのか、その基本的なモデルがよくわからないのだ。

最近学んだゲーム理論モデルは、考えているシチュエーションに合わない気がした。一方で、統計を使った分析も、自分が知っている回帰モデルには合わない気がした。

（このあいだ教えてもらったモデルはなんだっけ……。たしか、微分方程式モデル……）

14.1 販売数の減少

「どんな商品でも宣伝すれば販売数は一定量増えるけど、それは一時的なもので、時間が経つとまた自然に減るんだよ。広告に効果があるのはわかっているから、どういう流し方がより効果的なのかを知りたいんだけど」駅前の喫茶店で花京院を見つけた青葉は、いつものように相談をもちかけた。

「流し方って？」

「《じわじわ》広告するのと、広告量を《一定》に保つのと、どっちが効果的なのかを知りたいの。どうやって考えたらいいのかな？」

「広告の効果か……。なにか参考になるようなデータはあるの？」

花京院が聞いた。

「広告がない場合のデータならあるよ。たとえばこれは、宣伝をしなかった場合に、ある商品の週ごとの販売数を 24 週間記録したデータだよ」青葉は販売数の変化をノート PC で表示して見せた。

「宣伝しなければ、各週の販売数はだんだんと下がっていくんだよね」

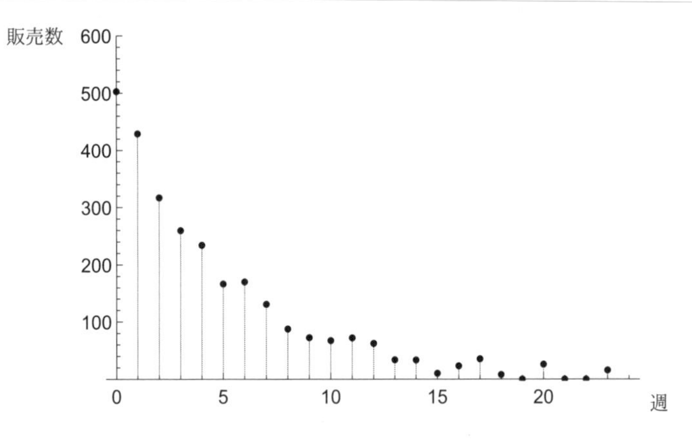

図 14.1　週ごとの販売数のデータ。横軸の単位は 1 週間

「なるほど。おもしろいデータだ。まずは変化の傾向を見るために、縦軸の対数をとってみよう。できる？」

「えーっと縦軸のスケールを対数に変換すればいいんでしょ。こうかな……」青葉は、花京院の指示にしたがい、各週の販売数のデータのプロットの縦軸を対数軸に変換した。

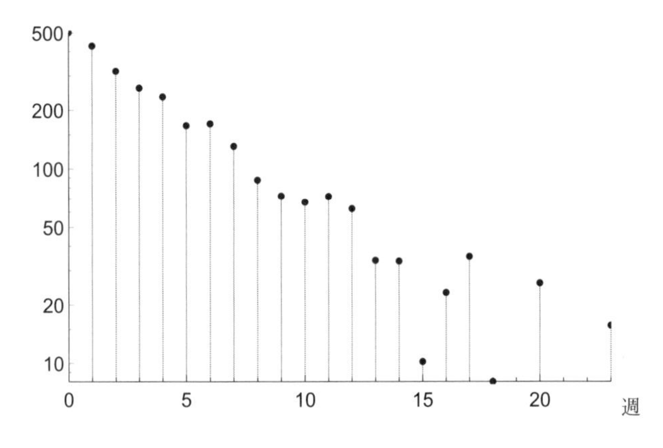

図 14.2　週ごとの販売数のデータ。横軸の単位は 1 週間、縦軸は販売数の対数

「後半はちょっと誤差があるけど、だいたい直線っぽくなるよ」

「うん。多少のズレはあるものの、販売数の対数を直線で近似できると仮定しても大きな問題はなさそうだね。s を販売数、t を時間として、その関係を

$$\log s = -\beta t + c$$

という関数で近似してみよう。β は減少率を表すパラメータだよ。$t = 0$ のとき、$\log s = c$ になるから、c は初期時点における販売数の対数だ」

花京院は計算用紙に式を書くと、計算を続けた。

「この式 $\log s = -\beta t + c$ を指数関数で表現すれば

$$s = \exp\{-\beta t + c\}$$

となる。これが t 時点での販売数を表した関数だ。広告がない場合、時間 t の増加と共に販売数 s は減少していく様子を表している」

14.2 広告モデルの定式化

「次に，販売数 s に対する広告の影響を微分方程式で表してみよう。広告量を a とおけば、販売数 s の変化率は

$$\frac{ds}{dt} = \text{広告量 } a \text{ の関数}$$

だと予想できる。広告の効果は、未購入者の割合に依存すると考えられるので、その割合を定義しよう。販売数の上限を M とおくと

$$\frac{M - s}{M}$$

は、まだ商品を購入していない顧客の割合となる。これを**未充足率**と呼ぶことにしよう。広告がある場合の販売数 s の変化率が広告量 a と未充足率（未購入者の割合）$\frac{M-s}{M}$ に依存すると仮定すれば、

$$\frac{ds}{dt} = ra\frac{M - s}{M}$$

と表すことができる。ここで r は広告への反応を表すパラメータだよ[*1]」

[*1] 本章のモデルは Vidale & Wolfe (1957); Burghes & Borrie (1981) を参考にしました

「えーっとつまり、広告量 a や広告への反応 r が大きいほど販売数は増えるし、未充足率 $\frac{M-s}{M}$ が高いほど広告の効果が大きいってことだね」

「そうだよ。そして広告がない場合は、データが示すとおり自然に販売数が減少するのでその変化率も考慮する。販売数 s を時間 t で微分すれば

$$\frac{ds}{dt} = -\beta \exp\{-\beta t + c\} = -\beta s$$

だから、広告がある場合とない場合の変化率を合計すると

$$\frac{ds}{dt} = \overbrace{ra\frac{M-s}{M}}^{\text{広告による増加}} - \underbrace{\beta s}_{\text{自然な減少}}$$

となる。これが、《広告による販売数の増加》と、《時間経過による販売数の減少》を同時に考慮した微分方程式だよ。これを解くと、放っておけば減少する販売数が、広告によってどの程度増加するのかわかる」

「なるほどー」青葉は微分方程式の下にさらにメモを書き足した。

$$\frac{ds}{dt} = \overbrace{\underbrace{r}_{\substack{\text{広告への}\\\text{反応定数}}} \times \underbrace{a}_{\text{広告量}} \times \underbrace{\frac{M-s}{M}}_{\substack{\text{潜在的購入者}\\\text{の割合}}}}^{\text{広告による増加}} - \underbrace{\beta s}_{\text{自然な減少}} \tag{1}$$

「広告量 a は時間 t によって変わるけど、最初は単純に

$$a(t) = \begin{cases} A, & 0 < t \leq T \\ 0, & T < t \end{cases}$$

と定義しよう。これは広告が終わる時間 T まで一定量 A を流すという意味だよ。グラフで表すとこんな感じだ」

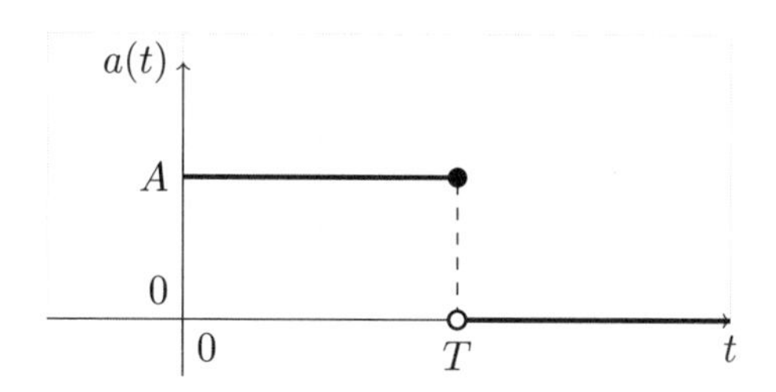

図 14.3　広告量 $a(t)$ の例。一定量 A を流す場合

「なるほど、これで《一定タイプ》が表現できるんだね」

「そうだよ。微分方程式を計算しやすいように各項を整理しておこう。すると

$$
\begin{aligned}
\frac{ds}{dt} &= ra\frac{M-s}{M} - \beta s && \text{(1) より} \\
\frac{ds}{dt} &= ra\left(1 - \frac{s}{M}\right) - \beta s && \\
\frac{ds}{dt} &= ra - s\left(\frac{ra}{M} + \beta\right) && s\ \text{でまとめる} \\
\frac{ds}{dt} &+ \left(\frac{ra}{M} + \beta\right)s = ra && \text{式を整理する} \qquad (1')
\end{aligned}
$$

となる。はじめに、時間 $0 < t < T$ という条件下で考えてみよう。このとき広告量 a は一定だから、$(1')$ に $a = A$ を代入すると

$$
\frac{ds}{dt} + \left(\frac{rA}{M} + \beta\right)s = rA
$$

となる。この形の微分方程式を**1階線形微分方程式**と呼ぶよ。一般的には

$$
\frac{ds}{dt} + P(t)s = Q(t) \tag{2}
$$

という形で表現できる。ここで $P(t), Q(t)$ は t の関数だよ。

いま考えている広告モデルについて、$P(t)$ と $Q(t)$ をそれぞれ

$$
P(t) = \frac{rA}{M} + \beta, \qquad Q(t) = rA
$$

と見なせば

$$\frac{ds}{dt} + \left(\frac{rA}{M} + \beta\right) s = rA \qquad (2')$$

だから、このモデルはたしかに 1 階線形微分方程式だ」

青葉は 2 つの微分方程式 (2) と (2′) を見比べた。

「ちょっと見た目は違うけど、たしかに式の構造は同じだね」

「このタイプの微分方程式を解く方法は、すでに知られている」

「へえー、こんなの解く方法があるんだ。便利」

14.3　広告モデルの解

「1 階線形微分方程式を解くには《**積分因子**》と呼ばれる

$$e^{\int P(t)dt} = e^{\int (\frac{rA}{M} + \beta)dt}$$

を両辺に掛ければいい」

花京院は新しい計算用紙を取り出した。

$b = (rA)/M + \beta$ とおけば

$$\int P(t)dt = \int \left(\frac{rA}{M} + \beta\right) dt = \int b\,dt = bt$$

より、積分因子は

$$e^{\int \left(\frac{rA}{M} + \beta\right) dt} = e^{\int b\,dt} = e^{bt}$$

だから、微分方程式の両辺に積分因子 e^{bt} を掛けると

$$\frac{ds}{dt} + \left(\frac{rA}{M} + \beta\right) s = rA \qquad (2') \text{ より}$$

$$\frac{ds}{dt} + (b)\,s = rA \qquad b = (rA)/M + \beta \text{ に置き換える}$$

$$e^{bt}\frac{ds}{dt} + e^{bt}bs = e^{bt}rA \qquad \text{積分因子 } e^{bt} \text{ を掛ける} \qquad (3)$$

となる。

ここで、s が t の関数であることに注意して、関数の積の微分公式

$$
\begin{aligned}
(fg)' &= f'g + fg' \\
\frac{d}{dt}(e^{bt}s) &= e^{bt}bs + e^{bt}\frac{ds}{dt} \qquad (4)
\end{aligned}
$$

を利用する。すると、

$$
\begin{aligned}
e^{bt}\frac{ds}{dt} + e^{bt}bs &= e^{bt}rA && \text{(3) より} \\
\frac{d}{dt}(e^{bt}s) &= e^{bt}rA && \text{(4) を使って変形する} \\
e^{bt}s &= \int e^{bt}rAdt && \text{両辺を } t \text{ で積分する} \\
e^{bt}s &= rA\int e^{bt}dt && rA \text{ を積分の外に出す} \\
e^{bt}s &= \frac{rAe^{bt}}{b} + C && \text{積分を解く} \qquad (5)
\end{aligned}
$$

となる。C は積分定数だよ。$t = 0$ のとき $s = s_0$ になるという初期条件から、この定数 C は

$$
C = s_0 - \frac{rA}{b}
$$

と特定できるよ。この積分定数 C を代入すると、

$$
\begin{aligned}
e^{bt}s &= \frac{rAe^{bt}}{b} + C && \text{(5) より} \\
e^{bt}s &= \frac{rAe^{bt}}{b} + s_0 - \frac{rA}{b} && C \text{ を代入} \\
e^{-bt}\cdot e^{bt}s &= e^{-bt}\left(\frac{rAe^{bt}}{b} + s_0 - \frac{rA}{b}\right) && \text{両辺に } e^{-bt} \text{ を掛ける} \\
e^{0}s &= \frac{e^{0}rA}{b} + e^{-bt}\left(s_0 - \frac{rA}{b}\right) && e^{-bt}\cdot e^{bt} = e^{0} \\
s &= \frac{rA}{b} + e^{-bt}\left(s_0 - \frac{rA}{b}\right) && e^{0} = 1 \qquad (6)
\end{aligned}
$$

となる。つまり時間 $0 < t < T$ という条件下での販売数 s を時間 t と広告量 A の関数として表すと

$$
s = \frac{rA}{b} + e^{-bt}\left(s_0 - \frac{rA}{b}\right), \qquad \text{ただし } 0 < t \leq T, b = \frac{rA}{M} + \beta
$$

となる。

「おー、けっこうややこしい形の関数だね」

「でもよく見ると、基本部分は e^{-bt} という関数だから、そんなに複雑な関数じゃないよ。いま示した計算は、次のように一般化できることが知られている[*2]」

14.1 命題 (1 階線形微分方程式の解)

1 階線形微分方程式

$$\frac{ds}{dt} + P(t)s = Q(t)$$

の解は

$$s = e^{-\int P(t)\,dt}\left(\int e^{\int P(t)\,dt} Q(t)dt + C\right)$$

である。C は積分定数。

「さて次に、広告終了後の販売数 s を解いてみよう。時間 t の範囲は $T < t$ だよ」

花京院は新しい計算用紙を取り出した。

$T < t$ という時間の条件のもとでは、広告量 a が $a = 0$ となる。だから微分方程式は

$$\frac{ds}{dt} + \left(\frac{ra}{M} + \beta\right)s = ra \qquad (1') \text{ より}$$

$$\frac{ds}{dt} + \left(\frac{r \cdot 0}{M} + \beta\right)s = r \cdot 0 \qquad a = 0 \text{ を代入}$$

$$\frac{ds}{dt} + \beta s = 0$$

*2 1 階線形微分方程式の解の証明は Burghes & Borrie (1990); 矢野・田代 (1993) などを参照してください

$$\frac{ds}{dt} = -\beta s$$

となる。つまり最初に考えた《広告がない場合の変化率》に一致する。

この結果はすでにわかっているので

$$\begin{aligned} s &= e^{-\beta t + c} && \text{305 頁の結果より} \\ &= e^{-\beta t} e^{c} && \text{指数を分ける} \\ &= e^{-\beta t} K && \text{定数を } K = e^{c} \text{ でまとめる} \end{aligned} \tag{7}$$

とおこう。$t = T$ のとき $s = s^*$ となる、という条件を使って定数 K を特定すると

$$K = s^* e^{\beta T}$$

となる。これを代入すれば

$$\begin{aligned} s &= e^{-\beta t} K && \text{(7) より} \\ &= e^{-\beta t} s^* e^{\beta T} && K = s^* e^{\beta T} \text{ を代入} \\ &= s^* e^{-\beta t + \beta T} && \text{指数をまとめる} \\ &= s^* e^{\beta (T - t)} \end{aligned}$$

となる。T 時点の販売数 s^* は、広告終了時点の販売数なので、具体的に書くと

$$s^* = \frac{rA}{b} + e^{-bT}\left(s_0 - \frac{rA}{b}\right) \qquad \text{(6) 式に } t = T \text{ を代入}$$

だよ。この式を先ほど微分方程式から導出した関数 s に代入すると

$$\begin{aligned} s &= s^* e^{\beta (T - t)} \\ &= \left\{ \frac{rA}{b} + e^{-bT}\left(s_0 - \frac{rA}{b}\right) \right\} e^{\beta (T - t)} \end{aligned}$$

だ。これが $t > T$ の範囲での販売数 s だよ。

微分方程式を解いた結果をまとめると、販売数 s は

$$s(t) = \begin{cases} \dfrac{rA}{b} + e^{-bt}\left(s_0 - \dfrac{rA}{b}\right), & 0 < t \leq T \\ \left\{ \dfrac{rA}{b} + e^{-bT}\left(s_0 - \dfrac{rA}{b}\right) \right\} e^{\beta (T - t)}, & T < t \end{cases}$$

となる。ただし

$$b = \frac{rA}{M} + \beta$$

だよ。これが広告の影響を考慮した販売数 s だ。この関数のグラフはこうなる。

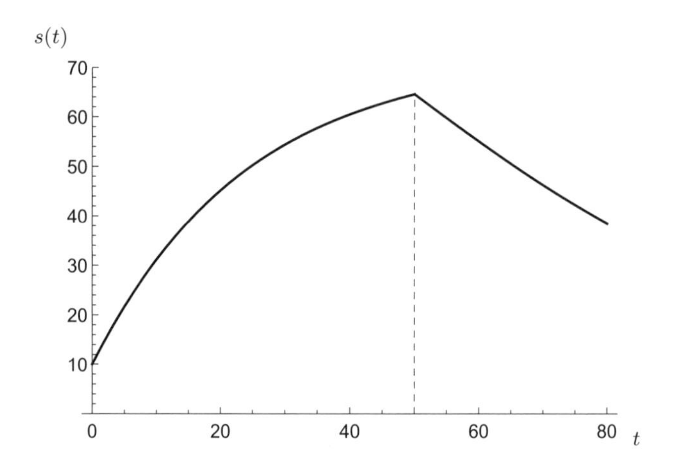

図 14.4　$s(t)$ のグラフ（$s_0 = 10, T = 50, \beta = 0.02, A = 1.5, M = 140, r = 2$）。破線は広告終了時点を表す

「販売数が上昇していく部分の曲線が

$$\frac{rA}{b} + e^{-bt}\left(s_0 - \frac{rA}{b}\right)$$

で、下降していく部分の曲線が

$$\left\{\frac{rA}{b} + e^{-bT}\left(s_0 - \frac{rA}{b}\right)\right\} e^{\beta(T-t)}$$

だよ。上昇から下降に転じる時点が $T = 50$ だ。販売数は広告を流しはじめた最初がもっとも急速に伸びるけど、未充足率が低下するにつれて徐々に増え方が減少する。そして広告が時点 $T = 50$ で終わると、販売数は減少しはじめる」

「なるほど。これが広告量が《一定タイプ》の販売数の変化なのかー。計算はちょっと難しいけど、微分方程式って便利じゃん」

14.4 広告モデルのバリエーション

「広告量が《一定タイプ》のモデルは特定できた。次に《じわじわタイプ》の表現を考えてみよう」

「どうすればいいの？」

「《一定タイプ》をベースにして、《じわじわタイプ》を関数で表現するんだよ。《一定タイプ》は時間 t に依存せず、広告量 a が一定なのに対して、《じわじわタイプ》は時間 t と共に広告量 a が増えていく。イメージはこんな感じだ」

花京院は 2 つのグラフを計算用紙に描いた。

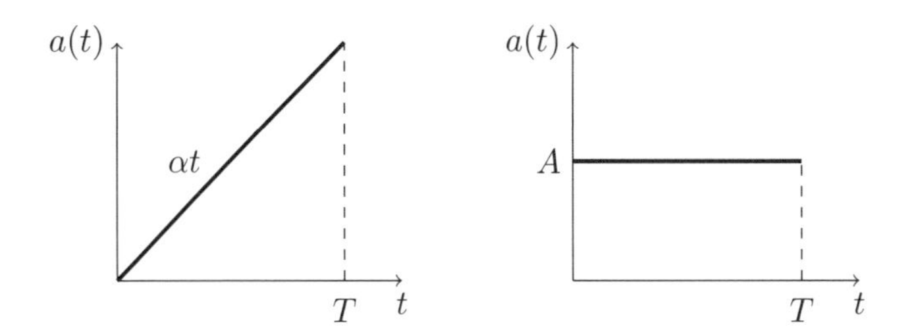

図 14.5 《じわじわタイプ》と《一定タイプ》のイメージ

「ここで、広告量 a を時間 t の関数として $a(t)$ で表すことにしよう。$\alpha, A > 0$ として

- じわじわタイプ $a(t) = \alpha t$
- 一定タイプ $a(t) = A$

で表現する。《じわじわタイプ》は傾きが α であるような直線で、《一定タイプ》は値がずっと A であるような直線だよ」

「なるほどー。こうやって表現すればいいのか。ちょっと思いつかなかったなあ」

「他にも表現はあるけど、最初だからこのくらい単純な関数を使って《じわじわタイプ》の微分方程式を解いてみよう」

花京院は計算を続けた。

《じわじわタイプ》は時間と共に広告量が増えていく。最初の微分方程式では広告量が一定（$a = A$）と考えてきたので、そこを $a = \alpha t$ に置き換える。また、広告タイプの違いだけを比較したいから、販売数の減少パラメータ β は簡略化のために $\beta = 0$ と仮定する。

$$\frac{ds}{dt} + \left(\frac{ra}{M} + \beta\right) s = ra \qquad (1') \text{ より}$$

$$\frac{ds}{dt} + \left(\frac{r\alpha t}{M} + \beta\right) s = r\alpha t \qquad a = \alpha t \text{ を代入}$$

$$\frac{ds}{dt} + \left(\frac{r\alpha t}{M}\right) s = r\alpha t \qquad \beta = 0 \text{ を代入}$$

$\beta = 0$ を仮定した場合の 1 階線形微分方程式はそれぞれ

$$\text{じわじわタイプ} \quad \frac{ds}{dt} + \frac{r\alpha t}{M} s = r\alpha t$$

$$\text{一定タイプ} \quad \frac{ds}{dt} + \frac{rA}{M} s = rA$$

となる。

14.4.1　じわじわタイプの導出

$P(t) = \frac{r\alpha t}{M}$ とおくと、

$$\int P(t)\,dt = \int \frac{r\alpha t}{M}\,dt = \frac{r\alpha}{M}\int t\,dt = \frac{r\alpha}{M}\frac{t^2}{2} = \frac{r\alpha t^2}{2M}$$

だから、じわじわタイプの積分因子 $e^{\int P(t)\,dt}$ は

$$e^{\int P(t)\,dt} = e^{\frac{r\alpha t^2}{2M}}$$

となる。この積分因子 $e^{\frac{r\alpha t^2}{2M}}$ を使い、じわじわタイプに《1 階線形微分方程式の解（310 頁）》を適用すると、

$$s = e^{-\int P(t)\,dt}\left(\int e^{\int P(t)\,dt} Q(t)dt + C\right) \qquad \text{解の命題より}$$

$$s = e^{-\frac{r\alpha t^2}{2M}} \left(\int e^{\frac{r\alpha t^2}{2M}} Q(t) dt + C \right) \quad \text{積分因子を代入}$$

$$s = e^{-\frac{r\alpha t^2}{2M}} \left(\int e^{\frac{r\alpha t^2}{2M}} r\alpha t \, dt + C \right) \quad Q(t) = r\alpha t \text{ を代入} \qquad (8)$$

ここで、積分 $\int e^{\frac{r\alpha t^2}{2M}} r\alpha t \, dt$ を解くために、$Me^{\frac{r\alpha t^2}{2M}}$ の微分を考える。[*3]

$$\frac{d}{dt} Me^{\frac{r\alpha t^2}{2M}} = e^{\frac{r\alpha t^2}{2M}} r\alpha t$$

だから、これを使えば積分 $\int e^{\frac{r\alpha t^2}{2M}} r\alpha t \, dt$ が解けるよ。

$$\int e^{\frac{r\alpha t^2}{2M}} r\alpha t dt = Me^{\frac{r\alpha t^2}{2M}}$$

この結果を利用すると

$$\begin{aligned} s &= e^{-\frac{r\alpha t^2}{2M}} \left(\int e^{\frac{r\alpha t^2}{2M}} r\alpha t \, dt + C \right) && (8) \text{ より} \\ &= e^{-\frac{r\alpha t^2}{2M}} \left(Me^{\frac{r\alpha t^2}{2M}} + C \right) && \text{積分を解く} \\ &= Me^{-\frac{r\alpha t^2}{2M}} e^{\frac{r\alpha t^2}{2M}} + Ce^{-\frac{r\alpha t^2}{2M}} && \text{展開する} \\ &= M + Ce^{-\frac{r\alpha t^2}{2M}} && e^{-x}e^{x} = e^0 = 1 \text{ より} \end{aligned}$$

だよ。初期条件 $t = 0$ のとき、$s = s_0$ より、定数 C は

$$C = s_0 - M$$

と特定できる。この定数 $C = s_0 - M$ を代入すると

$$s = M + (s_0 - M)e^{-\frac{r\alpha}{2M}t^2}$$

となる。

14.4.2 一定タイプの導出（$\beta = 0$ の場合）

一定タイプの微分方程式はすでに計算したので、その結果を利用すると、$\beta = 0$ の場合の微分方程式の解は

*3 合成関数の微分 $(e^{t^2})' = 2te^{t^2}$ を使いました

$$s = M + (s_0 - M)e^{-\frac{rA}{M}t}$$

となる[*4]

14.5　広告タイプの比較

「ここまでの計算で《じわじわタイプ》と《一定タイプ》の違いを反映した販売数 s を特定できた。《じわじわタイプ》の販売数を $s_1(t)$、《一定タイプ》の販売数を $s_2(t)$ で表すことにしよう」

$$\text{じわじわタイプ}\ s_1(t) = M + (s_0 - M)e^{-\frac{r\alpha}{2M}t^2}$$
$$\text{一定タイプ}\ s_2(t) = M + (s_0 - M)e^{-\frac{rA}{M}t}$$

青葉は 2 つの式をじっと見比べた。

「うーん、広告のタイプの違いによって、販売数 s の関数が変わるのはわかったんだけど、結局どっちのタイプが効果的なんだろ？ 式を見てもわからないよ」

「2 つを比較するために、《広告期間と総広告量は同じ》という制約を仮定しよう。同じ期間で、総広告量も同じだけど、広告の流し方だけが《じわじわタイプ》と《一定タイプ》で異なる、と考えるんだ。これはインプリケーションを導出するためのコツ

比較するとき、比較する条件以外のものは共通にする

だよ」

「なるほどー。期間と総量が同じなら、総販売数が多いほうが効果的な宣伝方法ってことだね。でも、どうやって計算するの？」

「広告量 $a(t)$ を時点 0 から時点 T まで積分すると、T 時点までの総広告量となる。この総広告量を定数 AT とおく。つまり総広告量 AT は $a(t)$ の積分により

$$\int_0^T a(t)dt = AT$$

*4 308 頁と同様の計算を繰り返すと、この結果を得ます

と表現できる」

「あー、これも積分で表現できるんだ」

「《じわじわタイプ》$a(t) = \alpha t$ の場合、総広告量が AT という条件から逆算して、傾き α を特定できる。つまり

$$
\begin{aligned}
\int_0^T \alpha t\,dt &= AT && a(t) = \alpha t \text{ より} \\
\left[\frac{\alpha t^2}{2}\right]_0^T &= AT && \text{定積分を計算する} \\
\frac{\alpha \cdot T^2}{2} - \frac{\alpha \cdot 0^2}{2} &= AT \\
\alpha = \frac{2AT}{T^2} &= \frac{2A}{T}
\end{aligned}
$$

だよ。まとめると、

$$
\begin{aligned}
\text{じわじわタイプ} &\quad a(t) = \alpha t = \frac{2A}{T}t \\
\text{一定タイプ} &\quad a(t) = A
\end{aligned}
$$

となる。関数 $a(t)$ がこのように定義されていれば、時点 T までの総広告量は共に AT になる。図で表すとこんなイメージだよ」

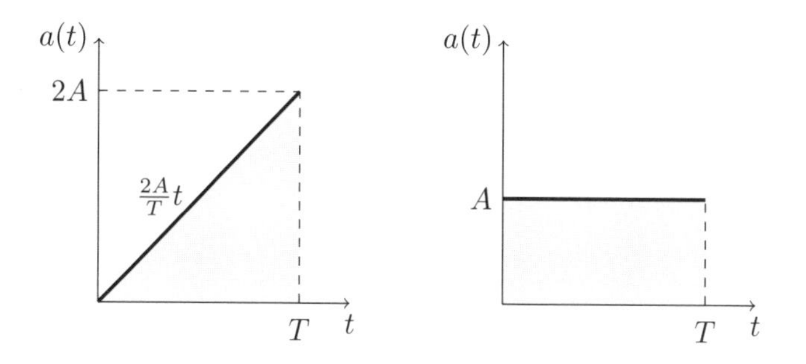

図 14.6　《じわじわタイプ》と《一定タイプ》の時間 T までの総広告量。灰色の部分が総広告量（この面積はどちらも AT となる）

「図の灰色の面積が AT になることは簡単な計算（三角形の面積と長方形の面積）によって確かめることができる」

「ほんとだ。どちらも面積が、ちゃんと AT になるね」

先ほど解いた微分方程式の結果から

$$\text{じわじわタイプ}\quad s_1(t) = M + (s_0 - M)e^{-\frac{r\alpha}{2M}t^2}$$
$$\text{一定タイプ}\quad s_2(t) = M + (s_0 - M)e^{-\frac{rA}{M}t}$$

だから、$\alpha = \frac{2A}{T}$ を代入すると

$$\text{じわじわタイプ}\quad s_1(t) = M + (s_0 - M)\exp\left\{-\frac{rAt^2}{MT}\right\}$$
$$\text{一定タイプ}\quad s_2(t) = M + (s_0 - M)\exp\left\{-\frac{rAt}{M}\right\}$$

となる。

時点 0 から時点 T までの総販売数はそれぞれ

$$\int_0^T s_1(t)dt, \qquad \int_0^T s_2(t)dt$$

で表すことができる。

ところで、α を総広告量 AT で表したことによって、2 つの関数を比較することが可能になった。$s_1(t)$ と $s_2(t)$ の違いは exp の指数

$$\exp\left\{-\frac{rAt^2}{MT}\right\}, \exp\left\{-\frac{rAt}{M}\right\}$$

だけだ。2 つの関数の比をとると

$$\begin{aligned}\frac{\exp\left\{-\frac{rAt}{M}\right\}}{\exp\left\{-\frac{rAt^2}{MT}\right\}} &= \exp\left\{-\frac{rAt}{M} + \frac{rAt^2}{MT}\right\}\\ &= \exp\left\{\frac{rAt(t-T)}{MT}\right\}\end{aligned}$$

となる。また広告終了時間 T までの比較だから $t < T$ が成り立ち、$(t-T) < 0$ なので

$$\exp\left\{\frac{rAt(t-T)}{MT}\right\} \leq \quad 1$$

となる。これは

$$\exp\left\{-\frac{rAt^2}{MT}\right\} > \exp\left\{-\frac{rAt}{M}\right\}$$

を意味する。そして M が販売数の上限だから、$s_0 - M$ はマイナスなので、これを両辺に掛けると

$$(s_0 - M)\exp\left\{-\frac{rAt^2}{MT}\right\} < (s_0 - M)\exp\left\{-\frac{rAt}{M}\right\}$$

となる。以上の比較から

$$s_1(t) < s_2(t)$$

となり、一定タイプのほうが大きいことがわかる。グラフで関数の大小関係を確認しておこう。

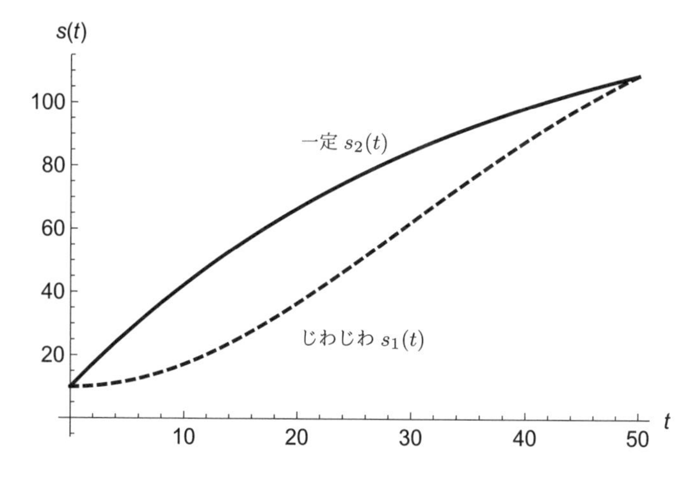

図 14.7　破線はじわじわタイプの販売数 $s_1(t)$、実線は一定タイプの販売数 $s_2(t)$。横軸は t、縦軸は販売数 s。初期値 $s_0 = 10$, 広告期間 $T = 50$, 総広告量 $AT = 100$, 上限 $M = 140$, 反応パラメータ $r = 2$

「あ、《一定タイプ》のグラフが《じわじわタイプ》の上にある。ってことは、一定タイプのほうが販売数が多いんだ」

「この関数を $0 < t < T$ の範囲で積分すると期間 $[0, T]$ の総販売数がわかる。この期間では常に $s_1(t) < s_2(t)$ なので

$$\int_0^T s_1(t)dt < \int_0^T s_2(t)dt$$

が成立する。つまり君の直感に反し、《一定タイプ》の広告のほうが効果的だ」

「なるほどー」

「同じ総広告量でも、増加の効果が違うのがおもしろいね。これは微分方程式モデルならではのインプリケーションだよ。数理モデルをつくって計算しないと、こんな結果は予想できない」

「そうだね。でも私の予想が外れたのは残念だな」

「直感なんてそんなものだよ。直感でたまたま正しい方法を選んだからといって、それは偶然に過ぎない。直感でわかることと、わからないことを明確に分けて、時間をかけて論理的に考えることのほうが大切だ。そうすれば偶然ではなく、必然的に正しい判断に到達できる」

青葉は、2 つのグラフを見比べながら、《普通の言葉》だけで理解することと、普通の言葉と《数学》の両方を使って理解することについて考えた。

《普通の言葉》だけを使って考えてもわからないことが、どうして数学を使うとわかるのだろうか？

考えてみれば、不思議な話だ。

14.6　第 3 のタイプ

「今日は何の話ですか？」

喫茶店にヒスイが遅れてやってきた。

最近は大学の帰りに、この喫茶店に寄ることが彼女の日課になっているようだ。

花京院と青葉は広告効果の数理モデルについて説明した。

ヒスイはすぐに内容を理解した。

「なるほど、おもしろいですね。これ、《じわじわタイプ》を逆にする

と、どうなるんでしょう」

計算用紙に書かれた数式を一とおり読み終えてから、ヒスイがつぶやいた。

「逆って、どういうこと？」青葉が質問する。

「《じわじわタイプ》はだんだん広告量が増えていくので、その逆のパターンとして最初に大きく宣伝して、だんだんと広告量を減らす方法はどうかなって思ったんです。《最初にどーんタイプ》とでも呼びましょう」

ヒスイは自分のアイデアを図に描いて表した。

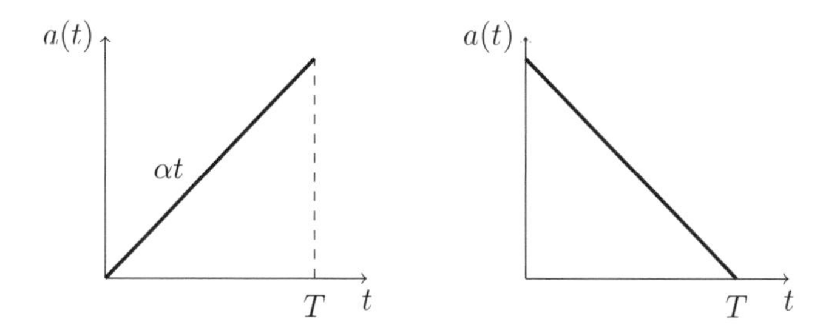

図 14.8　《じわじわタイプ》と《最初にどーんタイプ》のイメージ

「うん、いいアイデアだと思うよ。計算してみたら？」花京院が促した。

ヒスイは計算用紙に式を書き始めた。

総広告量を AT にすると、《最初にどーんタイプ》は

$$a(t) = 2A - \frac{2A}{T}t$$

と表すことができます。$t = 0$ のとき高さが $2A$ で、$t = T$ のとき底辺の長さが T の三角形ですから

$$\text{面積} = (2A \times T)\,\frac{1}{2} = AT$$

です。たしかに総広告量は AT ですね。

解くべき微分方程式は

$$\frac{ds}{dt}+\left(\frac{r}{M}\left(2A-\frac{2A}{T}t\right)\right)s=r\left(2A-\frac{2A}{T}t\right)$$

です。このままだと、ちょっと計算が面倒なので

$$2A=x,\quad \frac{2A}{T}=y$$

と置き換えます。すると

$$\frac{ds}{dt}+\left(\frac{r}{M}(x-yt)\right)s=r(x-yt)$$

です。

$$P(t)=\frac{r}{M}(x-yt)$$

とおけば

$$\begin{aligned}\int P(t)dt&=\frac{r}{M}\int(x-yt)dt\\&=\frac{r}{M}\left(xt-\frac{y}{2}t^2\right)\qquad\text{積分を解く}\\&=\frac{rt}{M}\left(x-\frac{yt}{2}\right)\qquad t\text{ でまとめる}\end{aligned}$$

なので、積分因子は

$$e^{\int P(t)dt}=e^{\frac{rt}{M}\left(x-\frac{yt}{2}\right)}$$

です。ごちゃごちゃしているので

$$f(t)=\frac{rt}{M}\left(x-\frac{yt}{2}\right)$$

と置き換えて、積分因子を

$$e^{f(t)}$$

と書きます。これを 1 階線形微分方程式の解に適用します。

$$s=e^{-f(t)}\left(\int e^{f(t)}r(x-yt)dt+C\right)$$

$$
\begin{aligned}
&= e^{-f(t)}\left(e^{f(t)}M + C\right) \\
&= e^{-f(t)+f(t)}M + e^{-f(t)}C \\
&= e^{0}M + e^{-f(t)}C \\
&= M + e^{-f(t)}C
\end{aligned}
$$

途中で

$$
\frac{d}{dt}e^{f(t)}M = Mf'(t)e^{f(t)} = M\frac{r(x-yt)}{M}e^{f(t)} = r(x-yt)e^{f(t)}
$$

を使いました。

初期条件 $t = 0, s = s_0$ を使って積分定数 C を特定すると

$$
C = s_0 - M
$$

なので、この定数 C を代入すると

$$
s = M + (s_0 - M)e^{-f(t)}
$$

です。$f(t)$ を元に戻すと

$$
s = M + (s_0 - M)\exp\left\{-\frac{rt}{M}\left(x - \frac{yt}{2}\right)\right\}
$$

となり、最後に x, y を元に戻すと《最初にどーんタイプ》の関数 $s_3(t)$ が特定できます。

$$
s_3(t) = M + (s_0 - M)\exp\left\{\frac{rAt(t-2T)}{MT}\right\}
$$

3 タイプのグラフを比較してみましょう。

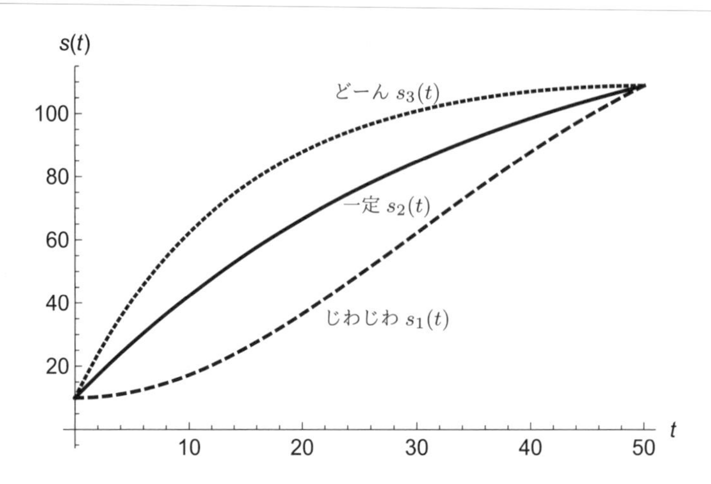

図 14.9　最初にどーん $s_3(t)$、一定 $s_2(t)$、じわじわ $s_1(t)$ の比較。横軸は t、縦軸は販売数 $s(t)$。初期値 $s_0 = 10$, 広告期間 $T = 50$, 総広告量 $AT = 100$, 上限 $M = 140$, 反応パラメータ $r = 2$

グラフから、販売数 $s(t)$ は《最初にどーん $s_3(t)$》、《一定 $s_2(t)$》、《じわじわ $s_1(t)$》の順で大きいことがわかります。総販売数は $s(t)$ の積分なので、やはり

$$\text{最初にどーん} > \text{一定} > \text{じわじわ}$$

であることがわかります。

このことは、$\beta = 0$ という条件下で証明可能です。

「へえー、《最初にどーん》が一番効果的なんだ」青葉が計算結果を不思議そうに眺めた。

「でも自分で計算していながら、まぜこうなるのか、私にもよくわかりません……。どうして最初に広告量が大きいほうが総販売数も大きいのでしょう？」ヒスイも不思議そうに感想を述べた。

花京院は計算結果と途中経過を見直した。

「直感的に言えば、未充足率

$$\frac{M-s}{M}$$

が $t=0$ の時点でもっとも高いことが影響しているからだと思うよ。広告による増分は、購入者が少ないときほど大きい。だから購入者がもっとも少ないときに、一番広告量が多い《最初にどーん》が、販売数の増加に貢献したんじゃないかな。総広告量はどれも同じなのに、配分するタイミングが異なるだけで、総販売数が違うなんて不思議だね」

「たしかに不思議だね」

「しかもこれは、けっこう重要なインプリケーションだよ」

「どういうところが？」青葉が聞いた。

「総広告量が同じなら予算も同じだと考えても、大きな問題はないはずだ。同じ予算をかけて宣伝するのなら、より高い利益を見込める方法を選択すべきだと言える」

「なるほどー」

「このモデルにはもうひとつ、おもしろいインプリケーションがある。$t=T$ の時点で、各タイプの販売数が一致するところだ」

花京院はグラフの右端を指さした。

「3 つのグラフは、$t=T$ のとき、ぴったり同じ高さに到達しているように見える。実際に $t=T$ を 3 つの関数に代入して計算してみると

$$s_1(T) = M + (s_0 - M)\exp\left\{-\frac{rAT}{M}\right\}$$
$$s_2(T) = M + (s_0 - M)\exp\left\{-\frac{rAT}{M}\right\}$$
$$s_3(T) = M + (s_0 - M)\exp\left\{-\frac{rAT}{M}\right\}$$

となり、すべて一致する。総販売数は広告タイプで異なるにもかかわらず、広告終了時点 T での販売数はピタリと一致するんだ」

「なるほどー」

「言われてみれば、それも自明ではないですね」

「単純なモデルを比較しただけなのに、おもしろい結果を得た。これは

$\beta = 0$ という単純化した条件のもとでの結果だから、β の条件を一般化することで、さらにインプリケーションを引き出せそうだよ」

3 人は、しばしのあいだ会話を忘れて、その不思議な計算結果を眺めていた。

「いいなあ。私も花京院くんやヒスイさんみたいに自由に数学を使えたらなあ……」と青葉は言った。

「試してみれば」と花京院が答えた。

「やってみればいいじゃないですか」とヒスイも答えた。

「そんな簡単に言わないでよ。私にとっては大変なことなんだから」

青葉はふうっとため息をつくとバッグから計算用ノートを取り出した。

ノートの表紙には控えめに No.2 と書かれていた。

まとめ

Q 広告で販売数を増やすには？

A モデルを使って広告タイプによる影響の違いを比較できます。たとえば《じわじわ》《一定》《最初にどーん》というタイプを比較すると、減少パラメータ $\beta = 0$ という仮定のもとでは、《じわじわ》$<$《一定》$<$《最初にどーん》の順に総販売数が多くなると予想できます。

- 変数分離形や 1 階線形微分方程式と呼ばれる特定のタイプの微分方程式には、一般的な解法を利用することができます。
- 広告のタイプという質的な違いを、関数によって表現できます。比較する場合には、比較する条件以外のものは共通にします。

練習問題

問題 14.1　　難易度☆☆☆

1 階線形微分方程式の解（310 頁）を使って、次の微分方程式を解いてください。

$$\frac{ds}{dt} = e^{-t^2} - 2ts$$

ヒント:

1 階線型微分方程式

$$\frac{ds}{dt} + P(t)s = Q(t)$$

の形になおしてから、積分因子

$$\int P(t)dt$$

を求めます。

解答例 14.1

問題より

$$
\begin{aligned}
\frac{ds}{dt} &= e^{-t^2} - 2ts \\
\frac{ds}{dt} + 2ts &= e^{-t^2} \\
\frac{ds}{dt} + P(t)s &= Q(t)
\end{aligned}
$$

なので、$P(t) = 2t, Q(t) = e^{-t^2}$ と見なせば 1 階線型微分方程式です。

$$
\int 2tdt = t^2
$$

より、積分因子は

$$
e^{\int P(t)dt} = e^{t^2}
$$

です。解の命題より

$$
\begin{aligned}
s &= e^{-\int P(t)\,dt}\left(\int e^{\int P(t)\,dt} Q(t)dt + C\right) \\
&= e^{-t^2}\left(\int e^{t^2} e^{-t^2} dt + C\right) && \text{積分因子を代入} \\
&= e^{-t^2}\left(\int 1dt + C\right) && e^0 = 1 \text{ より} \\
&= e^{-t^2}(t + C)
\end{aligned}
$$

です。

エンディング

駅前の喫茶店。

花京院、青葉、ヒスイの３人が同じテーブルに座っている。

この日３人が集まったのは、ヒスイのゼミ論文の草稿について話し合うためだった。

「よく書けていると思うよ。卒論の前に書くゼミ論文としては十分だよ。これなら美田園先生も満足すると思う」花京院が感想を述べた。

青葉もヒスイの論文の完成度の高さに驚いた。自分がかつて提出した卒業論文と比べても、その差は歴然としている。

構成に無駄がなく、明晰で、そしてなにより独創性があった。

花京院がいくつか数学的な詳細に関する問題についてコメントした。それに対してヒスイは、解決の方針を述べた。青葉にはよくわからない話だったが、軽微な問題であることは理解できた。

「それにしても、ずいぶんと早く仕上げたね。まだ提出まで時間はあると思うけど」

花京院がそう言うのも無理はない。今日の日付は、論文提出日の１ヶ月も前だからだ。

「一応就職活動と並行して院試を受けるつもりですから」

「へえ、大学院に進むんだ……。卒業してもまた、花京院くんの後輩になるんだね」

「まだはっきりとは決めていません。美田園先生も、まだ賛同してくれないようですし」

「先生は良心的だからね。簡単には大学院進学を勧めないよ。僕のときもそうだった」花京院は、少し難しい表情で腕を組んだ。

どうして、良心的だと大学院への進学を勧めないのだろう、と青葉は不思議に思った。

ヒスイは草稿を読んでくれた礼を2人に丁寧に述べると、席を立った。

「ちょっとアイデアが浮かんだので、私は家に戻って論文を修正します」

「それはいいね。じゃあ、また」

「さようなら」青葉は小さく手を振った。

陽がすでに落ち、外はもう暗い。

喫茶店に残った客は、青葉と花京院の2人だけだ。

「あのさあ……。花京院くんは、どうして大学院に進んだの？」

「どうしたの、急に」

「いや、私は勉強が苦手だからさあ。大学院に残ってまで研究したいって言う人の気持ちが、ちょっとよくわからないんだよね。だから、どういうところがおもしろいのかなあって」

「そうだなあ……」花京院は腕組みして目を閉じた。

「たとえば僕は、図書館で古い本を探すことがよくあるんだけど」

「うん」

「地下の誰もいない書庫で古い文献を探すんだ。で、ようやく見つけた本を開いてみると、読まれた形跡のない本がときどきあるんだよ。なんとなく開いたときの感じとか、本の傷み具合で、これは僕以外の誰も読んだことのない本だなってわかるんだ」

「うん。それで？」

「《この本を書いた著者は、まさか自分の本が、遠く離れた外国の大学図書館の片隅で、何年も経ってからようやく紐解かれることを、想像すらしていなかっただろう》って考えるんだ」

「ふむふむ、それで」青葉は身を乗り出した。

「そう考えると、ちょっと楽しい」

「うん」

「…………」

「え、それだけ？」

「そうだよ。他にどういうことを期待してたの？」

「もっとこう、派手なエピソードはないの？ すごいアイデアを突然閃いちゃって、急に叫び声をあげるとか」

「迷惑だよ。図書館で奇声をあげる人がいたら」

「まあ、たしかにそうだね」

青葉は、薄暗い図書館の片隅で、1人で本を探す花京院の姿を頭の中に思い描いた。

誰も見ていない暗い場所で、1人で目を輝かしている花京院の姿を想像すると、なんだか少し笑いがこみあげてくる。

そして同時に、そのように熱中できるものがあることを、羨ましく思った。

花京院とは異なるが、ヒスイもまた彼と同じタイプなのではないかと青葉は考えた。

「私にも、なにか熱中できるものがあるといいのになあ」

青葉はため息をついた。

「『あせってはいけません』」

「どうしたの、急に。へんな口調で」

「『あせってはいけません。頭を悪くしてはいけません。根気づくでおいでなさい。世の中は根気の前に頭を下げる事を知っていますが、火花の前には一瞬の記憶しかあたえてくれません。うんうん死ぬまで押すのです』」

「だから、なんなのよ。それ」

「夏目漱石が芥川龍之介と久米正雄に送った手紙の一部だよ[*5]。この文章、好きなんだ」

「花京院くんって、あいかわらず妙なことに詳しいね」

青葉は、もうひとつため息をついた。

いまひとつ意味のわからない言葉だったが、その言葉を聞いて、少しだけ勇気づけられた気がした。

「でも、いまから勉強を始めても遅いと思うんだよなあ。花京院くんやヒスイさんには追いつけないよ」

---

*5 『漱石全集第15巻 續書簡集』岩波書店: 578-81. 引用の際、旧字を新字もしくはひらがなに改めました

「そんなに差があるわけじゃないし、そもそも追いつかなくてもいいと思うけど」

「え？」

「人と比べてもしょうがない。過去の自分よりも現在の自分が少しでも成長していれば、それでいいんじゃないかなあ」

「過去の自分か……。そういうふうに考えたこと、なかったな」

何のために学ぶのか？

何のために学び続けるのか？

青葉はいままで、学ぶ理由を考えたことがなかった。

人と比べるのではなく、自分のために、ただ新しいことを学び続ける。

そんなふうに自分も考えることができるだろうか。

いまは無理でも、そんなふうに考えることができたら、きっと楽しいに違いない。

青葉はそう思いながら、少し冷めたコーヒーを口にした。

終わり

あとがき

本書は、人の行動や社会の構造を単純な数理モデルを使って表現・説明する方法を紹介した本です。経済学、数理社会学、統計学などの分野から、比較的単純でインプリケーションが豊富なモデルを選びました。

筆者は普段、文学部の学生に数理社会学を教えています。大学生だけでなく、高校生や社会人など、より多くの人に数理モデルの有用性と楽しさを知ってもらいたいと思い、この本を書きました。

本書ではイントロダクション（数式を使った文章の読み方）に続き、主として次の 3 つのモデルを紹介しています。

- 複占のゲーム理論モデル
- 古典的回帰モデル
- 広告の微分方程式モデル

1 つめの複占モデル (Cournot 1838) は、同質財を生産する 2 つ（以上）の企業が、お互いに相手の戦略がわからない状況で、最適な生産量を選ぶプロセスを表現しています。Friedman (1977) や Gibbons(1992) がゲーム理論にアレンジしたモデルを解説しました。シンプルながらインプリケーションが豊富な、数理モデルの模範例と呼べるモデルです。

2 つめの古典的回帰モデルは、対象を複数の説明変数の関数として表現する基本的な統計モデルの一種です。たとえば、《売り上げ》に対する《店員数》や《売り場面積》や《最寄り駅からの距離》の影響を推測するための近似モデルとして使います。モデルが成立するための仮定と、モデルを使う際の注意点を具体例を使って解説しました。

最後の微分方程式モデルは、時間によって広告量が変化する場合に、総売り上げに対して広告がどのような影響を及ぼすのかを分析するためのモデルです。Burghes & Borrie (1981) のテキストをベースに、広告タイプの違いによって売り上げの増減にどのような変化が生じるのかを分析しました。広告タイプの違いを簡単な関数で表現することで、意外なインプリケーションが出てきます。

3 つのモデルには一見、共通項がないように見えるかもしれません。しかし、根底にある思想は一貫しています。それは「人の行動や社会は複雑なため、深く理解するためには、その本質を抽象化して明示しなければならない」という考えです。

また、3 つのモデルはそれぞれベースモデルから始まり、徐々に応用的なモデルへと発展します。現実の条件をとり入れながらヴァリエーションを展開することで、数理モデルは体系的な理論をつくりあげます。普通の言葉とは少し違う、数学という言葉がつくりだすモデルの世界を楽しんでいただければ幸いです。

草稿を読んでコメントをくれた石田淳さん、毛塚和宏さん、清水裕士さん、前田豊さんに感謝いたします。前作の感想をきかせてくれた読者のみなさんに感謝いたします。みなさんの声が本書を書き上げる大きな原動力となりました。

企画段階からサポートしてくれた編集部の永瀬敏章さんに感謝いたします。

いつも私を支えてくれる妻と息子に感謝いたします。

最後に、本書を手にとってくれたあなたに感謝いたします。

ありがとうございました。

浜田 宏

参考文献

Burghes, David & Morag Borrie, 1981, *Modelling with Differential Equations,* Ellis Horwood Limited.（= 1990, 垣田高夫・大町比佐栄訳『微分方程式で数学モデルを作ろう』日本評論社.）

Cournot, Augustin, 1838, *Recherches sur les principes mathématiques de la théorie des richesses,* Hachette.（= 1982, 中山伊知郎訳『富の理論の数学的原理に関する研究』日本経済評論社.）

Friedman, James W., 1977, *Oligoply and the Theory of Games,* North-Holland.

Gibbons, Robert, 1992, *Game Theory for Applied Economists,* Princeton University Press.（= 1995, 福岡正夫・須田伸一訳『経済学のためのゲーム理論入門』創文社.）

神取道広, 2014, 『ミクロ経済学の力』日本評論社.

鹿野繁樹, 2015, 『新しい計量経済学—データで因果関係に迫る』日本評論社.

小針晛宏, 1973, 『確率・統計入門』岩波書店.

河野敬雄, 1999, 『確率概論』京都大学学術出版会.

Krugman, Paul & Robin Wells, 2006, *Economics,* Worth Publishers.（= 2007, 大山道広・石橋孝次・塩澤修平・白井義昌・大東一郎・玉田康成・蓬田守弘訳『クルーグマンミクロ経済学』東洋経済新報社.）

永田靖・棟近雅彦, 2001, 『多変量解析法入門』サイエンス社.

野田一雄・宮岡悦良, 1992, 『数理統計学の基礎』共立出版.

岡田章, 2011, 『ゲーム理論 [新版]』有斐閣.

沢田賢・田中心・安原晃・渡辺展也, 2017, 『大学で学ぶ微分積分 [増補版]』サイエンス社.

Stock, James H. & Mark W. Watson, 2007, *Introduction to Econometrics 2nd Edition,* Pearson Education, Inc.（= 2016, 宮尾龍蔵訳『入門計量経済学』共立出版.）

田代嘉宏, 1995, 『初等微分積分学 [改訂版]』裳華房.

Theil, H., 1957, "Specification Errors and the Estimation of Economic Relationships," *Review of the International Statistical Institute,* 25(1/3): 41–51.

Vidale, M. L. & H. B. Wolfe, 1957, "An Operations-Research Study of Sales Response to Advertising," *Operations Research,* 5(3): 370–81.

矢野健太郎・田代嘉宏, 1993, 『社会科学者のための基礎数学 [改訂版]』裳華房.

索引

英数字

ア行

カ行

サ行

タ行

ナ行

ハ行

マ行

ヤ行

ラ行

著者紹介

浜田 宏（はまだ・ひろし）

▶東北大学大学院 文学研究科 行動科学研究室 教授。
関西学院大学 法学部政治学科卒業。同大学院 社会学研究科にて博士号（社会学）を取得。
日本学術振興会特別研究員、関西学院大学社会学部 准教授（任期制）を経て現職。
専門は数理社会学。
著書に『社会科学のためのベイズ統計モデリング』（共著、朝倉書店）、『その問題、数理モデルが解決します』（ベレ出版）など。

◉── カバーデザイン　福田 和雄（FUKUDA DESIGN）
◉── カバーイラスト　龍神 貴之
◉── DTP　清水 康広（WAVE）
◉── 校正　小山 拓輝

その問題（もんだい）、やっぱり数理（すうり）モデルが解決（かいけつ）します

2020年 9月 25日　初版発行

著者	浜田 宏（はまだ ひろし）
発行者	内田 真介
発行・発売	ベレ出版 〒162-0832　東京都新宿区岩戸町12 レベッカビル TEL.03-5225-4790　FAX.03-5225-4795 ホームページ　https://www.beret.co.jp/
印刷	株式会社文昇堂
製本	根本製本株式会社

ISBN 978-4-86064-630-1 C0041　　編集担当　永瀬 敏章

難しそうな問題も数理モデルで解決!

第 1 章　隠された事実を知る方法
回答のランダム化、期待値、分散

第 2 章　卒業までに彼氏ができる確率
ベルヌーイ分布、2 項分布、確率関数

第 3 章　内定をもらう方法
インプリケーション、離散分布、ベータ分布、連続分布、確率密度関数

第 4 章　先延ばしをしない方法
時間割引、現在バイアス、準双曲型割引

第 5 章　理想の部屋を探す方法
秘書問題、結婚問題、最適停止アルゴリズム、

第 6 章　アルバイトの配属方法
DA アルゴリズム、マッチング

第 7 章　売り上げをのばす方法
ランダム化比較試験、条件付き期待値、統計的検定

第 8 章　その差は偶然でないと言えるのか?
仮説検定、帰無仮説、有意水準、棄却率

第 9 章　ネットレビューは信頼できるのか?
陪審定理、チェビシェフの定理、大数の弱法則

第 10 章　なぜ 0 円が好きなのか?
効用関数、導関数、価値観数

第 11 章　取引相手の真意を知る方法
ゲーム理論、支配戦略、第 2 価格封印入札オークション、ナッシュ均衡

第 12 章　お金持ちになる方法
対数正規分布、パレート分布、ランダムチャンス、累積効果